MANFRED LÄMMER / BARBARA RÄNSCH-TRILL

DER »KÜNSTLICHE MENSCH« – EINE SPORTWISSENSCHAFTLICHE PERSPEKTIVE?

BRENNPUNKTE DER SPORTWISSENSCHAFT

HERAUSGEGEBEN VON DER

DEUTSCHEN SPORTHOCHSCHULE KÖLN

REDAKTION
BIRNA BJARNASON-WEHRENS
BARBARA RÄNSCH-TRILL
NORBERT SCHULZ

BAND **27**

Der »künstliche Mensch« – eine sportwissenschaftliche Perspektive?

Herausgegeben von

MANFRED LÄMMER
und
BARBARA RÄNSCH-TRILL

ACADEMIA VERLAG ▲ SANKT AUGUSTIN

Die Reihe BRENNPUNKTE DER SPORTWISSENSCHAFT,
die von der Deutschen Sporthochschule Köln herausgegeben wird, ist mit dem Anspruch konzipiert worden, einen Beitrag zur Integration der vielfältigen sportwissenschaftlichen Forschungsbemühungen zu leisten.
Zu diesem Zweck werden disziplinübergreifend aktuelle Themenschwerpunkte formuliert, mit denen die verschiedenen sportwissenschaftlichen Perspektiven der Einzeldisziplinen, bezogen auf einen Problembereich des Sports, gebündelt werden sollen.
Die Reihe ist konzipiert für Sportwissenschaftler, Sportlehrer, Sporttherapeuten, Sportärzte sowie Sportstudierende.

Herausgeber:
Deutsche Sporthochschule Köln

Redaktion:
Dr. Birna Bjarnason-Wehrens, Prof. Dr. Barbara Ränsch-Trill, Dr. Norbert Schulz

Redaktionsanschrift:
Prof. Dr. Barbara Ränsch-Trill
Deutsche Sporthochschule Köln, Carl-Diem-Weg 6, D-50933 Köln

Brennpunkte der Sportwissenschaft
hrsg. von der Deutschen Sporthochschule Köln – Sankt Augustin: Academia-Verlag

Das **Umschlagmotiv** bezieht sich auf die Skulptur des „Gottes aus dem Meer" (Zeus oder Poseidon), gefunden am Kap Artemision (460 v. Chr.), Bronze, Höhe 209 cm, Spannweite 210 cm, Athen/Nationalmuseum. Eine Kopie steht im Lichthof der Deutschen Sporthochschule Köln.

Umschlaggestaltung:
AIDALOS DESIGN Braunschweig

Bibliografische Information Der Deutschen Bibliothek
Die Deutsche Bibliothek verzeichnet diese Publikation in der Deutschen Nationalbibliografie; detaillierte bibliografische Daten sind im Internet über http://dnb.ddb.de abrufbar.
ISBN 3-89665-309-1

1. Auflage 2003

© Academia Verlag
Bahnstraße 7, D-53757 Sankt Augustin
Internet: www.academia-verlag.de
E-mail: kontakt@academia-verlag.de

Printed in Germany

Alle Rechte vorbehalten.
Ohne schriftliche Genehmigung des Verlages ist es nicht gestattet, das Werk unter Verwendung mechanischer, elektronischer und anderer Systeme in irgendeiner Weise zu verarbeiten und zu verbreiten. Insbesondere vorbehalten sind die Rechte der Vervielfältigung – auch von Teilen des Werkes – auf fotomechanischem oder ähnlichem Wege, der tontechnischen Wiedergabe, des Vortrags, der Funk- und Fernsehsendung, der Speicherung in Datenverarbeitungsanlagen, der Übersetzung und der literarischen und anderweitigen Bearbeitung.

Herstellung: Richarz Publikations-Service GmbH, Sankt Augustin

Inhalt

Vorwort 7

BARBARA RÄNSCH-TRILL (Köln)
Einleitung –
Zur Anthropologie des künstlichen Menschen..................................... 9

STEFAN LEHMANN (Halle)
„Der Mensch – Maß aller Dinge?"
Zur Deutung griechischer Athletenstatuen... 17

THEODORE KWASMAN (Köln)
„Nimmst Du, Herr, ihren Odem,
so vergehen sie und werden wieder Staub" (Psalm 104, 29).
Der Golem und sein Mensch als Schöpfer 40

HELMUT KORTE (Göttingen)
Vom *Golem* zum *Terminator* –
Der Homunculus-Mythos im Film 49

RITA MORRIEN (Freiburg)
Über die Kunst, natürlich zu sein –
Die weibliche Schönheit als Schauplatz der Naturalisierung
der Geschlechterdifferenz in „Frauenromanen" um 1800................... 63

RITA MORRIEN (Freiburg)
Eve of Destruction und *Alien: Resurrection*.
Schöpfungsmythen in amerikanischen
Science-fiction-Filmen der neunziger Jahre....................................... 79

CLAUS-ARTUR SCHEIER (Braunschweig)
Der Körper und das Zeichen.
Transformationen des Leibbegriffs im abendländischen Denken 95

GUNTER GEBAUER (Berlin)
Plädoyer für den *Common Body* 103

HENNING EICHBERG (Slagelse, Dänemark)
Die Produktion des „Unproduktiven" 112

JÜRGEN COURT (Erfurt)
Anthropometrie und Sportwissenschaft 141

ARND KRÜGER (Göttingen)
Der *Hightech-Gladiator* – noch Fiktion oder schon Wirklichkeit? 155

GERD ROELLECKE (Karlsruhe/Mannheim)
Der Schöpfungswürfel wird präpariert –
Helfen Recht und Ethik? 169

AUTORENVERZEICHNIS 177

Vorwort

Die vorliegenden Aufsätze wurden als Vorträge eines Symposiums zum Thema „Der künstliche Mensch" dargeboten, welches die „Kulturwissenschaftliche Werkstatt" der Deutschen Sporthochschule Köln am 14. und 15. November 2001 in Köln veranstaltete.

Die „Kulturwissenschaftliche Werkstatt" ist ein „virtueller" Zusammenschluss des Philosophischen Seminars und des Instituts für Sportgeschichte unter der leitenden „Idee", aktuelle Probleme in Wissenschaft und Gesellschaft in die Perspektive historischer und philosophischer Fragen und Einsichten zu rücken und damit sowohl ihre Grundsätzlichkeit als auch ihre Relativität aufzuzeigen.

Dieses erste Symposium konnte zustande kommen durch die Unterstützung des Rektors der Deutschen Sporthochschule Köln, Herrn Professor Dr. Walter Tokarski, und der Leiterin der Zentralbibliothek, Frau Dr. Heike Schiffer, sowie durch die tatkräftige Hilfe von Frau Ellen Bertke vom Institut für Sportgeschichte, Herrn Arno Müller und Herrn Tim Nebelung vom Philosophischen Seminar.

Die Erstellung des Druckbildes besorgten Herr Arno Müller und Herr Tim Nebelung, Doktoranden am Philosophischen Seminar. Ihnen sei an dieser Stelle besonders gedankt.

Die Herausgeber

Das Urteil von Frankfurt

Die Buchmesse hat ihre Tore geöffnet, Verträge werden gemacht, das Maul wird sich zerredet. Beides gehört zusammen. Seit alters her vergleicht man die Worte mit den Münzen: weil beide unablässig zirkulieren, und vielleicht auch, weil beiden nicht immer der aufgeprägte Wert innewohnt. Es gibt aber trotz aller schönen Reden, in denen sich die Allgemeinheit und Universalität von Geld und Sprache ineinander spiegeln, einen wichtigen Unterschied: die Währungsumstellung. In Deutschland gilt seit dem 1.1.2002 der Euro, die schöne Übergangszeit der noch ungewohnten Begegnungen von alten und neuen Münzen in einer Hand ist vorbei. In der Schriftsprache der Deutschen ist zum 1. August 1998 die neue Rechtschreibung in Kraft getreten, aber nach wie vor werden auf dem Buchmarkt die Worte in alter und neuer Währung den weißen Seiten aufgeprägt.

Die Rechtschreibreform hat bis auf weiteres die parallele Zirkulation von „daß" und „dass", „rau" und „rauh" etc. eingeführt. Der Pulverdampf des Streites über die Einzelheiten wie das Ganze hatte sich in jüngster Zeit ein wenig verzogen. Schreibweisen und Interpunktionen zirkulierten eher unaufgeregt parallel, in ermattet friedlicher Koexistenz. Gelegentlich las man Plädoyers für die alte in neuer Rechtschreibung. Umgekehrt seltener. Zwar herrscht in den Schulbüchern und der Kinder- und Jugendliteratur nahezu unumschränkt die neue Rechtschreibung, aber die alte hält laut einer Umfrage der zwischenstaatlichen Kommission für die deutsche Rechtschreibung bei den Sachbüchern etwa 30, bei der Belletristik nahezu 50 Prozent.

Nun ist die Frankfurter Buchmesse zum Anlass für eine Erneuerung der Bataille geworden. Zum ersten Mal haben deutsche und internationale Autoren gemeinsam für die alte Rechtschreibung plädiert, und nicht nur das: Die Unterzeichner des Aufrufs, darunter Hans Magnus Enzensberger, Günter Grass, György Konrád, Siegfried Lenz, Adolf Muschg, Patrick Süskind, Harry Mulisch und Martin Walser, fordern ihre Kollegen in aller Welt auf, bei Verhandlungen über die deutschsprachigen Ausgaben ihrer Bücher „auf der bewährten deutschen Orthographie zu bestehen". Die neuen Regeln seien „minderwertig" und erschwerten den „präzisen sprachlichen Ausdruck". Damit ist diesem Text das Urteil gesprochen. lmue

SZ 8.10.2003

Gefordert
Reform der Rechtschreibreform

Mehrere Kunst- und Wissenschaftsakademien in Deutschland haben zu einer Umkehr bei der Rechtschreibreform aufgerufen. In einem Brief an die Kultusminister der Länder, die Bundesbildungsminister in Deutschland und Österreich und an den Schweizer Bundespräsidenten wird alternativ die Kompromisslösung der Deutschen Akademie für Sprache und Dichtung oder die Rückkehr zum Duden von 1991 vorgeschlagen. dpa

SZ 20.11.2003

Zur Rechtschreibung in den vorliegenden Beiträgen:

Das Chaos in der Rechtschreibung der Deutschen Schriftsprache ist seit der Rechtschreibreform 1998 nicht zu übersehen. Die Texte der *Süddeutschen Zeitung* vom 8.10.2003 und 20.11.2003 kennzeichnen die allgemeine Ratlosigkeit. Daher haben sich die Herausgeber entschieden, die Vielfalt in der Rechtschreibung der einzelnen Beiträge bestehen zu lassen.

Einleitung –
Zur Anthropologie des künstlichen Menschen

Barbara Ränsch-Trill, Köln

Die Anthropologie des künstlichen Menschen ist sicherlich eher auf der Geschichte enttäuschter Hoffnungen als auf derjenigen erfüllter Wünsche erwachsen. Wahrscheinlich sind es die Enttäuschungen: über die physische Schwäche und die – bei allen Glanzleistungen der Wissenschaften – doch nicht alle Probleme lösende Intelligenz, welche immer wieder in den wechselnden Zeiten dazu angeregt haben, die von der Natur gesetzten Schranken des Menschen als transzendierbar vorzustellen. Der künstliche Mensch soll den natürlichen Menschen in irgendeinem Sinne überholen, übertreffen, überbieten, sowohl physisch als auch geistig.

In den Mythen, den Literaturen, den Philosophien, den bildenden Künsten, schließlich den Filmen der vergangenen und gegenwärtigen Gesellschaften, welche die kulturelle Arbeit der historischen Menschen begleiten, werden nicht nur die Hoffnungen, Sorgen und Ängste über ihre jeweiligen historischen Gegebenheiten greifbar, sondern auch solche über die in diesen Gegebenheiten enthaltenen Möglichkeiten. Die künstlichen Menschen, die sie modellhaft oder experimentierend in virtuelle Welt- und Schicksalszusammenhänge verstricken, erleben und erleiden diese Möglichkeiten gleichsam in Stellvertretung der wirklichen Menschen. Dem Bilde des künstlichen Menschen liegt aber nicht nur die Fülle der Ängste und Hoffnungen im Hinblick auf die menschlichen Möglichkeiten zugrunde. Ihm implizit ist etwas viel Grundsätzlicheres: die Erfahrung der Ungeheuerlichkeit, welche der Aufbruch des Menschen aus seiner Natürlichkeit in die Künstlichkeit bedeutete und noch immer bedeutet. Der künstliche Mensch ist der von der Natur am weitesten entfernte Mensch: ein Entwurf, in welchem der Mensch sich als Beherrscher seiner eigenen Natur – der Natur, die er selber ist – träumt.

Dass dieser Traum Wirklichkeiten geschaffen hat und weiterhin schafft, haben die Kulturen erfahren, denn es sind nicht nur fiktive Parallelwelten zur menschlichen Wirklichkeit entstanden. Es wurden technische Konstruktionen wie Automaten, Roboter und Computer entwickelt, und die „natürlichen" Menschen haben sich immer wieder zu neuer Künstlichkeit gesteigert. Besonders in der Gegenwart wird ihre biologische Ausstattung in Regie genommen und verändert.

Es sind unterschiedliche Motive, die sich im Bilde des künstlichen Menschen verbinden und verschränken.

1. Einmal ist der „künstliche Mensch" Kompensation menschlicher Schwäche: Er ist gleichsam ein „Angestellter", der da hilft, wo Arbeit monoton oder mechanisch ist oder aber wo menschliche Kraft versagt. Solchermaßen ist er Hilfe im Alltag. Aber er ist nicht nur dies. Er vermag auch die Feinde seines Herrn zu vernichten, wenn dieser es will.

2. Zum anderen konzentrieren sich im Bilde des künstlichen Menschen Schöpfungs- und Allmachtsphantasien: Einem Menschen ohne den Umweg über den Körper der Frau – allein durch Wissen, Wissenschaft und technische Konstruktion – das Leben geben, hat etwas Faszinierendes und steigert das Gefühl der Macht.

3. Darüber hinaus wird der künstliche Mensch als der sozial verträgliche gedacht – im Unterschied zum herkömmlichen egoistischen und bellizistischen.

4. Schließlich bedeutet der künstliche Mensch eine biologische Optimierung des natürlichen menschlichen Organismus.

Allen positiven Bildern des künstlichen Menschen steht ein schwarzes Pendant gegenüber: der Helfer und Retter kann sich in den Zerstörer verkehren, das künstliche Geschöpf wendet sich gegen die angemaßte Schöpfungskompetenz seines Herstellers, der sozial verträgliche Mensch ist in Wahrheit der entmündigte und manipulierte, der biologisch optimierte Mensch ist der kranke.

Zum ersten Punkt:

Bereits in der „Ilias" von Homer schafft Hephaistos, der Gott des Feuers, der Vulkane, des Schmiedehandwerks und der Goldschmiedekunst, ein riesiges Menschenwesen aus Erz, das gegen Kretas Feinde marschiert. Angeblich hat der gelehrte Theologe und Philosoph des Mittelalters, Albertus Magnus, im 13. Jahrhundert sich einen Diener aus Leder, Holz und Metall gebaut, der sogar fähig gewesen sein soll, eigene Entscheidungen zu treffen, z.B. welcher Besucher vorgelassen werden sollte und welcher nicht. Der „Golem" ist in der jüdischen Literatur und Mystik vom frühen Mittelalter an die Vorstellung für ein zumeist aus Lehm künstlich erschaffenes, stummes menschliches Wesen, das oft eine gewaltige Größe und Kraft besitzt. Es sind weise Rabbiner, denen man die Erschaffung solcher Wesen nachsagt, etwa dem spanisch-jüdischen Rabbiner Salomo Ibn Gabirol im 11. Jahrhundert, dem polnischen Eliah von Chelm im 16. Jahrhundert oder dem Hohen Rabbi Loew aus Prag im 16. Jahrhundert.

Gelegentlich erscheint der Golem als Retter der Juden in Zeiten der Verfolgung.

Einen neuen Schub erhielten die Phantasien vom künstlichen Menschen in der Neuzeit durch die Entwicklung der Automaten. Der Arzt Julien Offray de La Mettrie erklärte 1748 angesichts der Fortschritte auf dem Gebiet der Automatenproduktion, wie sie Jacques de Vaucanson so erfolgreich betreibe (die künstliche Ente wurde 1739 der Öffentlichkeit vorgestellt), dass es nur eine Frage der Zeit sei, wann der Mensch durch einen besonders geschickten Automatenbauer künstlich hergestellt werden könne.[1]

Dass künstliche Menschen Retter in bedrängenden Situationen sind, findet sich ebenso häufig wie die Vorstellung, dass sie Verderben bringen. Noch in den Bildern solcher „omnipotenten" Menschen wie Superman und Batman der amerikanischen Popkultur konzentrieren sich diffuse Hoffnungen auf Hilfe, Rettung und Erlösung, während in der anderen, der schwarzen Linie der künstliche Mensch eher Vernichtung bringt. Schon in der Figur des Golem ist diese Seite ausgeprägt, die dann in Mary Shelleys Geschichte vom Monster des Dr. Frankenstein (1818) im Sinne der Schauerromantik ihre unheimliche Gestalt erhielt.

Harmloser ist der künstliche Mensch als Helfer im Alltag. Er vermag Arbeiten zu erledigen, die dem kreativen Menschen zu monoton sind. Das imaginierte Maschinenwesen ebenso wie der schließlich realisierte Automat mögen in mancher Hinsicht das Vorbild für viele Maschinen gewesen sein, welche die moderne Zivilisation begründet haben. Längst haben die Roboter in der Industrie (auch im Militär) und in der Medizin diese Funktion in der Wirklichkeit übernommen und warten gleichsam auf ihren Einsatz im Haushalt von jedermann.

Zum zweiten Punkt:

Der künstliche Mensch als menschliche Schöpfung beschäftigt in Europa die Gelehrten seit dem 13. Jahrhundert. Der „Homunculus", das „Menschlein", war das Ziel alchimistischer Experimente. In der Sicht der Alchimie symbolisierten die Prinzipien von Schwefel, Quecksilber und Salz die Dreiheit von Geist, Seele und Körper im Androgyn. Goethe lässt im zweiten Teil des Faust den Famulus Wagner einen Homunculus nach Anleitung des Paracelsus erzeugen. Im Text deutet Goethe die Angst der Religiösen vor dem vermessenen Akt ebenso an wie die Angst der Sozialökonomen vor dem Roboter.

Die Erzeugung des Menschen in menschliche Regie zu nehmen, ist also ein alter wissenschaftlicher Traum, der im Roman der Mary Shelley – in der Aufnahme des Homunculus-Motivs – als menschliche Hybris gekennzeichnet wird. Im Zusammenhang der Biotechnologie und Genforschung hat er zur Zeit Konjunktur. Allerdings muss man sehen, dass die Träume der Vergangenheit eigentlich sogar weiter gingen als die gentechnologische Praxis der Gegenwart: Wurde dort von einer physikalisch-chemischen Herstellung des Menschen (zwar nicht aus dem „Nichts", aber doch aus anorganischem Material) phantasiert, so wird hier doch letztlich nur – wenn auch zweifellos genial – am biologischen Material manipuliert, das seinerseits zu Entwicklungsmöglichkeiten eines Menschenwesens disponiert ist. Der Mensch stellt dieses bis heute nicht her, sondern nimmt es aus der Natur.

Zum dritten Punkt:

Vor allem der sozial verträgliche Mensch ist ein Sehnsuchtsbild der frühen Utopisten Thomas Morus, Tommaso Campanella und Francis Bacon. Wie ein Leitfaden ziehen sich die Bilder vom künstlichen Menschen durch die utopischen Entwürfe und Bewegungen der Neuzeit.[2]

Mit den prognostizierten wissenschaftlichen Errungenschaften gehen nämlich Hoffnungen auf moralische, gesellschaftliche und rechtliche Fortschritte einher. Sie imaginieren einen durch die Wissenschaften und die Technik klug gewordenen Menschen, der sich selbst in das Gemeinwesen zu integrieren, seine spezifischen Begabungen einzubringen und das Ganze und sich selbst zu stärken weiß. Seine soziale Verträglichkeit ist eine künstliche: die Leistung einer rigiden Kultur, in welcher auch Züchtungspraktiken eine Rolle spielen. Noch in den Phantasien des Gegenwartsphilosophen Peter Sloeterdijk spukt dieses Bild des künstlichen Menschen als des sozial verträglichen.[3] Er geht so weit, dass er die Herstellung dieses Typs des künstlichen Menschen auf dem Wege der Genmanipulation als eine künftige Option in den Blick fasst. Ein modernes und sehr amerikanisches Konzept zur Realisierung dieses verträglichen Menschen in einer verträglichen Gesellschaft ist die von der Walt Disney Company installierte Kleinstadt „Celebration" im Bundesstaat Florida.[4]

Zum vierten Punkt:

Der künstliche Mensch, welcher heute Konjunktur hat, ist zwar nicht in jedem Fall nur der biologisch optimierte, aber eine Linie zeichnet sich ab, in welcher Menschen nach biologischem Design hergestellt werden. Ob das moralisch vertretbar ist, ist bislang noch nicht entschieden. Die Gesellschaft ist polarisiert. Allerdings schreiten die Aktivitäten im Bereich der Gentechnologie und Reproduktionsmedizin stetig voran. Bereits heute werden – zwar noch mit großem Aufwand, aber doch mit Erfolg – an wenige Tage alten, *in vitro* gezeugten Embryonen Erbkrankheiten kurz nach der künstlichen Befruchtung diagnostiziert. Die so gekennzeichneten Embryonen haben keine Chance heranzuwachsen. Nur die „gesunden" werden erwählt. Aber es geht noch weiter. Man möchte noch nachhaltiger über die Eigenschaften künftiger Menschen bestimmen und selektiert bereits lange im Vorfeld einer möglichen Befruchtung: Nicht nur Sperma von bestimmten Eigenschaftsträgern (starken Sportlern oder klugen Wissenschaftlern) wird zu hohen Preisen gehandelt, sondern auch Eier von besonders schönen Frauen. Der künstliche Mensch von heute soll nicht die körperlichen Schwächen des herkömmlichen haben, er soll gesünder sein, leistungsfähiger, ausdauernder, stärker und schöner. (Was man nicht bedenkt, ist, dass diese Kalkulation nicht aufgehen muss: So muss das Kind eines Nobelpreisträgers nicht notwendig klug sein).

Moralisch unproblematischer ist nach herrschendem gesellschaftlichen Konsens das Diktat der Künstlichkeit, unter dem die Alltagskultur der Gegenwart steht. Schöne Menschen wollen noch schöner werden und bemühen die Skalpelle der plastischen Chirurgie. Und die Kranken und Gebrechlichen erfahren Erleichterung durch Implantate und Lebensverlängerung durch Transplantate. Dass leistungsfähige Sportler noch leistungsfähiger werden wollen und sollen und die Doping-Medikamente schlucken oder spritzen, welche die Pharma-Industrie zur Verbesserung ihrer Muskelkraft, ihrer Ausdauer und Schmerzunempfindlichkeit entwickelt, wird offiziell allerdings nicht toleriert.

Bis heute hat also die Geschichte der Menschheit genügend Instrumente hervorgebracht, welche die physische Schwäche kompensieren und Unterstützung für die Intelligenz bieten.

Und doch lässt den Menschen der Traum vom „besten aller möglichen Menschen" keine Ruhe. Je mehr der wirkliche Mensch seine Lebensbedingungen verbessert – und das geschieht seit Beginn der Neuzeit im 15./16. Jahrhundert für alle Gesellschaftsschichten stetig – um so intensiver wird der mögliche Mensch imaginiert, entworfen, geplant und konstruiert. Woran könnte das liegen? Am Ende des Mittelalters ist die Hoffnung geschwunden, im himmlischen Paradies zu einem neuen Menschen zu werden. Gleichzeitig sind durch Fortschritte der Künstlichkeit die Möglichkeiten gewachsen, auf der Erde als „neue Menschen" bereits ein paradiesisches Leben führen zu können.

Offenbar ist der Traum vom besten aller möglichen Menschen eine anthropologische Konstante im Bewusstseinsleben des historisch wirklichen Menschen der Neuzeit. Es ist sein Zug zur Transzendenz, der ein „mächtiges Jenseits" schon im Diesseits erbauen will,[5] wenn alle Hoffnungen auf ein „jenseitiges Jenseits" sich als schäumende Täuschungen erwiesen haben. Es ist dieser Traum von der unendlichen Perfektibilität, der dem empirischen Menschen Diesseits-Tristesse und Jenseitsverlust erträglich macht oder machen soll.

Der Aufbruch des Menschen aus seiner Natürlichkeit in die Künstlichkeit war eine Ungeheuerlichkeit, darüber darf der Traum von der unendlichen Perfektibilität des Menschen und seiner Verhältnisse nicht hinwegtäuschen. Alle abendländischen Kulturtheorien der Philosophie bedenken diese Ungeheuerlichkeit, ob sie sich nun an den biblischen Mythos von der Vertreibung aus dem Paradies anschließen oder an den antiken Mythos von Prometheus' Weitergabe des vom Olymp gestohlenen Feuers an den Menschen, ob sie den *Kulturgewinn* in der Nachfolge Rousseaus als *Naturverlust* beklagen, ob sie im „Unbehagen an der Kultur" die vergewaltigten Naturtriebe registrieren wie Sigmund Freud oder aber die Erleichterung preisen, welche die „Institutionen" der Kultur dem Menschen brachten wie Arnold Gehlen.

Der Schritt von der *Natur* in die *Kultur* ist immer auch der Schritt zum immer künstlicheren Menschen. Das bedeutet neben Gewinn auch Verlust. Wir machen uns etwas vor, wenn wir glauben, wir könnten diesen Schritt in unserem Zeitalter tun, ohne den Preis dafür zahlen zu müssen. Die Ungeheuerlichkeit war nie umsonst. Insofern muss jede Zeit ihre eigene Anthropologie des künstlichen Menschen schreiben – und ertragen.

Zur vorliegenden Textsammlung:

Die vorliegenden Aufsätze sind gleichsam eine Sammlung von „Fragmenten" zu einer aktuellen „Anthropologie des künstlichen Menschen", welche unterschiedliche Aspekte dieses Themas betrachten und beachten – mit der Absicht, die Bedingungen der Künstlichkeit gründlich zu bedenken, bevor sportwissenschaftliche Untersuchungen zu diesem Thema in Gang gesetzt werden.

Im Sport ist der „künstliche Mensch" längst Realität. Er ist zwar keine „Maschine", aber dennoch künstlich hergestellt. Das ausgeklügelte systematische Training in den unterschiedlichen Sportarten macht aus den Sportlerkörpern gleichsam neue Leiber, und die Gabe von Medikamenten steigert die natürliche (was immer das heißen mag) sportliche Leistungskraft in ungeahnter Weise.

So sind denn auch die Künstlichkeit, der künstliche Mensch längst ein – mindestens implizites – Thema der Sportwissenschaften. Diese Künstlichkeit und ihre zeitentsprechenden vielfältigen Variationen im Sport werden – so die Vermutung – in den Sportwissenschaften als Selbstverständlichkeit vorausgesetzt oder aber als moralische Verirrungen verurteilt. Eine gewisse Transparenz im Dickicht der Diskussionen bietet ein Blick in die Kulturgeschichte: Hier zeigt sich am ehesten, welche Funktion der künstliche Mensch im Bewusstsein der Epochen einnahm und welche Bedeutung er in der Gegenwart hat und haben könnte. Ein solcher Blick könnte die Einschätzung gegenwärtiger Tendenzen im Sport durch die Sportwissenschaften kritischer und zugleich abgeklärter werden lassen. Insofern bietet der „künstliche Mensch" den Sportwissenschaften eine Perspektive ihrer Forschungen.

Die vorliegenden Aufsätze spannen das Thema historisch wie systematisch in einen sehr weiten Rahmen. Diesen Rahmen formuliert CLAUS-ARTUR SCHEIER

(Seminar für Philosophie der Technischen Universität Braunschweig), indem er in einem geschichtsphilosophischen Konzept die Entwicklung der abendländischen Vorstellung vom Leib als Pendant des Denkens nachzeichnet und sie in der Entwicklung der Logik (von der antiken Welt-Logik zur modernen Funktionslogik) spiegelt. Der Leib in der Gegenwart erscheint konsequenterweise – gerade im Sport – als ein „Funktionenbündel".

Die Texte von STEFAN LEHMANN (Institut für Klassische Altertumswissenschaften der Martin-Luther-Universität Halle-Wittenberg) und THEODORE KWASMAN (Martin-Buber-Institut für Judaistik der Universität zu Köln) befassen sich in einem historischen Focus einmal mit antiken Vorstellungen idealer Menschenkörper, sodann mit der Vorstellung der Erschaffung eines künstlichen Menschen in der jüdischen Tradition des Mittelalters.

RITA MORRIEN (Institut für neuere deutsche Literatur der Albert-Ludwigs-Universität Freiburg i. Br.) zeigt in der Literatur der Zeit um 1800 das Bild der „künstlichen Frau", das – paradoxer- bzw. konsequenterweise – aus Natürlichkeitsvorstellungen seit Rousseau konstruiert wird. Sie geht sodann ebenso wie HELMUT KORTE (ZIM – Zentrum für interdisziplinäre Medienwissenschaft der Georg-August-Universität Göttingen) der Spur des künstlichen Menschen allgemein (und speziell der Maschinenfrau) in der Filmgeschichte nach. Hier ist er der Mittelpunkt von *science fiction* oder von hochtechnisierten Gesellschaftsutopien.

Die Aufsätze von GUNTER GEBAUER (Institut für Sportwissenschaft der Freien Universität Berlin) und ARND KRÜGER (Institut für Sportwissenschaften der Georg-August-Universität Göttingen) schauen kritisch auf das Konstrukt und die Realität des künstlichen Menschen in Sport und Sportwissenschaften. JÜRGEN COURT (Universität Erfurt, Fachgebiet Sport- und Bewegungswissenschaften) betrachtet die „Anthropometrie" als sportwissenschaftliche Methode im Kontext unterschiedlicher Epochen seit dem Beginn des 20. Jahrhunderts. HENNING EICHBERG (Institut for Forskning i Idræt og Folkelig Oplysning, Slagelse, DK) bietet ein Kontrastprogramm zum künstlich optimierten Menschen: Er lenkt den Blick auf die sogenannten „Unproduktiven", die bei der Selektion der „Produktiven" in der Gesellschaft im allgemeinen und im Sport im besonderen „anfallen".

Der Text des Juristen und Rechtsphilosophen GERD ROELLECKE (Em. des Fachbereichs Rechtswissenschaft der Universität Mannheim) rundet die – zweifellos vorläufige – Information über den künstlichen Menschen in dieser Textsammlung ab, indem er nach der moralischen und rechtlichen Stellung des durch Biotechnologie und Reproduktionsmedizin erzeugten Menschen fragt.

Die unterschiedliche Zitationsweise der Autoren wurde absichtlich beibehalten, um dem jeweiligen Text seine individuelle Gestalt zu lassen.

Anmerkungen

[1] Vgl. Julien Offray de La Mettrie (1985): *Der Mensch als Maschine*. Übers. v. Bernd A. Laska. Nürnberg. 83.

[2] Thomas Morus (1478-1535) verfasste die „Utopia" 1517, Tommaso Campanella (1568-1639) den „Sonnenstaat" (La Citta del Sole) 1602 und Francis Bacon (1561-1626) die „Nova Atlantis" 1624.

[3] Im Juli 1999 hielt der Philosoph Peter Sloeterdijk auf dem bayrischen Schloss Elmau einen Vortrag, der einen Eklat auslöste. Der Titel lautete „Regeln für den Menschenpark – Ein Antwortbrief über den Humanismus". Er fragte, ob nicht eine künftige Anthropotechnologie angesichts der Einsicht, dass der Humanismus als „Schule der Menschenzähmung" gescheitert sei, die „pränatale Selektion" und die „optionale Geburt" statt des üblichen Geburtenfatalismus praktizieren sollte (Sloeterdijk, P. (1999): Regeln für den Menschenpark. Ein Antwortschreiben zum Brief des Humanismus – die Elmauer Rede. In: DIE ZEIT. 16. September 1999. 21). Campanella schrieb bereits (1602), dass „wir der Fortpflanzung der Hunde und Pferde unsere eifrige Sorge widmen, die der Menschen aber vernachlässigen". In: *Die Utopia – Der utopische Staat*. Übers. und hrsg. v. K. J. Heinisch. Reinbek 1960. 122.

[4] Vgl. den Bericht über die Stadt „Celebration" in Florida von Jürgen Schaffer und Katharina Bosse (1996): Wohnen wie bei Mickey Mouse. In: DIE ZEIT. Magazin. 26. Juli 1996. 10-17.

[5] Vgl. Marcuse, L. (1962): *Die Philosophie des Glücks*. München. 200.

Literatur

Aurich, R., Jacobsen, W., Jatho, G. (Hg.) (2000): *Künstliche Menschen. Manische Maschinen – Kontrollierte Körper*. Berlin.

Bredekamp, H. (2000): *Antikensehnsucht und Maschinenglauben*. 2. Aufl. Berlin.

Drux, R. (1994): *Die Geschöpfe des Prometheus – der künstliche Mensch von der Antike bis zur Gegenwart*. Bielefeld.

Hammerstein, R. (1986): *Macht und Klang. Tönende Automaten als Realität und Fiktion in der alten und mittelalterlichen Welt*. Bern.

Völker, K. (Hg.) (1971): *Künstliche Menschen. Dichtungen und Dokumente über Golems, Homunculi, lebende Statuen und Androiden*. München.

„Der Mensch – Maß aller Dinge?"
Zur Deutung griechischer Athletenstatuen

Stefan Lehmann, Halle

Zusammenfassung

Die Statuen siegreicher Athleten im antiken Olympia werden nicht „biologisch" verstanden, sondern als Phänomene, die einen besonderen Platz in der griechischen Kulturgeschichte der archaischen und klassischen Zeit einnehmen. Die künstlichen und künstlerischen Bilder der Sieger-Heroen tragen durch ihr Riesenmaß eine starke Botschaft in das Zeusheiligtum. Sie weisen auf die große religiöse Bedeutung ihrer Sieghaftigkeit hin, aber natürlich auch auf den Ehrgeiz der Stifter. Allein durch ihre auftrumpfende Größe und ihren nackten Körper werden Athletenstatuen zu komplexen Ausdrucksträgern, deren riesiges Maß übermenschliche Werte suggeriert und die mächtige religiöse Symbole sind.

Summary

The statues of victorious athletes in ancient Olympia are not to be understood „biologically", but are rather to be seen as phenomena which have a special place in the Greek cultural history of the archaic and classical age. Through their enormous dimensions, these artificial and artistic images of the victor heroes have a strong message in the sanctuary. They point to the great religious significance of their victoriousness, while naturally indicating the ambition of the donors. Their superior, confident size and their naked bodies alone turn these athlete statues into complex bearers of expression whose enormous dimensions suggest superhuman values and serve as powerful religious symbols.

1. Einleitung

Die Werke Homers und die Bibel stehen für Antike und Christentum – und hierauf gründen die Traditionen Europas: So ist es auch für unser Thema „Der künstliche Mensch" sinnvoll, sich mit griechischen Vorstellungen und Darstellungen des von der Kultur geprägten Menschenbildes in der Kunst zu beschäftigen.[1]

Natürlich könnten wir zunächst den griechischen Schöpfungsmythos, in dem Prometheus den Menschen aus Lehm formte, dem Athena daraufhin Leben einhauchte, heranziehen. Er hatte aber für die Griechen, den wenigen Darstellungen in der Kunst nach, wohl keine große Bedeutung. Über den großen Handwerker Daidalos und seinen sich selbst überschätzenden Sohn Ikaros hat schon Frau Ränsch-Trill einiges gesagt. Und da ist noch Talos, der sagenhafte Wüterich aus Erz, der auf Kreta gegen Menschen vorging. Er kommt unserer Vorstellung vom antiken Androiden entgegen, denn er brachte sich im Feuer zur Weißglut, um so seine menschlichen Opfer qualvoll und tödlich zu umarmen. Hierher gehören auch die sog. lebenden Statuen und auch der Mythos von Pygmalion, der sich in die von ihm selbstgeschaffene Statue der Göttin Aphrodite verliebte. Auch die kunstvollen Automatenmenschen sollten hier erwähnt werden, die als Wunderwerke der Technik galten.[2] Soweit die griechische Mythologie zu künstlich geschaffenen und belebten Wesen.

Mein Vortrag soll nun von etwas anderem handeln. Im Mittelpunkt steht das bevorzugte Thema der Skulptur der Griechen: die Darstellung des kraftvollen, athletisch proportionierten Jünglings und Mannes. Und hier wiederum interessieren die Körperbilder und vorrangig die Körperhöhen sowie die damit verbundenen Aussagen. Der Zeitraum der behandelten Kunstwerke reicht von der archaischen Zeit bis zum Hellenismus, also von etwa 600 bis 300 v. Chr. Dieses Thema beschäftigt nicht nur die Altertumswissenschaften. Der Bonner Archäologe Nikolaus Himmelmann faßt das Problem wie folgt zusammen und weist die Perspektive auf, die mit der kulturell geprägten Darstellung der nackten Jünglingsfigur in der griechischen Kunst verbunden ist:

„Eine in den letzten Jahren sprunghaft angewachsene anthropologische Literatur widmet sich der Frage, welche Vorstellungen die moderne Gesellschaft mit dem menschlichen Körper verbindet. Dabei richten sich zugleich erwartungsvolle Blicke auf die Altertumswissenschaft. Sie soll Auskunft geben über die Griechen, die bekanntlich die nackte Menschengestalt mit besonderen ethischen und ästhetischen, religiösen und politischen Werten ausstatteten. Die Antworten treffen allerdings nur zögernd ein: Die literarischen Zeugnisse sind spärlich, und die unzähligen bildlichen Darstellungen lassen sich nicht wie Photographien lesen. Um sie zu verstehen, muß man die Grammatik ihrer Bildsprache ebenso kennen wie die Kriterien, nach denen sie ihre Themen auswählen und die Wirklichkeit stilisieren."[3]

II. Maße der Menschen und Heroen

Hierher gehört auch die Frage, wie die jeweiligen Formate der nackten und männlichen Standbilder inhaltlich zu deuten sind.[4]

„Der Mensch ist das Maß aller Dinge." – Dieser berühmte Ausspruch des Philosophen Protagoras, der im 5. Jahrhundert v. Chr. in Griechenland gelehrte Reden hielt, ist im Sinn durchaus dunkel, und meist wird der umstrittene Rest des Satzes weggelassen: „dessen, was ist, daß/wie es ist, dessen, was nicht ist, daß/wie es nicht ist".[5] Obwohl die Äußerung des Sophisten in einen größeren philosophischen Zusammenhang gehört, ist es doch denkbar, daß einige seiner damaligen Zuhörer, so wie auch heute, den ersten Teil des Homo-Mensura-Satzes wörtlich nahmen.

Im Ashmolean Museum in Oxford wird ein Relief aus der Zeit um 460 v. Chr. aufbewahrt, welches den Kopf, die Schulterpartie mit ausgebreiteten Armen sowie einen Abdruck des rechten Fußes oberhalb des rechten Oberarmes zeigt.

Abb. 1

Wie immer man metrologisch exakt diese Reliefdarstellung interpretieren mag – sie ist durchaus umstritten –, so ist dieser Darstellung nicht nur eine differenzierte und akribische Naturbeobachtung der menschlichen Maße abzulesen, sondern es kommt hier auch ein besonderes Gefühl für Harmonie und Symmetrie zum Ausdruck. Ein 1985 gefundenes, weiteres metrologisches Relief von der Insel Salamis, heute im Piräusmuseum, gibt sogar zwei verschiedene Fußmaße wieder, die so verglichen werden können.[6]

Von menschlichen Körperteilen wurden in alten Kulturen – und bis in die Neuzeit hinein – allgemein gängige Maße abgeleitet. Die Länge von Fingern, Handflächen, Füßen und Ellen wurden zu regional unterschiedlichen Maßeinheiten. Sie finden sich allenthalben in der griechischen Kunst und Architektur.

Als Paradebeispiel für die Suche nach idealen Maß- und Proportionsverhältnissen wird immer wieder eine bis ins kleinste vermessene Statue des argivischen Künsters Polyklet herangezogen.

Abb. 2

Der etwa 2,10 m hohe und gegen 440 v. Chr. zu datierende *Doryphoros* wird in der Forschung mit einer als *Kanon* bezeichneten Statue in Verbindung gebracht. *Kanon* meint hier Richtschnur, oder, besser: Musterfigur. Alle Versuche, das Maßsystem für den Aufbau der abstrakt konstruierten Figur zu finden, sind allerdings gescheitert. Selbst die Frage, wen er darstellt, wird kontrovers diskutiert.[7] Wir befinden uns also auf unsicherem Boden. Deshalb möchte ich im Vorgriff zu den Bildern griechischer Athleten sprechen, da wir diese Gruppe anhand ihrer Darstellungsmodi besser fassen können.

Griechische Athleten wurden bekanntlich nackt dargestellt. Darstellungswürdig waren sie nur als Sieger in einem der großen kultischen Agone, wie etwa jene von Nemea, am Isthmos, in Delphi oder Olympia, die im Folgenden von mir herangezogen werden. Beim Zeusfest in Olympia zu siegen war etwas außergewöhnlich Ruhmvolles. Nicht nur für den Athleten, sondern auch für seine Familie und seine Heimatstadt. Die Olympioniken waren Zeit ihres Lebens sozial herausgehoben und konnten Privilegien erhalten. Nach ihrem Tode wurden einige von ihnen heroisiert, das heißt, sie selbst bzw. ihre Statuen wurden kultisch verehrt. Sie nehmen einen Platz zwischen Gottheit und Mensch ein und sind ungemein vielfältig in ihren Aufgaben etwa als Nothelfer oder in ihren religiösen und kultischen Rollen. So können Heroen ganz unterschiedlich dargestellt werden. Dies ist in ihrem Wesen begründet. Durch menschliche Besonderheiten oder ihre überragenden Leistungen, welche sie weit über ein durchschnittliches Maß herausheben, können auch erfolgreiche Athleten nach ihrem Tode heroisiert werden und einen eigenen Kult erhalten. Die Bilder dieser Athleten-Heroen müssen für die Zeitgenossen als solche erkennbar gewesen sein. Da in der griechischen Plastik unterschiedliche Größen für die Dargestellten verwendet werden, versuche ich im Folgenden diese für ihre Interpretation heranzuziehen.

Im 8. Jahrhundert v. Chr. finden wir die männliche Gestalt in der griechischen Kunst dargestellt. In den homerischen Epen, die wohl auch in dieser Zeit entstanden, kommt die Charakterisierung der Helden deutlich zum Ausdruck, wobei gerade ihre körperlichen Eigenschaften im Vordergrund stehen und entsprechend gerühmt werden. Zwei Beispiele sollen dies verdeutlichen. Dem homerischen Held Odysseus (Od. 8,131ff.) wurde von den Phäaken erst Areté zugestanden, nachdem er beim Diskuswurf seine überragende körperliche Leistungsfähigkeit unter Beweis gestellt hatte.

Die durch ständige Übung erkennbar athletisch ausgebildete Figur galt dabei als Erkennungszeichen (Od.18,66ff.). Odysseus wies sich nach Ablegen der Bettlerlumpen durch seine Erscheinung als tüchtiger und adliger Mann aus. Besondere kriegerische und athletische Fähigkeiten gehören demnach unbedingt zum homerischen Helden. Sie heben ihn zugleich in eine übermenschliche Sphäre. Dieses Bild des Heros lebt in der griechischen Kunst lange fort und findet sich in vielfachen Wandlungen und Brechungen bis zum Ende der Antike.

Das athletische Ideal ist aber nicht die alleinige Form der ehrenden Darstellung von Männern in archaischer Zeit, wie andererseits der dickleibige, bekleidete Stifter des bekannten archaischen Geneleos-Weihgeschenks auf Samos oder der „Manteljüngling" von Kap Phoneros zeigen.

Abb. 3

Beide Figuren aus dem 6. Jahrhunderts v. Chr. sind durch ihre Tryphe, ihre Wohlbeleibtheit, als reiche Männer von hohem Ansehen gekennzeichnet.[8] Hier wird diese Konvention der ehrenden Charakterisierung in der Plastik nicht weiter verfolgt. Wenden wir uns drei Jünglings-Statuen zu, die stattdessen durch die Darstellung ihrer körperlichen Schönheit besonders beeindrucken wollen.

Der sog. „Große Kuros von Samos"

Die kolossale Statue eines unbekleideten jungen Mannes befindet sich heute im Museum von Vathy auf Samos.[9]

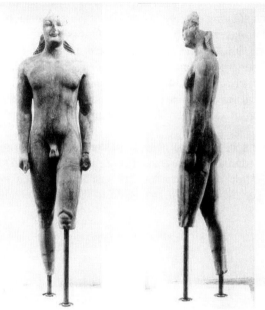

Abb. 4ab

Sie kann um 570 v. Chr. datiert werden. Wie alle griechischen Marmorfiguren war sie farblich gefaßt. Entsprechende Spuren finden sich im Haupt- und Schamhaar, oder zeigen sich an Details wie den Augen und den rosettenförmigen Brustwarzen. Wahrscheinlich war sogar die ganze Figur von einer Farbschicht überzogen, um auf diese Weise die streifigen Adern des samischen Marmors zu verdecken.

Die Gesamthöhe des Kuros wird im unversehrten Zustand etwa 4,75 m betragen haben. Sein kolossales Maß macht eine Deutung somit schwer, denn das Darstellungsschema als Stehender mit herabhängenden Armen und vorgesetzten Fuß gibt keine Antwort auf die Frage, wen die Figur wiedergeben könnte; denn gleich ob kleines Format oder großes Standbild – in dieser Zeit zeigen die jugendlichen Standbilder immer dasselbe Statuenschema. Sicher ist aber seine Funktion als die einer Votivstatue, welche im Heiligtum der Hera aufgestellt war. In schönen Buchstaben steht auf dem linken Oberschenkel geschrieben: „Isches, Sohn des Rhesis, hat es aufgestellt". Isches ist der ansonsten unbekannte Stifter der Statue und sicherlich nicht derjenige, den die Figur darstellt; denn es wäre vermessen gewesen, sich als Lebender in einem kolossalen Maß darzustellen. Daß ein Gott gemeint ist, ist eher unwahrscheinlich, weil jegliches kennzeichnendes Attribut fehlt und die Hauptgottheit des samischen Heiligtums mit der Zeusgattin Hera eine weibliche ist. Ein kolossales Format ist jedoch für Heroen charakteristisch, und so könnte es sich vielleicht um den Stammesheros handeln, auf den sich die Familie des Isches zurückführt.

Nicht viel später ist eine Figur entstanden, die kaum ein Drittel so hoch ist.

Ein Standbild aus Tenea bei Korinth

Diese nackte, 1,53 m hohe Marmorstatue eines Jünglings wurde auf einem Grab liegend gefunden.[10]

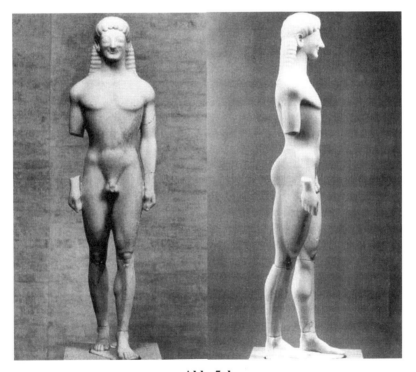

Abb. 5ab

Daher ist der Kuros auch als Bild des Verstorbenen zu deuten, welches um die Mitte des 6. Jahrhundert v. Chr. datiert wird. Es zeigt ebenfalls das Kurosschema und läßt jede individuelle Kennzeichnung vermissen. In frühgriechischer Zeit konnte lediglich in der hier verlorenen Inschrift auf ein bestimmtes Individuum verwiesen werden. Erstaunlich wirkt das Selbstwertgefühl der archaischen Menschen, die für die Darstellung ihrer Toten ein Bildschema –

wenn auch hier nur im lebensgroßen Format – wählten, das sich ebenso bei Götter- und Heroendarstellungen findet.

Zum sog. „Münchner Kuros"

Während bei den Kuroi von Samos und aus Tenea gepflegtes langes Haar auf die Schultern fällt, trägt der 2,08 m hohe attische Kuros in München aus der Zeit um 570/60 v. Chr. kürzeres, an den Enden kunstvoll eingerolltes Haar.[11]

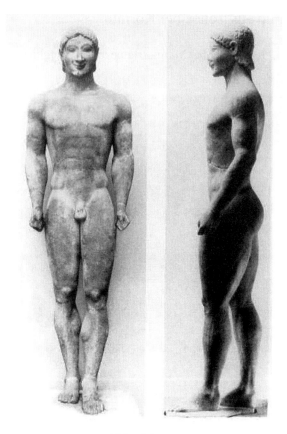

Abb. 6ab

Vor allem dieses Merkmal könnte ihn als Athleten kennzeichnen, wobei auch die besonders ausladende Brustpartie, die eingezogene Taille mit dem muskulösen Bauch und die mächtigen Oberschenkel auf anhaltendes Training und agonale Sieghaftigkeit deuten könnten. In der Haltung unterscheidet er sich jedoch nicht von den anderen Bildwerken im Kurosschema. Sein genauer Fundort ist unbekannt, daher ist die Funktion der Figur unsicher.

Nackte Jünglingsfiguren können als Geschenke in Heiligtümern geweiht werden oder stehen als Standbild des Verstorbenen über dessen Grab. Die stark differierende Höhe der Figuren – bei unseren Beispielen: kolossal, überlebens- und lebensgroß – sind markant, und die Deutung des Samischen Kuros als Heros ist daher zwar naheliegend, muß aber dennoch eine Hypothese bleiben, weil der Stifter sich mit einem Standbild von diesem Format, das keine erkennbare Gottheit darstellt, auch dann ungebührlich überhöht hätte. Wir kennen noch eine kolossale Götterstatue aus der Zeit um 600 v. Chr.: den sog. Naxier-Koloss auf Delos, hier zu sehen in einer Zusammenstellung mit weiteren Kuroi, welche die gravierenden Größenunterschiede anschaulich zeigen.[12]

Abb. 7a

Abb. 7b

Der Koloss auf Delos trug einen Gürtel und ist somit bekleidet zu denken. Da auch die Basis der Statue mit der Inschrift erhalten ist, wissen wir, daß hier ein Bild des Gottes Apollon vorliegt.

Der sog. *Münchner Kuros* mit seinen kürzeren Haaren und dem athletisch geprägten Körperbild wirft die Frage nach dem Aussehen der Statuen erfolgreicher Athleten auf. Gemäß den eben geschilderten Voraussetzungen sind die Athleten in der archaischen Kunst nur schwer von anderen unbekleideten Jünglingen zu unterscheiden. Deshalb müssen wir uns für die Beantwortung der Frage nach dem Aussehen athletischer Siegerbilder nach Olympia begeben. Dies geschieht aus zwei Gründen. Zum einen haben wir die ausführliche Beschreibung des im zweiten Jahrhundert n. Chr. lebenden Reiseschriftstellers Pausanias, der etwa zweihundert Siegerstatuen in der Altis des Zeusheiligtums auflistet, zum anderen wurden etwa einhundert Basen eben solcher Standbilder von den Ausgräbern gefunden, deren Inschriften auf Bronzestatuen von Olympioniken in den gymnischen und hippischen Wettkämpfen sowie den Agonen der Herolde und Trompetenbläser schließen lassen. Alle statuarischen Siegerweihgeschenke für Zeus Olympios waren in der Nähe seines Tempels aufgestellt. In der Spätantike wurden sie dann wegen ihres Metallwertes geraubt und ihre Basen verschleppt und als Baumaterial verwendet.

Von den Siegerstatuen selbst hat sich in Olympia – neben vielen kleinen Fragmenten – lediglich der leicht überlebensgroße Kopf eines bärtigen, unbekannten Siegers im Faust- oder Allkampf, ein Meisterwerk aus der Mitte des 4. Jahrhunderts v. Chr., erhalten.

Abb. 8

Eine Vorstellung von einer Siegerstatue eines Athleten beim Anlegen der Siegerbinde nach erfolgreich bestandenem Kampf vermittelt der bronzierte Gipsabguß des Diadumenos aus Delos. Die 1,95 m hohe späthellenistische Marmorkopie nach einem Original des Polyklet aus der Zeit etwa 430/20 v. Chr. wurde auf eine von Heinrich Bull rekonstruierte Stufenbasis gestellt und vermittelt so den Eindruck einer bronzenen Siegerstatue samt Basis.[13]

Die Gruppe der Siegerstatuen von Olympia war für die Erforschung der griechischen Plastik, und somit der künstlerischen Wiedergabe des Menschenbildes, von großer Bedeutung. Eine antike Nachricht über die Größe der Statuen war und ist für die Forschung folgenreich, da von ihr ein „ehernes" Gesetz der Plastikforschung abgeleitet wurde.

Abb. 9 = Abb. 2

Zum angeblichen Verbot der Überlebensgröße von Siegerstatuen

Walter Hatto Gross hat den Weg nachgezeichnet:[14] Plinius (nat. hist. 34,16) überliefert, daß der dreimalige Sieger in Olympia eine „ikonische" Siegerstatue erhielt. Seit dem 19. Jahrhundert wurde dann versucht, „ikonisch" als lebensgroß aufzufassen. Obwohl immer wieder gegen diese Setzung in der Forschung opponiert wurde, hält sich dieses „Gesetz" hartnäckig. Der klassizistische Hintergrund ist mit Händen greifbar, denn durch dieses Postulat können die zahlreichen Athletenstatuen, die ein deutlich überlebensgroßes Format haben, nur als Heroen und Götter gedeutet werden. Dieses vom kaiserzeitlichen Schriftsteller Lukian (pro imag. 11) angeblich überlieferte Gesetz soll das Aufstellen von überlebensgroßen Siegerstatuen in Olympia verboten haben. Die entsprechende Passage wird allerdings indirekt formuliert, da in ihr eine Frau namens Panthea vom Hörensagen berichtet. Dieser Bericht aus zweiter Hand kann nur zweifelhaften Zeugniswert haben. Überhaupt fragt sich, ob dieses Verbot während der ganzen Antike und für alle Wettkampfdisziplinen gegolten haben soll. Lukians Schilderung, mit seiner großen Wirkung auf die Forschung, wird durch den archäologischen Befund in Olympia, wie gleich zu zeigen ist, widerlegt. Mit erheblichen Konsequenzen für die Interpretation der athletischen Siegerbilder, wie wir sehen werden.

Schauen wir uns zunächst die antiken Hinweise zur Größe von Menschen bzw. zu einer bemerkenswerten Körpergröße an.

Zum Problem der Überlebensgröße

In der antiken Literatur finden sich nur spärliche Nachrichten auf übermenschliche Maße, die indirekt einen Rückschluß auf die damalige Vorstellung von der Größe der Menschen erlauben. Herodot (1,60) berichtet von einer Frau, die nicht ganz vier Ellen groß war (also etwa 1,80-1,90 m). Diese wurde vom vertriebenen Peisistratos als Athena verkleidet und auf einem Wagen nach Athen hineingefahren. Die Menschen dachten nun, die Göttin selbst geleite den Tyrannen in die Stadt, und nahmen ihn wieder auf.

Platon (res publ. 426e) schildert einen Staatsmann, der unfähig war, das rechte Maß zu ermitteln, und dem viele Leute, die ebenfalls nichts vom Maßnehmen verstanden, sagten, daß er vier Ellen groß sei (etwas über 1,90 m). Er glaubte ihnen schließlich. Aus dem Kontext wird aber deutlich, daß durch die genannten vier Ellen eine unglaubwürdige Übertreibung der Körpergröße beabsichtigt war.

Ebenfalls von einem Maß von ungefähr vier Ellen berichten zwei hellenistische Schriftsteller. Athenaios (10,7) und Pollux (4,11,89) überliefern für Herodoros von Megara, einen Olympioniken im Trompetenblasen, eine geradezu gigantische Gestalt, von 3,5-4 Ellen (um 1,90 m). Herodoros siegte wohl ab der 113. Olympiade (328 v. Chr.) in einer unglaublichen Folge bei zehn aufeinanderfolgenden Olympischen Spielen (36 Jahre!).

Alle diese Nachrichten von riesigen Menschen verbindet ihr gemeinsames Maß von mehr als vier Ellen.

Was ist lebensgroß?

Der Begriff muß zunächst auf die Gesamtheit der griechischen Männer, die irgendwann in der Zeit zwischen dem 6. und 4. Jahrhundert v. Chr. lebten, bezogen werden. Neben Skelettfunden geben Rüstungen griechischer Krieger, also Helme, Panzer und Beinschienen, indirekte, aber eindeutige Hinweise auf die Körpermaße ihrer einstigen Träger. Diese in großer Zahl etwa in Olympia ausgegrabenen Waffenteile weisen auf eine durchschnittliche Körpergröße um 1,60 m. Im Magazin von Olympia sind Rüstungsstücke aufgereiht, die eine große Uniformität in ihren Maßen zeigen. Sie stammen aus dem 6. bis 4. Jahrhundert v. Chr. Erhaltene antike Schuhsohlen, die in etwa in diesen Zeitraum gehören, haben eine Länge zwischen 22 und 25 cm. Man kann daraus auf eine

Körpergröße von etwa 1,60 m schließen. Folglich kann von einer durchschnittlichen Lebensgröße griechischer Männer in dieser Zeit von 1,60-1,70 ausgegangen werden. Um eventuelle Meßfehler auszugleichen, wird hier mit einer gewissen Toleranz mit einer Durchschnittsgröße von 1,60 m bis 1,80 m gerechnet.

Folgende Klassifizierung der Körperhöhen wird somit vorgenommen:

- unterlebensgroß meint eine Höhe unter ca. 1,60 m.
- lebensgroß reicht bis 1,80 m.
- überlebensgroß bezeichnet alles, was darüber liegt und differenziert sich weiter in:
- Vier-Ellen-Größe (etwa mehr als 1,80 bis ungefähr 2,30 m, was etwa fünf Ellen entspricht).
- kolossal (alles was darüber liegt).

Gymnische Sieger im Vier-Ellen-Format

Kommen wir auf die Statuen der Olympioniken zurück. Es werden wegen der Darstellungsunterschiede bei den hippischen und gymnischen Weihungen hier nur die Siegerbilder der Kampfdisziplinen herangezogen, die sich im besonderen Maße der Beliebtheit der Zuschauer erfreuen.

Die Bronzestatuen der Athleten haben Jahrhunderte lang bis zu ihrer Zerstörung Anfang des 5. Jahrhunderts n. Chr. im Freien gestanden. In dieser Zeit sind die Oberseiten der Statuenbasen verwittert. Fast in seiner originalen Frische blieb der Stein allerdings direkt unter den Füßen der Statuen erhalten. Dieses läßt sich gut an der mit einer Inschrift versehenen Basisoberseite erkennen. Daraus geht hervor, daß Aristion, Sohn des Theophilos aus Epidauros, im Faustkampf der Männer einen Sieg errungen, und daß ein Polyklet sie (die Statue) gemacht habe.[15]

Abb. 10ab

Andere Quellen berichten, daß Aristion 368 v. Chr. im Faustkampf siegte. In der Abbildung und vor allem in der Umzeichnung sind deutlich die Umrisse der Bronzefüße zu erkennen. Ihre Länge beträgt 31 cm, was heute einer Schuhgröße von 45 entspricht.

Zur Ermittlung der ungefähren Größe der Olympionikenbilder werden Statuen von Athleten und anderen Bronzewerken derselben Zeit herangezogen, welche alle ungefähr die gleichen Fußlängen aufweisen. So kann von der ermittelten Fußlänge auf die ungefähre Höhe der Siegerstatue geschlossen werden. Hierbei ist es unerheblich, ob die Höhe einer rekonstruierten Figur 1,90 oder 2,10 m beträgt. Relevant ist vielmehr, daß der „lebensgroße" Bereich von 1,60 bis 1,80 m deutlich überschritten wird.

Mittels dieser Vergleiche können wir folgern, daß die Statue des Aristion etwa 1,90 m hoch gewesen sein muß, also deutlich überlebensgroß und im vertrauten Vier-Ellen-Format.

Die Auswertung der erhaltenen Fußumrisse von olympischen Siegerstatuen zeigt, daß alle Bronzewerke vom ausgehenden 6. bis zum ausgehenden 4. Jh. v. Chr. Kampfsportler in eben diesem Vier-Ellen-Format wiedergeben.

Es läßt sich also aufgrund dieser archäologischen Ergebnisse folgern, daß für gymnische Sieger – zumindest in diesem Zeitraum – ausschließlich Bronzestatuen von überlebensgroßem Format errichtet wurden. Gab es aber neben den zahlreichen Bronzen im Vier-Ellen-Format noch andere „Einheitsgrößen"?

Mustern wir den Bestand der erhaltenen Siegerbasen, so finden sich einige Statuenbasen, die sowohl durch ihre Größe als auch durch die Länge der sich abzeichnenden Fußspuren der Statuen auf ein kolossales Format verweisen. Von ihnen wissen wir auch aus der literarischen Überlieferung, daß sie als Heroen verehrt wurden.

Die früheste erhaltene Basis in Olympia wurde anhand der Inschriftenreste mit der berühmten Bronzestatue des Milon von Kroton, des erfolgreichsten Kraftathleten der Antike, verbunden.[16]

Abb. 11ab

Milon siegte in Olympia im Ringkampf sechsmal ununterbrochen von 540 bis 516 v. Chr. Um sein Siegerbild ranken sich, wie auch um seine Kraftleistungen, zahlreiche Legenden. Die Fußabdrücke auf dem erhaltenen Basisfragment weisen durch ihr wie „festgenagelt" wirkendes enges Standmotiv auf einen Aufbau im Kurosschema hin. Beide Füße sind voll aufgesetzt und haben eine – ergänzte – Länge von etwa 40 cm. Die Bronzestatue hatte somit ein kolossales Format von etwa 3 m Höhe.

Der Faustkämpfer Euthymos aus Lokroi Epizephyrioi in Unteritalien siegte in Olympia dreimal im Faustkampf (484, 476, 472 v.Chr.).[17] Die Inschrift auf seiner Statuenbasis aus Marmor empfiehlt die Statue „den Sterblichen zum Anschauen". Das große Format der Basis, ihr Material und die Inschrift weisen auf ein kolossales Bronzestandbild des heroisierten Euthymos hin.

Abb. 12a

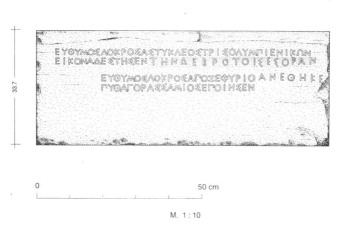

Abb. 12b

Nun zum letzten Beispiel: die Basis der Statue des Polydamas aus Skotoussa und ihrer archäologischen Interpretation.[18]

Der thessalische Pankratiast siegte 408 v. Chr., die Siegerstatue fertigte der berühmte Bildhauer Lysipp erst gegen 330 v. Chr. an. Sie wurde somit *postum* aufgestellt. Die mit Reliefszenen aus seinem Heroenleben dekorierte Statuenbasis ist das einzige noch erhaltene Originalwerk des Künstlers. Von ihr haben sich zwei große Fragmente erhalten.

Abb. 13

Um die Basis und die Standspuren auf deren Oberseite angemessen auszuwerten, war eine eingehende Untersuchung unerläßlich. Daraus ergab sich, daß die ursprünglichen Ränder der Plinthenfassung abgemeißelt wurden. Der Basisblock mit der Plinthenfassung, welche die Abmessungen von 109 x 109 cm haben, weist darauf hin, daß diese Siegerstatue als einzige bisher bekannte Ausnahme nicht in Bronze gegossen, sondern aus Marmor gearbeitet war. Bronzestatuen mit ihren an den Fußsohlen befindlichen Einlaßzapfen wurden direkt in die im Basisblock befindlichen Löcher eingelassen. Dann wurden die Einlassungen mit Blei vergossen, und somit war die Statue mit der Basis verbunden. Hiervon hätten sich Einlassungen und Metallreste finden müssen. Diese Zapfenlöcher sind eben nicht in die Basis eingelassen worden. Daher ergibt sich, daß die Statue des Polydamas nicht aus Bronze, sondern aus Marmor gefertigt war.

Nach der ausführlichen Schilderung des Pausanias (6,5,1) stand die Statue des Polydamas auf einer hohen Basis. Die feststellbaren Plinthenmaße von ca. 78 x 66 cm deuten zudem auf eine große Standfläche für eine wahrhaft gigantische Statue hin. Daß es sich um ein riesiges Marmorbild gehandelt hat, legt auch die Beschreibung des Pausanias nahe, denn er nennt Polydamas „den größten Menschen unserer Zeit". Die Marmorfigur des sog. „Herakles Farnese" – die Sie gestern als Gipsabguß im Deutschen Sport- und Olympia-Museum gesehen haben – wäre als ein Beispiel für ein derartig großes Marmorstandbild zu nennen. Mit seiner Höhe von 3,17 m – die Fußlänge beträgt 50 cm – hat der Halbgott in etwa der Siegerstatue des Polydamas entsprochen.

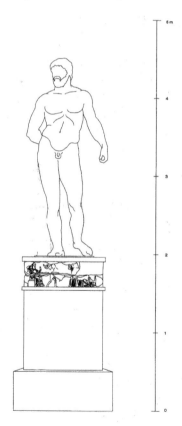

Abb. 14

Die Ideen-Skizze veranschaulicht das Ergebnis, wobei es natürlich bei der Figur nur um einen unverbindlichen Eindruck gehen kann, der in etwa die Proportionen zwischen Basis und Standbild verdeutlicht.

Das riesige Standbild des Olympioniken Polydamas in der Altis von Olympia wurde heroisch verehrt, und der Volksglaube sprach ihr Heilkraft zu.

Unter den bekannten heroisierten Athleten finden sich auffallend viele Olympioniken. Schon der erste historisch überlieferte, Koroibos von Elis, der im Jahre 776 v. Chr. im Stadionlauf siegte, wurde den archäologischen Spuren und der literarischen Überlieferung nach an seinem Grab heroisch verehrt.[19] Zahlreichen Olympiasieger des 6. und 5. Jahrhunderts v. Chr. wurden ebenfalls kultische Ehrungen zuteil. Genannt seien neben den oben behandelten heroisierten Siegern etwa Philippos von Kroton, weil er als der schönste Grieche seiner Zeit galt (520 v. Chr.), der Faustkämpfer Kleomedes von Astypalaia (496 v. Chr.) oder aber der fast als unbesiegbar geltende Theogenes von Thasos (Olympionike 480 v. Chr. im Faustkampf und 476 im Pankration). Die Gründe für ihre Heroisierung sind ganz unterschiedlich und nicht immer erklärbar.

III. Zur Bedeutung der Riesengröße von Siegerstatuen

Koroibos von Elis siegte laut antiker Nachrichten als erster Mensch 776 v. Chr. im olympischen Stadionlauf und wurde in späteren Zeiten als historischer Sieger aus grauer Vorzeit an seinem Grabe als Heros verehrt. Von diesem Sieger-Heros ist allerdings keine Siegerstatue im Zeusheiligtum von Olympia bekannt. Die in der Altis gefundenen Basen gymnischer Siegerstatuen der „Männerklasse" des 6. bis 4. Jahrhunderts v. Chr. lassen in der Regel vier Ellen große Bronzestandbilder erkennen. Davon ausgenommen sind wenige Siegerstatuen von riesigem Format. Die so dargestellten Athleten wurden als Heroen verehrt. Noch im Kurosschema gearbeitet ist das früheste Standbild für den Sieger-Heros Milon von Kroton aus dem ausgehenden 6. Jahrhundert v. Chr. In klassischer Zeit wurden kolossale Siegerbilder wie das des Euthymos oder das des Polydamas aufgestellt.

Seit archaischer Zeit ist in griechischen Heiligtümern wie etwa auf Samos oder in Olympia ein Wandel der Weihungen von monumentalen Dreifüßen und Kesseln zu Werken der Plastik zu beobachten. Von Individuen, die durch ihre Herkunft oder Leistung hervorstechen, werden nun im Heiligtum riesige Votivstatuen von privaten Stiftern oder weihenden Heimatstädten aufgestellt.

Blicken wir zurück zum eingangs betrachteten sog. Großen Kuros von Samos. Vor dem Hintergrund der überhöhenden Statuengrößen olympischer Sieger-Heroen ist er in seiner Riesengröße als Stammesheros der Vergangenheit zu verstehen, so wie ihn der Ausgräber H. Kyrieleis deutet. Damit wird deutlich, wie wesentlich für das Verständnis dieser Bilder die Revision der Annahme eines Überlebensgrößeverbotes für die Beurteilung der Olympionikenstatuen ist. Im Zeusheiligtum verewigt finden sich Siegerstatuen berühmter und weniger berühmter Athleten. Deren Deutung wird möglich durch primäre Merkmale wie Inschrift, Material, Typus und Format sowie durch Aufstellungsort und -anlaß.

Die oben behandelten Sieger-Heroen stechen durch ihr riesiges Format aus der Gruppe der ohnehin schon überlebensgroßen Siegerstatuen hervor und nehmen im Heiligtum einen herausragenden Platz ein. Dies allein weist auf ihre besondere religiöse und kommunikative Bedeutung hin. Die gottgefällige Leistungskraft der Sieger führte zu heroischen Ehren. Hierbei ist nicht edle Abstammung oder Herkunft vorrangig, sondern seine Sieghaftigkeit, die immer auch als ein Verdienst der Heimatstadt verstanden wurde. Die individuellen Fähigkeiten der überlegenen Olympioniken und der kollektive Stolz von Familien und Polisgemeinschaft spiegelt sich so in den Votivstatuen wieder. Hervorstechende agonale Leistungskraft für das Gemeinwohl kann als eine der Grundlagen für die langanhaltende Praxis der Siegerweihungen in Olympia verstanden werden. Olympioniken sind panhellenische Identifikationsfiguren und die in der Altis von Olympia aufgestellten Siegerstatuen Kommunikationsmedium zwischen den Menschen und der Gottheit. Sie zeugen von dem ehrenden Andenken und kollektiven Stolz der Polisgemeinschaft. Dies läßt sich gut bei bekannten Olympioniken verfolgen, deren Siege überregional in ganz Griechenland gerühmt wurden. Die Erinnerung an die siegreichen Athleten, ihre Herkunft und die Wettkampfdisziplinen mit konkreten Daten der Erfolge blieb durch die Statue im Heiligtum vielfach bis in die Spätantike hinein gegenwärtig. Innerhalb dieser statuarischen Weihgeschenke überragen die Statuen der Sieger-Heroen durch ihr riesiges Format die konkurrierenden Denkmäler in der Altis. So weisen sie seit archaischer Zeit auf die besondere Bedeutung gymnischer Siege im Zeusfest hin. Die kunstvollen Darstellungen idealisieren die herausragenden Athleten durch ihre Körperbilder und heroisieren sie durch ihre Größen.

Anmerkungen

[1] Fuhrmann (2002), 9-34.
[2] Zur utopischen Tradition von Automatenmenschen s. Amedick (1999), 195-196.
[3] Himmelmann (2001), S. N 6.

[4] Die Darstellung der Frau in dieser Zeit geht einen anderen Weg. Bekanntlich sind die archaischen Standbilder der Koren reich bekleidet und erst im 4. Jahrhundert v. Chr. schafft der Bildhauer Praxiteles mit seiner Statue der Aphrodite von Knidos das erste gänzlich nackte Frauenbild.
[5] Neumann (1976), 257-270. Diogenes Laertius XI 51.
[6] Wesenberg (2002), 357-380.
[7] Lehmann (2003), im Druck.
[8] Bol (2002), Abb. 276a.b.; 280 a.b.
[9] Kyrieleis (1996), passim.
[10] Bol (2002), Abb. 262 a-d.
[11] Bol (2002), Abb. 251 a-d.
[12] Bol (2002), Abb. 187 a-d.
[13] Lehmann (1996), 1-18.
[14] Gross (1963), 62-76.
[15] Dittenberger / Purgold (1896), Nr. 165.
[16] Dittenberger / Purgold (1896), Nr. 264.
[17] Dittenberger / Purgold (1896), Nr. 144; Currie (2002), 24-44.
[18] Moreno (1995), 91-93.
[19] Lehmann (2003), in: *FS Lämmer*, 163-175.

Literatur

Amedick, R. (1999): „Die Gruppe der Schweinebrüher". In: *Hellenistische Gruppen. Gedenkschrift für Andreas Linfert*. Mainz.
Bol, P. C. (Hg.) (2002): *Die Geschichte der antiken Bildhauerkunst*. Bd. 1: *Frühgriechische Plastik*. Mainz.
Currie, B. (2002): „Euthymos of Locri: a Case Study in Heroization in the Classical Period". In: *The Journal of Hellenic Studies*. Bd. 122. 24-44.
Dittenberger, W., Purgold, K. (1896): *Die Inschriften von Olympia. Olympia, Ergebnisse*. Bd. 5. Berlin.
Fuhrmann, M. (2002): *Bildung. Europas kulturelle Identität*. Stuttgart.
Gross, W. H. (1963): „Quas iconicas vocant. Vom Porträtcharakter der Statuen dreimaliger olympischer Sieger". In: *Nachrichten der Akademie der Wissenschaften in Göttingen*. Phil.-Hist. Klasse, Nr. 3. 62-76.
Huss, B. (1996): „Der Homo-Mensura-Satz des Protagoras. Ein Forschungsbericht". In: *Gymnasium* 103, 229-257.
Kyrieleis, H. (1996): *Der große Kuros von Samos*. Mainz.
Himmelmann, N. (2001): „Begehrenswerte Körper? Kontroverse Deutungen frühgriechischer Jünglingsstatuen". In: *Frankfurter Allgemeine Zeitung* vom 28. Februar 2001, S. N 6.
Lehmann, St. (1996): „Zum Bronzekopf eines Olympioniken im Nationalmuseum Athen". In: *Stadion. Internationale Zeitschrift für Geschichte des Sports* 22. 1-18.
Lehmann, St. (1999/2000): *Die Siegerbasen von Olympia*. Ungedruckte Habilitationsschrift Martin-Luther-Universität Halle.

Lehmann, St. (2003): „Olympia, das Grab des Koroibos und die Altertumswissenschaften in Halle". In: Bertke, E., Kuhn, H., Lennartz, K.: *Olympisch bewegt – Festschrift zum 60. Geburtstag von Prof. Dr. Manfred Lämmer*. Hrsg. v. Institut für Sportgeschichte und dem Carl und Liselott Diem-Archiv der Deutschen Sporthochschule Köln. 163-175.

Lehmann, St. (2003, im Druck): *Athlet, Krieger, Heros. Der Doryphoros des Polyklet als hermeneutisches Problem.*

Moreno, P. (1995): *Lisippo. L'arte e la fortuna*. Firenze. 91-93.

Neumann, A. (1976): „Die Problematik des Homo-Mensura-Satzes". In: Classen, C. J. (Hg.): *Wege der Forschung. Bd. 187. Sophistik*. Darmstadt. 257-270.

Wesenberg, B. (2002): „Vitruv und Leonardo in Salamis. ‚Vitruvs Proportionsfigur' und die metrologischen Reliefs". In: *Jahrbuch des Deutschen Archäologischen Instituts*. Bd. 116. 357-380.

Abbildungslegenden

Abb. 1: Metrologisches Relief, Oxford, Ashmolean Museum, Marmor, B 173 cm, H 63,5 cm, zweites Viertel des 5. Jahrhunderts v. Chr.

Abb. 2: Doryphoros des Polyklet, Neapel, Museo Nazionale, H 2,00 m, römische Marmorkopie der Kaiserzeit nach einem Bronzeoriginal um 440 v. Chr.

Abb. 3: Gelagerte Stifterfigur vom Geneleos-Weihgeschenk, Samos, Museum Vathy, Marmor, L 1,58 m, H der Figur 54 cm, zweites Viertel des 6. Jahrhunderts v. Chr.

Abb. 4a.b: Vorder- und Seitenansicht des sog. Großen Kuros, Samos, Museum Vathy, Marmor, H etwa 4,80 m, erstes Viertel des 6. Jahrhunderts v. Chr.

Abb. 5: sog. Kuros aus Tenea, München, Glyptothek, Marmor, H 1,53 m, etwa Mitte des 6. Jahrhunderts v. Chr.

Abb. 6: sog. Münchner Kuros, München, Glyptothek, Marmor, H 2,08 m, 550/40 v. Chr.

Abb. 7a: sog. Naxier-Koloß in zeichnerischer und maßstabsgetreuer Zusammenstellung mit weiteren Kuroi.

Abb. 7b: Torso des sog. Naxier-Koloß, Delos, Apollonheiligtum, Marmor, H ca. 2,20, rekonstruierte Gesamthöhe etwa 9,00 m, um 600 v. Chr.

Abb. 8: sog. Boxerkopf von Olympia, Athen, Nationalmuseum, Teil einer Bronzestatue, H 31 cm, um 340 v. Chr.

Abb. 9: Diadumenos des Polyklet, bronzierter und ergänzter Gipsabguß in der Abgußsammlung Erlangen, nach: Athen, Nationalmuseum, späthellenistische Marmorkopie nach einem Bronzeoriginal, H 1,95 m, 420 v. Chr.

Abb. 10a: Oberseite der Basis mit Einlaßlöchern für die Siegerstatue des Aristion aus Epidauros, auf der sich die Umrisse der Füße abzeichnen, Olympia, Museum, schwarzer Kalkstein, nach 368 v. Chr.

Abb. 10b: Zeichnung der Oberseite der Aristion-Basis.

Abb. 11a: Oberseite der Statuenbasis für das Siegerbild des Milon von Kroton, Olympia, Magazin, Marmor, zweite Hälfte des 6. Jahrhunderts v. Chr.

Abb. 11b: Zeichnung der Oberseite der Milon-Basis.

Abb. 12: Basis des Siegers Euthymos, Olympia, Museum.

Abb. 13: Reliefbasis für die postume Siegerstatue des Polydamas aus Skotussa, Olympia, Museum, Marmor, drittes Viertel des 4. Jahrhunderts v. Chr.
Abb. 14: Rekonstruktionsvorschlag der Aufstellung.

Abbildungsnachweis

Abb.1: nach Wesenberg (2002) 367 Abb. 7.
Abb. 2a.b: nach Antike Welt 34, 2003, 75 Abb. 1.
Abb. 3: nach Bol (2002) Abb. 276a.
Abb. 4a.b: nach Kyrieleis (1996) Taf.15.20.
Abb. 5a.b: nach Bol (2002) 262b.c.
Abb. 6a.b: nach Bol (2002) 251a.b.
Abb. 7a: nach Stewart, A. (1990) Greek Sculpture. An Exploration, Bd. 2, 43 Abb. 43.
Abb. 7b: nach Bol (2002) Abb. 187 a.b.
Abb. 8: Postkarte, Nationalmuseum Athen.
Abb. 9 = Abb. 2b.
Abb. 10a. 11. 12. 13: G. Pöhlein, Erlangen.
Abb. 10b. 11b. 14.: R. Schwab, Erlangen.

„Nimmst Du, Herr, ihren Odem, so vergehen sie und werden wieder Staub" (Psalm 104, 29). Der Golem und sein Mensch als Schöpfer

Theodore Kwasman, Köln

Zusammenfassung

Der Aufsatz folgt Gerschom Scholems Umriss der historischen Entwicklung des Golems. Der Gedanke der Herstellung eines künstlichen Menschen ist im Judentum eng mit der Buchstabenlehre und der Auslegung des mystischen „Buches der Schöpfung" verbunden. Im Laufe der Jahrhunderte entstand in der jüdischen Folklore eine Reihe von Legenden um den Golem; vor allem im 15. und 17. Jahrhundert fanden sie sehr große Verbreitung. Der Golem ist eine Kreatur, die ihrem Schöpfer (dem Menschen) diente und verschiedene Aufgaben für ihn erledigte. Im Grunde ist die Herstellung eines Golems der Versuch, den göttlichen Schöpfungsakt zu wiederholen. Dieser kann entweder theoretisch oder praktisch vollzogen werden. Damit sind große Gefahren verbunden, mit denen sich der Mensch geistig oder physisch zerstören kann.

Summary

The article follows Gershom Sholem's historical outline of the Golem. The idea of creating an artificial being (Golem) in Judaism is closely associated with the teaching of letter combinations and the interpretation of the mystical "Book of Creation". Over the centuries many legends about the Golem developed, especially in the 15th and 17th centuries, when they were widely circulated. The Golem is a creature that serves its creator (man) and performs various tasks for him. In general, the making of a Golem is an attempt to replicate the divine act of creation. This can be done in theory or practice. Both ways are dangerous as they can destroy man either mentally or physically.

Der Wunsch einen Menschen herzustellen, also ein Wesen künstlich zu erschaffen, ist sehr alt und gehört zum ältesten Teil der jüdischen Mystik, wenn nicht der Wissenschaft überhaupt. Diese Idee ist nicht auf eine Kultur begrenzt, da die Erschaffung von Anthropoiden sicherlich zum Teil ihren Ursprung im Polytheismus und der Herstellung von Götterbildern hat – ein Aspekt, der oft unberücksichtigt bleibt. Die Herstellung von Götterbildern und die Vorstellungen über das Aussehen der Götter waren in der Antike in der Regel anthropomorph. Ich werde versuchen, diesen Sachverhalt sehr allgemein zu beschreiben: Götterbilder waren vom Aussehen her Abbildungen von Menschen und hatten damit auch alle physischen Eigenschaften der menschlichen Gestalt. Außer diesen physischen Merkmalen übernahmen sie aber auch die Lebensformen der Menschen und ihr Benehmen: Sie waren in Häusern untergebracht, sie wurden morgens geweckt, gewaschen, gekleidet, geschminkt, gefüttert und schliefen in der Nacht. Sie konnten vermählt werden, hatten Kinder, haben sich gestritten und fuhren in Wagen, um andere Götter zu besuchen. Die Häuser waren Tempel; die Pflege war verbunden mit Ritualen; die Fütterung – ein Opferdienst; und die Hochzeiten oder Besuche bei anderen Göttern Prozessionen. Diese Form des Polytheismus imitiert bzw. spiegelt menschliches Leben wieder. Es gab natürlich auch Formen des Polytheismus, in denen die Umwelt imitiert wurde, z.B. durch Tierbilder oder Symbole der Natur, wie die Sonne oder der Mond. Es muß bei dieser sehr allgemeinen Darstellung darauf hingewiesen werden, daß die Abbildung oder die Herstellung von Götterbildern von einem rituellen Prozess begleitet war, um die Materie mit einer gewissen geistlichen Infusion zu versehen. Erst sie gab den Statuen ihre Göttlichkeit. Man kann also sagen, daß im Prinzip die ersten Anthropoiden die von unseren Vorvätern hergestellten Götterbilder waren. Die Unterschiede zwischen der Herstellung eines Götterbildes und der eines Anthropoiden sind damit also nicht groß. Beide müssen aus einem bestimmten Werkstoff von Menschen hergestellt werden, doch ist der eigentliche Verwendungszweck eines Anthropoiden ein anderer als bei einem Götterbild, es ist aber wohl jeder einem Menschen ähnliche Gegenstand, der eine bestimmte Funktion ausführt, in diesem Sinne ein Anthropoid.[1]

Mit der Entstehung des Judentums änderte sich die Gottesvorstellung, da das Judentum seinen Gott nicht darstellt; beibehalten oder übernommen wurden jedoch das Gotteshaus und die Opfer. Als diese mit dem Untergang des Zweiten Tempels verloren gingen, waren auch die letzten polytheistischen Reste weggefallen. Übrig blieben die Begleittexte und die Zeiten für den Opferdienst, aus denen sich das Gebet und der Gottesdienst entwickelten. Mit dem Judentum entwickelte sich auch eine neue Vorstellung von der Erschaffung der Welt, nämlich die Ansicht, daß die Welt aus dem Nichts – also als *creatio ex nihilo* – geschaffen wurde. Es gab keine Materie oder Stoffe, derer sich Gott bei der Erschaffung der Welt bediente; die Urstoffe oder die Materie waren von Gott selbst hergestellt worden, um die Welt zu erschaffen. So weit wir wissen, betrachteten die meisten antiken Kulturen die Welt als ewig. Es gibt keinen Anfang und damit auch keine terminlich faßbare Erschaffung der Welt. Die Materie, aus der alles entstand, war schon immer vorhanden.

Mit Blick auf die Herstellung eines Anthropoiden impliziert diese (jüdische) Vorstellung, daß dem Menschen keine Schöpfungskraft, d.h. keine Möglichkeit einer *creatio ex nihilo*, innewohnen kann. Der Mensch kann zwar alles Mögliche herstellen, er kann sich aber nur der schon vorhandenen Materie und damit auch nur der inhärenten Eigenschaften dieser Stoffe bedienen. Damit imitiert oder reproduziert der Mensch im Allgemeinen also nur Prozesse der Natur. Mit der Herstellung eines Golems oder Anthropoiden wird der Schöpfungsakt, die Erschaffung des ersten Menschen imitiert. Von diesem Standpunkt aus hat dann das Judentum die Herstellung von Götterbildern bzw. ihre Verwendung beim Götzendienst verstanden.

Bei der wissenschaftlichen Erforschung des Golems haben sich vor allem besonders Gershom Scholem[2] und Moshe Idel[3] hervorgetan, wobei der Unterschied zwischen ihren Untersuchungen in ihrer jeweiligen Gewichtung besteht: G. Scholem hat sich zwar nicht sehr ausführlich mit dem Golem befasst, doch er hat sich in diversen kurzen Beiträgen zu dessen Geschichte geäußert, so z.B. in einem Vortrag vor dem Eranos-Verein und in einem Aufsatz über den neu eingerichteten Großcomputer des israelischen Weizmann-Instituts mit dem Namen „Golem" in Rehovot. Scholem hat in seinen präzisen Beobachtungen herausgearbeitet, daß die Idee bzw. das Konzept des Golems eng mit der magischen Auslegung des Buches *Yezirah* – „Das Buch der Schöpfung" verbunden ist. Idel hingegen stellt in einer Monographie die viel komplexere Entwicklung des Golems dar und berücksichtigt viele Aspekte und Themen, die bei Scholem nicht behandelt werden. Meines Erachtens hat Scholem dennoch die Hauptelemente des Golem historisch ausgearbeitet und ihnen die richtige Gewichtung gegeben, so daß Idel auf diese Untersuchungen zurückgreifend das Bild ergänzen und darüber hinaus viele Nebenaspekte, die von der Hauptentwicklung abweichen, behandeln kann.

Wie schon erwähnt, ist die Vorstellung eines Golems eng mit der magischen Auslegung des „Buchs der Schöpfung" (hebräisch: *Sefer Yezirah*) verbunden.[4] Dieses Buch, in dem der Schöpfungsakt durch Buchstaben vollzogen wird, ist mystisch spekulativ (also theoretisch) und beschäftigt sich hauptsächlich mit kosmogonischen und kosmologischen Vorstellungen. Demzufolge basiert die Schöpfung auf zwei Elementen, den 32 geheimen Wegen der Weisheit und den 22 Ursprungsbuchstaben, dem hebräischen Alphabet. Nach alter jüdischer Vorstellung, die hier zu Ausdruck kommt, ist das Alphabet präexistent. Die Buchstaben existierten also schon vor der Schöpfung der Welt. Sie haben neben ihrem Lautwert auch Zahlenwerte, d.h. die Zahlen wurden traditionellerweise immer mit Buchstaben ausgedrückt; damit hat also auch jedes Wort einen Gesamtzahlenwert, wenn man die Buchstaben zusammenzählt. Als Beispiel sei das hebräische Wort für Wein angeführt, welches den Zahlenwert 70 hat, wie ebenfalls auch das hebräische Wort für Geheimnis, was bedeutet, daß beide Wörter gleichgestellt werden können. Hier kann man das bekannte Sprichwort „Wenn Wein hineingeht, kommt ein Geheimnis heraus" anführen.

Wir interessieren uns hier nur für den zweiten Teil des Buches der Schöpfung, da evident ist, daß das Buch zwei kosmogonische Theorien enthält, wobei die erste Theorie in die Sphären der mystischen Spekulationen eingeordnet werden kann und die zweite direkt mit der Golemgeschichte zu tun hat:

Nach diesem zweiten Teil des Buches der Schöpfung sind alle existierenden Wesen einer der drei Schichten des Kosmos zugeteilt: der Welt, der Zeit oder den Menschenkörpern. Sie sind geschaffen worden durch die Zusammensetzung der 22 Buchstaben und 231 oder 221 Tore. Diese 231 bzw. 221 Tore entsprechen der Anzahl der Permutationen, den Kombinationen von zwei Buchstaben, die sich nach der alten hebräischen Verbwurzel konstituieren. In jedem Wesen sind diese Buchstabenkombinationen enthalten und nur durch ihre Kraft, deren Grundlage entweder das Tetragramm, d.h. die vier Buchstaben des Gottesnamens oder ein anderer mystischer Name Gottes ist, können sie existieren.

Diese spekulative Theorie wird noch weiter ausgebaut: Die 22 Buchstaben sind nach sprachlichen Kriterien in drei Kategorien eingeteilt.

Die *erste Kategorie* hat drei Elemente: die Buchstaben Alef, Mem und Shin. Diese drei Buchstaben repräsentieren die Quelle für die drei Elemente – Luft, Feuer und Wasser. Aus diesen drei Elementen, die durch die Buchstaben repräsentiert werden, ist alles in der Welt entstanden.[5]

Die *zweite Kategorie* besteht aus den sieben doppellautigen Buchstaben des hebräischen Alphabets: b, g, d, k, f, t und r. Aus diesen sieben Buchstaben wurden die sieben Planeten, die sieben Himmelssphären, die sieben Tage der Woche und die sieben Öffnungen des menschlichen Körpers (Ohren, Nase, Augen, Mund) geschaffen.

Die *dritte Kategorie* enthält die übrigen 12 Buchstaben, die als „einfach" bezeichnet werden. Sie haben mit dem Menschen zu tun, den 12 Zeichen des Tierkreises (Zodiakus), den 12 Monaten und den 12 Hauptgliedern des Menschen.

Die Kombinationen der Buchstaben bzw. Buchstabenkategorien enthalten die Wurzel von allem Geschaffenen sowie den Gegensatz zwischen Gut und Böse. Durch Buchstaben bzw. durch ihre Kombination wurden Himmel und Erde geschaffen – so Gen 1,1: „Am Anfang schuf Gott Himmel und Erde." Im hebräischen Text steht vor den Objekten „Himmel" und „Erde" ein im Deutschen unübersetzbarer (Akkusativ-)Partikel: das Wort ET, das aus den beiden Buchstaben Aleph und Tav besteht, die wiederum den ersten und letzten Buchstaben des hebräischen Alphabets darstellen. Die Welt bzw. Himmel und Erde wird also durch die Buchstaben geschaffen, die das ganze Alphabet und damit alles Geschöpfte der Welt umspannen.

Diese Vorstellung ist nicht unbedingt dem Gebiet der Magie zuzuordnen; es handelt sich hierbei eher um ein Wissen um die Möglichkeit der Kombination von Buchstaben, das erlernt und erworben werden kann und durch das etwas erschaffen werden kann – so wird z.B. in der Torah berichtet, daß Bezalel die Kenntnisse für den Bau der Stiftshütte in der Wüste besaß,[6] was wiederum im Talmud folgendermaßen erläutert wird:

„R. Jehudah sagte im Namen Rabs: Bezalel verstand die Buchstaben zusammenzusetzen, mit denen Himmel und Erde erschaffen wurden, denn hier heißt es (Ex. 35:41): ,Und der göttliche Geist erfüllte ihn mit Weisheit, Einsicht und Erkenntnis' und dort heißt es (Pr. 3:19): ,Der Herr gründete die Erde mit Weisheit, mit Einsicht errichtet er den Himmel.' Ferner (Pr. 3:20): ,Mit seiner Einsicht wurden die Tiefen gespalten.'"

Durch das Auslegungsprinzip der Wortanalogie werden die besonderen Fähigkeiten des Bezalel dahingehend erklärt, daß er die Kunst bzw. die Kenntnis der Buchstabenkombination beherrsche. Diese Kenntnisse geben ihm Weisheit, Einsicht und Erkenntnis.

In einem anderen Zusammenhang heißt es, daß man sich die Kenntnisse der Buchstabenkombinationen durch das Studium des Buches der Schöpfung aneignen könne. Hier kommt eine weitere Entwicklung zum Ausdruck, wie die Kenntnisse der Buchstabenkombinationen angewendet werden können – so heiß es im Talmud[7]: „R. Hannina und R. Oshaya befassten sich jeden Vorabend des Shabbats mit dem Studium des Buches der Schöpfung und schufen ein dreijähriges Kalb, das sie dann verzehrten."

Es ist also nicht nur möglich, sich die Kenntnis der Buchstabenkombination als rein geistige Fähigkeit anzueigenen, vielmehr bringt sie praktische Konsequenzen mit sich, die anwendbar sind und durch die etwas erschaffen werden kann.

In den Kreisen der sogenannten *Hasidei Aschkenas* (Frommen) des 12. und 13. Jhdt. in Deutschland ist die Vorstellung entstanden, daß die Erschaffung eines Golems in einem mystischen Ritual vollzogen wird. Das sollte vor allem ihre Kenntnis und die Leistung ihres Studiums verdeutlichen. In diesem Zusammenhang taucht das Wort „Golem" erstmals in der Bedeutung „Wesen" auf.

Die Schaffung eines Golems hatte in dieser Zeit nur symbolische Bedeutung und bot keinerlei praktischen Vorteil. Unter Zuhilfenahme ausführlicher Anweisungen wurde folgendes Ritual durchgeführt:

Zuerst wurde unbenutzte Erde genommen und eine menschenähnliche Gestalt geformt. Dann liefen die Menschen – ähnlich einem Tanz – um den Golem herum und riefen bestimmte Buchstabenkombinationen, die auch mit den mystischen Namen Gottes kombiniert waren. Durch das Rufen dieser Buchstabenkombinationen wurde der Golem lebendig und stand auf. Liefen sie in die entgegengesetzte Richtung und riefen die Buchstabenkombinationen in umgekehrter Reihenfolge, sackte der Golem in sich zusammen.

In diesem Kontext kann man den Golem erwähnen, der durch die Wiedergabe aller möglichen Buchstabenkombinationen geschaffen wurde.

Im 16./17. Jhdt. lebte in Prag einer der bedeutendsten Rabbiner Europas, Rabbi Jehudah Loeb ben Bezalel (er starb 1612). Die Legende, weit verbreitet unter Juden, besagt, daß er einen Golem erschuf. Dieser war aus Lehm geschaffen und hatte einen gewissen Lebensinhalt durch die enorme geistige Kraft des Rabbiners bzw. durch seine Kenntnisse des mystischen Gottesnamens bzw. Buchstabenkombinationen bekommen. Ein Zettel mit dem Gottesnamen wurde in den Mund des Golems gesteckt; so lange der Name Gottes in seinem Mund blieb, war der Golem „lebendig". Er führte dann Befehle des Rabbiners Loebs aus und war sein Diener. Zwar konnte er viele Aufgaben erledigen, aber die Fähigkeit zu sprechen hatte er nicht. Der Golem durfte nicht am Shabbat arbeiten und erhielt einen Ruhetag. Deshalb nahm der Rabbiner vor Eintritt des Shabbats den Zettel mit dem mystischen Namen Gottes aus dem Munde des Golems, der wieder eine leblose Lehmfigur wurde. So ging es Woche für Woche, bis Rabbi Loeb einmal bei Eintritt des Shabbats vergaß, den Zettel zu entfernen. Er ging zur Synagoge, um zu beten, und beim Eintritt des Shabbats wurde der Golem unruhig. Er lief Amok und drohte alles zu vernichten. Der Rabbi betete in der „Alt-Neuschul" – der Synagoge Prags –, als er von dem Amoklauf hörte. Während er aus der Synagoge rannte, hatte der Golem in der Zwischenzeit seine zerstörende Kraft entfesselt. Der Rabbi musste sich mit der größten Mühe gegen den Golem werfen, um den Zettel aus seinem Mund zu entfernen. Als er das tat, fiel der Golem zu Boden und wurde wieder ein Klumpen Erde – ohne Leben. Die Reste des Golems, also der Lehmhaufen, wurden auf den Dachboden der Alt-Neuschul gebracht, wo sie bis heute liegen. In einer abweichenden Version der Legende hat der Rabbiner anstatt des Zettels mit dem Gottesnamen, der dem Golem in den Mund gelegt wurde, das hebräische Wort *Emet* („Wahrheit") auf dessen Stirn geschrieben. Durch die Entfernung des Alef – des ersten Buchstaben des Wortes *Emet* – entstand das Wort *Met*, das die Bedeutung „Tod" hat, und der Golem sackte zu einem Lehmhaufen zusammen.

Im Laufe der Jahrhunderte ist eine ganze Reihe von Legenden um den Golem entstanden. Legenden, die ihn in Verbindung mit dem Propheten Jeremiah, Ben Sira und den Schülern von R. Ischmael bringen. Nach Scholem hat die Legende des Golems ihren Ursprung im Talmud[8]: „Rabba schuf einst einen Menschen und sandte ihn zu R. Zeira; als dieser aber mit ihm sprach und er keine Antwort gab, sprach er: Du bist also von den Genossen, kehre zu deinem Staub zurück."

Aus dieser Legendenbildung heraus wurde aus dem Golem eine Kreatur, die ihrem Schöpfer diente, für ihn Aufgaben erledigte und Aufträge ausführte. Vor allem im 15. und im 17. Jahrhundert fand diese Legende sehr große Verbreitung, und man darf einen hohen Bekanntheitsgrad annehmen. Hinzu kommt, daß diese Legende besondere Aspekte aufweist:

Die Legende hat ältere Erzählungen von einer Auferstehung der Toten in sich aufgenommen. Erzählungen, in denen immer dasselbe Motiv – Auferstehung durch Anbringen des Gottesnamens am Körper, Tod durch Entfernung des Namens – vorkommt. Bekannt ist uns dies auch aus italienischen Erzählungen des 10. Jahrhunderts.

Scholem sieht Beziehungen – vor allem im 17. Jahrhundert – zu nichtjüdischen Vorstellungen über die Schöpfung eines alchemistischen Menschen, zum „Homunkulus" des Paracelsus.

Die Zerstörung bzw. Rückverwandlung des Golems in Staub konnte bewerkstelligt werden durch die Entfernung des Gottesnamens oder des Buchstaben Aleph des Wortes *Emet* („Wahrheit"), so daß das Wort *Met* „Tod" entstand.

Die erste Legende, die alle diese Aspekte in sich vereint, ist anscheinend die Legende von Elijah, dem Rabbiner von Chelm (gest. 1583). Für uns ist sie insofern interessant, als sich die Nachkommen dieses Rabbiners mit halachischen Fragen, also Fragen zum Rechtsstatus in Bezug auf den Golem, beschäftigt haben. Chacham Zvi Aschkenasi, Oberrabbiner von Amsterdam, und sein Sohn Jakob Emden diskutierten in ihren Gutachten und Responsen über den Golem. Die Rechtsfrage, die an beide gerichtet war, war natürlich fiktiv – aber beide haben sich für dieselbe Frage interessiert:

Nach jüdischem Brauch muss ein Gottesdienst ein Quorum von mindestens zehn jüdischen Männern haben. Oft kommt es aber vor, dass genau eine Person fehlt. Und so ergab sich die Frage, ob man vielleicht einen Golem als zehnte Person zählen könne. Interessant dabei der Umstand, daß nach dem Status als Jude überhaupt nicht gefragt wird.

Zvi Aschkenasi nimmt Bezug auf die talmudische Legende, in der Rabba einen Golem erschuf und auch wieder zerstörte. Seine Schlussfolgerung lautet:

Der Golem ist nicht menschlich, weil sonst der Rabbiner, der ihn zerstörte, einen Mord begangen hätte.

Jakob Emden berichtet am Ende einer seiner Responsen von seinem Vorvater Elijah von Chelm, der Angst bekommen hatte, dass ein Golem die Welt zerstören könnte. Elijah entfernte den Gottesnamen von der Stirn des Golem, der danach zu Staub zerfiel – vorher aber hatte der Golem ihm noch das Gesicht zerkratzt.

Das Wort „Golem" ist in der Bibel selbst nur einmal belegt und zwar in Ps. 139:16. Meistens wird das Wort als etwas, „das unformiert oder nicht vollendet ist", gedeutet und basiert auf der postbiblischen hebräischen Bedeutung als „Klumpen", wobei die Etymologie dieses Wortes nicht eindeutig geklärt werden kann.

Im Talmud[9] wird Adam als Golem bezeichnet, und zwar für die Zeit, in der er einen Körper ohne Seele hat, also zumindest in den ersten 12 Stunden seines Daseins.

> „R. Aha b. Hanina sagte: Zwölf Stunden hat der Tag; in der ersten Stunde wurde sein Staub gesammelt, in der zweiten wurde er zu einem Klumpen (Golem) geformt, in der dritten wurden seine Glieder gedehnt, in der vierten wurde ihm die Seele eingehaucht, in der fünften stellte er sich auf seine Füße, in der sechsten legte er [den Tieren] Namen bei […]."

Adam war also selbst einst ein Golem, bevor er zum Menschen wurde. Hier ist die Idee bzw. die Interpretation entstanden, daß Golem auch „Embryo" bedeutet.

In Bezug auf die geistigen Fähigkeiten des Golems gibt es unterschiedliche Auffassungen. Viele Quellen behaupten, daß der Golem keinen Intellekt und keinerlei Intelligenz besitzt und daher nicht sprechen kann – aber es gibt wie immer abweichende Meinungen dazu. Dem Kabbalisten Moses Cordovero zufolge wohnt dem Golem zwar eine gewisse Vitalität, aber kein Leben (hebr. *nefesch*), kein Geist (hebr. *ruah*) und keine Seele (hebr. *neschama*) inne.

Die Legende vom Golem, wie wir sie kennen, scheint auch ihren Ursprung in der mittelalterlichen Auslegung des Buches der Schöpfung zu haben. In dieser Zeit galt das *Sefer Yezirah* in Frankreich und Deutschland als ein Handbuch der Magie. Ein Kommentar von Rabbiner Jehudah Barzillai (12. Jhdt.) bringt die talmudischen Legenden in Zusammenhang mit dem Buch der Schöpfung. Infolge des Studiums des Buches der Schöpfung besaßen die Erzväter (z.B. Abraham) und die Weisen die Kraft, Lebewesen zu erschaffen. Der Zweck war symbolisch und kontemplativ (spekulativ).

Fassen wir das eben Beschriebene zusammen, so ergeben sich zwei Ebenen von Gefahren:

Die erste ist eine Gefahr, die in der Kontemplation begründet liegt. Der Mensch kann durch Nachsinnen über den Schöpfer, den Schöpfungsakt und die Schöpfung, durch das spekulative bzw. theoretische Studium sein Wissen oder Lernen vergessen, verlieren bzw. – formulieren wir es konkreter – sich geistig übernehmen und so seinen Verstand verlieren. Das immer tiefere Eindringen in die geistige Welt sowie der Erkenntnisfortschritt kann den Menschen geistig zerstören.

Die zweite Gefahr liegt in der Anwendung und Umsetzung dieser Kenntnisse bzw. Erkenntnisse. Diese schöpferische Kraft ist zugleich auch zerstörerisch. In diesem Zusammenhang müssen wir uns die biblische Geschichte von der Schöpfung des Menschen noch einmal in Erinnerung rufen. Als der erste Mensch im paradiesischen Zustand war, d.h. in Einheit mit seiner Umwelt, der Natur, lebte, aß er von der verbotenen Frucht des Baumes der Erkenntnis (von Gut und Böse). Er will wissen, erkennen, keine Grenze anerkennen. Durch das Essen der verbotenen Frucht versucht er, sich Wissen und Erkenntnisse „einzuverleiben" und setzt nun einen Prozess in Gang, der – um im Bild zu bleiben – ihn nie sättigt.

In seinem Drang, sich jedes Wissen und jede Erkenntnis und jede Weisheit anzueignen, verliert er das Paradies – es ist der Verlust sowohl seines eigenen, ursprünglichen Zustandes als auch seines ursprünglichen Lebensraumes. Je mehr Wissen, Erkenntnis und Weisheit er sich aneignet und auch anwendet, desto mehr entfernt er sich von seinem ursprünglichen Zustand, von sich selbst und von seinem ihm eigenen Lebensraum. Der in der Schöpfungsgeschichte erzählte neue Zustand des Menschen ist nun sein Streben, alles zu wissen, um diese Kenntnisse schöpferisch anzuwenden und gottähnlich die Welt zu gestalten und zu beherrschen. Es wird ihm nie gelingen. Das ist die *conditio humana*, der menschliche Zustand, in dem er für immer zwischen zwei Polen verdammt bleibt: zwischen den Gefahren von geistiger und physischer Zerstörung. Und somit könnte man sagen, daß der Mensch seit dem Verlust des paradiesischen Zustandes sich selbst und seine Welt als *Golem* schafft.

Anmerkungen

[1] So kann man sogar mit Gewißheit sagen, daß die Kinderpuppe einen der ersten künstlichen Menschen darstellt.
[2] Vgl. z.B. die beiden Aufsätze „The Idea of the Golem", in: Scholem, G. (1976): *On the Kabbalah and Its Symbolism*. New York. 158-204; und „The Image of the Golem in Its Tellurian and Magical Context" [hebr.], in: Scholem, G. (1976): *Elements of the Kabbalah and Its Symbolism*. Jerusalem. 381-424. Vgl. auch „Golem", in: *Encyclopedia Judaica 7*. Jerusalem 1972, Sp. 753-756.
[3] Vgl. Idel, M. (1990): *Golem: Jewish Magical and Mystical Traditions on the Artificial Anthropoid*. Albany (N.Y.).

[4] Gershom Scholem datierte die Entstehung des Buches *Sefer Yezirah* (auch *Hilchot Yezirah*) in das 3. bis 6. Jhdt. n. Chr., nannte als Entstehungsort Palästina und mutmaßte, daß es sich bei dem Verfasser um jemanden mit mystischen und spekulativen Vorstellungen handelte. Anscheinend steht es auch in Beziehung zu der sogenannten Hechalot-Mystik mit der Übernahme nichtjüdischer gnostischer Elemente dieser Zeit.

[5] Diese Vorstellung hat eine Parallele in der hellenistischen Vorstellung der Grundelemente und der Dreiteilung der Jahreszeiten und der des menschlichen Körpers in Kopf, Körper und Magen.

[6] Vgl. Ex 31,1-11.

[7] Vgl. bSanh 65b.

[8] So z.B. bSanh 65b.

[9] Vgl. bSanh 38b.

Literatur

Gavriluta, N. (2002): „The Golem Mythology and Emancipation". In: *Studia Hebraica* 2. 169-181.

Greenstein, E. L. (2002): „God's Golem: The Creation of the Human in Genesis 2". In: *Reventlow.* Hrsg. v. H. Graf u. Y. Hoffman: *Creation in Jewish and Christian Tradition.* Sheffield. 219-239.

Idel, M. (1990): *Golem. Jewish Magical and Mystical Traditions on the Artificial Anthropoid.* Albany (N.Y.).

Kieval, H. J. (1997): „Pursuing the Golem of Prague: Jewish Culture and the Invention of a Tradition". In: *Modern Judaism 17.* 1-23.

Maier, J. (1992): „Magisch-theurgische Überlieferungen im mittelalterlichen Judentum: Beobachtungen zu ‚Terafim' und ‚Golem'". In: Birkhan, H. (Hg.): *Die Juden in ihrer mittelalterlichen Umwelt. Protokolle einer Ring-Vorlesung gehalten im Sommersemester 1989 an der Universität Wien.* Bern. 249-287.

Necker, G. (1994): „Warnung vor der Schöpfermacht: Die Reflexion der Golem-Tradition in der Vorrede des Pseudo-Saadya-Kommentars zum ‚Sefer Yesira'". In: *Frankfurter Judaistische Beiträge 21.* 31-67.

Sadek, V. (1987): „Stories of the Golem and their Relation to the Work of Rabbi Loew of Prague". In: *Judaica Bohemiae 23.* 85-91.

Schäfer, P. (1995): „The Magic of the Golem: The Early Development of the Golem Legend". In: *Journal of Jewish Studies 46.* 249-261.

Scholem, G. (1976): „The Idea of the Golem". In: ders.: *On the Kabbalah and its Symbolism.* New York. 158-204.

Scholem, G. (1976): „The Image of the Golem in Its Tellurian and Magical Context" [hebr.]. In: ders.: *Elements of the Kabbalah and Its Symbolism.* Jerusalem. 381-424.

Vom *Golem* zum *Terminator* – Der Homunculus-Mythos im Film

Helmut Korte, Göttingen

Zusammenfassung

Das Motiv des künstlichen Menschen in seinen unterschiedlichen Ausprägungen hat die Filmemacher von Beginn dieses Mediums an als Filmstoff gereizt. Als Homunculi, Roboter, Androiden, Cyborgs, Mutanten und geheimnisvolle Fabelwesen sind sie fester Bestandteil vorwiegend des Phantastischen sowie des Science-fiction-Films. Eingebettet in mystische Geschichten oder aber als Akteure in hochtechnisierten Gesellschaftsutopien sind die damit verbundenen Intentionen sehr vielfältig. Sie reichen vom publikumsträchtigen Versatzstück in aktionsreichen Cyber-Spektakeln über apokalyptische Endzeitvisionen als Ausdruck historisch-gesellschaftlich bedingter Ängste bis hin zum Ausloten der Grenzen zwischen Natürlichkeit und Künstlichkeit, der Reflexion von Geburt und Tod. Diese Varianten filmischer Schreckensvisionen werden an ausgewählten Filmbeispielen exemplarisch vorgestellt: u.a. *Der Golem, wie er in die Welt kam* (Paul Wegener, D 1920), *Metropolis* (Fritz Lang, D 1927), *Frankenstein* (James Whale, USA 1931) und *Terminator* (James Cameron, USA 1984).

Summary

Artificial Men – Since the beginning of the medium filmmakers were fascinated by the different characteristics of this motif. In the forms of homunculi, robots, androids, cyborgs, mutants, and mythical creatures artificial men appear regularly in fantasy and science fiction films. Whether embedded in mystical stories or as actors in technologically highly popular developed utopias the implications of artificial men are manifold: They range from action dominated cyber-spectacles to apocalyptic end time visions as expressions of socio-historically founded fears. In their cinematic existence they also play a central role in exploring the borders between naturalness and artificiality. Artificial men also provide reflections on birth or death. These versions of cinematic horror visions will be presented by key examples including *Der Golem, wie er in die Welt kam* (Paul Wegener, Germany 1920), *Metropolis* (Fritz Lang, Germany 1927), *Frankenstein* (James Whale, USA 1931) and *Terminator* (James Cameron, USA 1984).

1. Filmische Realitätsillusion

Je nachdem wie eng oder wie weit man den Begriff Künstlichkeit oder Künstliche Menschen fassen will, sind für das Medium Film (und das Fernsehen) mindestens zwei wesentliche Zugangsweisen zur Thematik zu unterscheiden: Eine in der mediatisierten Realitätswahrnehmung selbst liegende, eher theoretische Annäherung, die sich aus der medialen „Verdoppelung der Welt" ergibt, sowie eine engere, inhaltlich-funktionale, die sich auf künstliche Wesen als Akteure fiktionaler Geschichten bezieht. Denn bereits die kinematografische Wirklichkeitsreproduktion erzeugt ein „künstliches", mehr oder weniger manipuliertes Abbild realer Erscheinungen.

Geht man von diesem weiten Verständnis aus, so gehört bereits die mediale Präsentation der vor der Kamera agierenden Personen in diesen Kontext. Besonders deutlich wird dies bei den abgebildeten *celebrities*, den Stars gleich welcher Couleur – vom Filmstar über Politik- oder Sportstars bis hin zu Personen des öffentlichen Lebens. Was von ihnen öffentlich wird, wie sie sich präsentieren oder (besser) wie sie präsentiert werden, hat häufig nur noch bedingt etwas mit der dahinter stehenden privaten – realen – Person zu tun. Ihr öffentliches Image verselbständigt sich, wird in der Regel aufgebaut, künstlich erzeugt und erhält häufig erst über ihre öffentliche Präsenz im Bewusstsein des Publikums Realitätscharakter.

Auch wenn in der hier vorliegenden schriftlichen Vortragsfassung die inhaltliche, filmhistorische Betrachtung im Vordergrund steht, möchte ich die Gelegenheit nutzen, auf diesen weitergehenden Aspekt der Problematik und das damit verbundene Forschungsdesiderat hinzuweisen. Dementsprechend werde ich am Schluss meiner Ausführungen noch einmal kurz darauf zurück kommen.

2. Künstliche Menschen und unheimliche Halbwesen

Ein Blick in die mittlerweile über 100jährige Filmgeschichte zeigt zunächst, dass die Belebung unbeseelter Gegenstände und Figuren, das Phänomen des künstlichen und/oder mit übermenschlichen Fähigkeiten ausgestatteten Menschen ebenso wie die geheimnisvollen Halbwesen und menschenähnlichen Geschöpfe die Filmemacher in allen Phasen als Filmstoff gereizt hat. Bereits in den Anfängen dieses Mediums um die Wende zum 20. Jahrhundert griffen die Pioniere filmischen Erzählens diese Möglichkeit auf, um den Schauwert des Mediums zu erhöhen, das Publikum zu verblüffen oder zu erschrecken. So entwickelte beispielsweise der Theatermagier und Illusionist George Méliès ab 1897 in seinen Film-Feerien eine Fülle von zum Teil auch heute noch erstaunlichen Trickverfahren, um Menschen beliebig zu „klonen", zu verändern und generell Unbelebtes filmisch zum Leben zu erwecken.

Die Filmemacher haben also schon immer mit dem kinematografischen Illusionspotenzial für die Schaffung von entsprechenden Parallelmenschen und mystischen Parallelwelten experimentiert. Die rasante Weiterentwicklung der digitalen Bildproduktion per Computeranimation in den 1990er Jahren sowie die damit einhergehenden Konversionsprozesse analoger und digitaler Bildverarbeitung haben aber die Möglichkeiten (und damit das Interesse daran) noch erheblich gesteigert. Und generell sind derartige Filme ein bevorzugtes Gebiet für die Erprobung und Ausdifferenzierung der *special effects*, mit dem Ziel, die real gegebene Grenze zwischen Leinwand und Zuschauerraum zumindest während der Vorführung im Sinne einer größtmöglichen Realitätsillusion zu verwischen.

Der Motivkomplex Künstliche Menschen – Homunculi, Roboter, Androiden, Cyborgs, Mutanten und vielerlei Fabelwesen – ist fester Bestandteil des Phantastischen sowie des Science-fiction-Films, wobei die Übergänge dieser Genres fließend sind.[1] Eingebettet in mystische, bevorzugt in vorchristlicher „grauer Vorzeit" und im „dunklen Mittelalter" spielende Geschichten oder aber als Akteure in hochtechnisierten Gesellschaftsutopien sind die damit verbundenen Intentionen sehr vielfältig. Sie reichen vom publikumsträchtigen Versatzstück in aktionsreichen Cyber-Spektakeln über Schreckensvisionen als Ausdruck historisch-gesellschaftlich bedingter Ängste bis hin zum Ausloten der Grenzen zwischen Natürlichkeit und Künstlichkeit, der Reflexion von Geburt und Tod. Dabei lassen sich vier große Motivgruppen grob unterscheiden, die in zahllosen Varianten und Mischformen die filmischen Phantasien dominieren:

Der Schöpfermythos als Tabuverstoß: Der Mensch als gottgleicher Erschaffer menschlichen – zumindest menschenähnlichen – Lebens, getrieben von dem Wunsch, einen perfekten Menschen zu schaffen, wobei diese Hybris in der Regel dem Usurpator selbst zum Verhängnis wird, das Wesen seine übermenschlichen Fähigkeiten schließlich gegen seinen Schöpfer wendet.

Das Pinocchio-Motiv: Das künstliche Wesen, das eine eigene Identität mit eigener Emotionalität entwickelt und letztlich selbst Mensch werden will.

Das Invasions-Motiv: Die Unterwanderung der Menschheit durch mystische, häufig von Menschenhand erzeugte oder aus der Unergründlichkeit des Universums eindringende Parallelwesen.

Das Erlösungs-Motiv: Das Monster, das sich zum Guten wendet, die menschenähnliche Kreatur als „Laune der Natur" oder als künstlich geschaffenes Maschinenwesen, die sich als die „besseren Menschen" oder gar als Retter der Menschheit erweisen.

3. Der Schöpfungsakt

Wird hierbei der Schöpfungsakt selbst thematisiert, dann ist dieser fast durchgängig als mehr oder weniger magisches Ritual inszeniert, d.h. unabhängig davon, ob das neue Wesen Ergebnis mystischer Urkräfte ist, dem wissenschaftlichen Forscherdrang entspringt oder in einer technikzentrierten Maschinenwelt „geboren" wird, ist die filmische Präsentation der Schöpfung doch sehr ähnlich. Eine kleine Auswahl dafür typischer Filmbeispiele soll dieses verdeutlichen:

Der Golem, wie er in die Welt kam (Paul Wegener, D 1920): Eine der ältesten noch erhaltenen filmischen Versionen des Golem-Mythos. Bereits 1914 in *Der Golem* hatte Paul Wegener gemeinsam mit Henrik Galeen die Geschichte erstmals zum Filmstoff gemacht. Während hier aber die Handlung in die Gegenwart versetzt ist – der Film spielt kurz nach der Jahrhundertwende –, wird in der Fassung von 1920 die eigentliche Legende erzählt: Das Juden-Getto im mittelalterlichen Prag. Um sein Volk vor der Willkür des Kaisers zu schützen, erschafft der Schriftgelehrte und Astrologe Rabbi Löw eine Lehmfigur, die mit Hilfe überlieferter Rituale und Beschwörungsformeln zum Leben erweckt wird:[2]

Alle visuell wirksamen Elemente des magischen Schöpfungsrituals sind vorhanden: Rabbi Löw und sein Gehilfe suchen in alten Folianten nach dem Zauberwort (Nahaufnahmen), das der Lehmfigur Leben einhauchen soll. Sie stoßen auf Astaroth, den Herrn der Geister (Insert), der das Geheimnis hütet. Löw im Feuerkreis ruft ihn, er soll erscheinen und das Wort preisgeben. Tanzende Flammenlichter umschwirren ihn. Zunächst klein und verschwommen, dann immer größer werdend wächst ein Kopf aus der Dunkelheit, aus dem Mund quellen Rauchschwaden, die sich langsam zu Buchstaben und schließlich zu dem gesuchten, „lebensspendenden" Wort formen. Blitze und alles überdeckende Rauchwolken beenden die Erscheinung. Der Flammenkreis erlischt. Löw erwacht aus der Trance und schleppt seinen ohnmächtigen Gehilfen auf einen Stuhl. Er schreibt das Zauberwort auf das vorbereitete Pergament, verschließt es in einem Amulett und heftet es der Lehmfigur an die Brust. Der Golem öffnet langsam die Augen.

Abb. 1: DER GOLEM, WIE ER IN DIE WELT KAM (Paul Wegener, D 1920)

Im Unterschied zum mittelalterlich-geheimnisvollen Ambiente, dessen durchgängig mystische Atmosphäre durch die engen „irdenen" Lehmbauten, in denen die Golem-Legende spielt, noch erheblich intensiviert wird, erzählt *Metropolis* (Fritz Lang, D 1927) von einer hochtechnisierten und von sozialen Konflikten geprägten Zukunft:

Während die Herrenmenschen in der Oberstadt sich dem Vergnügen widmen, leben die Arbeitsklaven in der Unterstadt in bitterer Armut und Unterdrückung. Maria, eine junge Arbeiterin, setzt sich leidenschaftlich, aber friedlich für ihr Volk ein. Der Erfinder Rotwang erhält vom Industriemagnaten Fredersen den Auftrag, einen Roboter mit dem Aussehen Marias zu konstruieren, der – um weitere Unterdrückungsmaßnahmen zu rechtfertigen – die Arbeiter zur Revolte anstiften soll. Die echte Maria wird verhaftet und durch den Roboter ersetzt.[3]

Abb. 2: METROPOLIS (Fritz Lang, D 1927)

Die echte Maria, leblos auf einem Labortisch mit Elektroden am Kopf, dahinter der Roboter. Rotwang in seinem Labor. Er prüft die Instrumente und kontrolliert die Anschlüsse, legt Schalter um, elektrische Entladungen, brodelnde Flüssigkeiten in riesigen Glaskolben, Blitze. Rotwangs Aktivitäten steigern sich, werden hektischer, das Experiment beginnt. Auf- und absteigende helle Kreise übertragen die Energie auf den Roboter. Elektrodenblitze und immer wieder die brodelnden Flüssigkeiten und Rauchschwaden (Nahaufnahmen, kürzer werdende Einstellungen). Die Dynamik nimmt zu, die Kreise um den Roboter verdichten sich, ihre Bewegungen werden schneller. Das metallene Robotergesicht erhält langsam (Überblendung) menschliche – Marias – Züge. Die neue, „falsche" Maria schlägt die Augen auf.

Der zeitgenössisch, also Anfang der 1930er Jahre, spielende *Frankenstein* (James Whale, USA 1931) geht zwar auf die gleichnamige, Anfang des 19. Jahrhunderts entstandene *gothic novel* von Mary Shelley zurück, ist aber letztlich nur eine recht lockere Übernahme der Personenkonstellation und einzelner Details.[4]

Baron von Frankenstein, dem jungen ehrgeizigen Wissenschaftler, gelingt es, ein aus Leichenteilen zusammengesetztes Wesen zum Leben zu erwecken. Da diesem aber versehentlich das Gehirn eines Abnormalen eingepflanzt wurde, wird es zum zerstörerischen Monster, das sich schließlich gegen seinen Schöpfer wendet und von der Gemeinschaft zerstört werden muss:

Abb. 3: FRANKENSTEIN (James Whale, USA 1931)

Die Labortür wird sorgsam verschlossen. Im Beisein seiner Verlobten, einem Freund und seinem alten Universitätslehrer leitet Frankenstein den Schöpfungsprozess ein, während draußen ein Unwetter mit Blitz und Donner tobt. Das leblose Monster liegt angeschnallt auf einer Bahre. Der Wissenschaftler hantiert an verschiedenen elektrischen Vorrichtungen, Glaskolben blitzen auf. Die Bahre wird an Ketten langsam zur Raumdecke, zu einer Dachöffnung gehoben und den wütenden Naturgewalten ausgesetzt. Blitze durchzucken den Raum. Die Zuschauer, zunächst noch ungläubig, weichen erschreckt zurück. Die Bahre wird wieder heruntergefahren. Die Hand des Monsters bewegt sich, hebt sich langsam, es lebt.

War der Schöpfungsakt in den bisherigen Beispielen Ergebnis der Aktivitäten eines mit außergewöhnlichen Fähigkeiten und Kenntnissen ausgestatteten Menschen und eingebettet in eine – bei allen Unterschieden in Schöpfungsmotiv, Handlungsumgebung und -atmosphäre – insgesamt mehr oder weniger geheimnisvoll-mystische Geschichte, so beginnt der *Terminator* (James Cameron, USA 1984) mit der „Geburt", ohne dass ein entsprechender Schöpfer erforderlich ist:

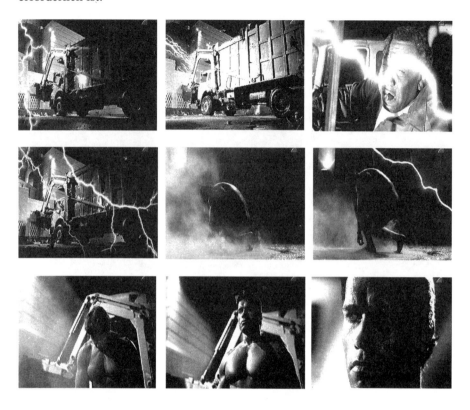

Abb. 4: TERMINATOR (James Cameron, USA 1984)

Eine äußerlich menschlich aussehende Kampfmaschine aus der Zukunft (Arnold Schwarzenegger) taucht in der Gegenwart auf und soll – wie im weiteren Handlungsablauf deutlich wird – eine Frau töten, die den zukünftigen Anführer der menschlichen Opposition gegen die Alleinherrschaft der Maschinen gebären wird.

Nach einem nüchtern-erklärenden Textvorspann und den üblichen Produktionsangaben sieht man einen Müllwagen, darüber den Schriftzug „Los Angeles 1984, 1:52 a.m.". Der Greifer hebt einen Abfallcontainer an und bleibt plötzlich stehen, der Motor stirbt ab. Gleißende Blitze durchzucken die Dunkelheit, der Fahrer steigt aus und läuft weg. Rauch steigt auf und gibt schließlich eine am Boden hockende, nackte menschliche Gestalt frei, die sich langsam erhebt und die Augen öffnet. Von einer Anhöhe aus beobachtet sie die nächtliche Stadt.

Diese vier hier ausgewählten Beispiele aus der Filmgeschichte – von 1920 bis 1984 – haben in mehrfacher Hinsicht durchaus exemplarischen Charakter für eine Fülle entsprechender Filme. Obwohl für verschiedene Publika mit je historisch bedingten und veränderten Rezeptionsgewohnheiten produziert, weisen sie in der filmischen Präsentation des Schöpfungsrituals zahlreiche Gemeinsamkeiten auf: Die nächtliche, geheimnisvolle Atmosphäre, der Nebel, die zuckenden Blitze und Lichteffekte, aus denen heraus das Leben entsteht und das durch Augenaufschlagen und Kopf- bzw. Handbewegungen (*Frankenstein*) dem Betrachter signalisiert wird. Wird der betont magische Charakter des Vorgangs im *Golem* durch die Geschichte selbst legitimiert, ist in den drei anderen Beispielfilmen die widersprüchliche Koinzidenz von archaisch anmutenden Naturmythen und den technisch-wissenschaftlichen Motiven der Handelnden auffallend.

Um künstliche Menschen für das Publikum glaubwürdig zum Leben zu erwecken, bedarf es ganz offensichtlich auch in den Filmen, die in einer hochtechnisierten Umgebung spielen, immer noch entsprechender magischer Rituale. Auch die Geschöpfe eines wissenschaftlich-technischen Genies oder einer anonymen Maschinenwelt scheinen nicht ohne die Zuhilfenahme von Naturgewalten auszukommen, um das Ungeheuerliche des Tabubruchs zu verdeutlichen.

4. Häufungen: Visionen der Apokalypse

Wie bereits erwähnt, ist dieser Motivkomplex häufig in Kombination mit anderen verwandten Ausprägungen – Doppelgänger, Mutationen, Horror- oder Katastrophenszenarien etc. – vor allem als Variante der filmischen Endzeitvisionen in der gesamten Filmgeschichte vertreten. Dabei ist allerdings festzustellen, dass in gesellschaftlichen Phasen mit einem extrem hohen Unsicherheitspotenzial, etwa in wirtschaftlichen oder politischen Krisensituationen, diese Filme beim Publikum besonders erfolgreich sind und in der Regel die Produktion schlagartig ansteigt, nach Abklingen der akuten Krise aber ebenso abrupt wieder zurückgeht. Sie greifen die virulenten Ängste, Sorgen und Hoffnungen der Menschen als Potenzial auf[5] – Ängste, die überwiegend aus einem gesellschaftlich bedingten Identitätsverlust, aus der Undurchschaubarkeit von wissenschaftlicher und technischer Entwicklung (Mad Scientist) oder aus einer akuten weltpolitischen Bedrohungssituation resultieren. Eine außergewöhnliche Häufung derartiger „Angst"-Filme ist beispielsweise festzustellen:

Vor sowie während des Ersten Weltkriegs und verstärkt unmittelbar danach im deutschen expressionistischen Film. Hier sind es überwiegend die Doppelgänger, Übermenschen und Fabelwesen, die das bevorzugte Bedrohungspotenzial der Filme darstellen. Sie lassen sich als bürgerlicher Reflex auf die grundlegende Verunsicherung dieser Jahre (Russische Oktoberrevolution 1917) und speziell in Deutschland als Folge der Novemberrevolution (1918) verstehen sowie der von großen Teilen der deutschen Bevölkerung als traumatisch empfundenen Kriegsniederlage. Beispiele: *Der Student von Prag*, Rye 1913; *Homunculus*-Serie, Rippert 1916; *Der Golem*, Wegener/Galeen 1914; *Das Cabinet des Dr. Caligari*, Wien 1920; *Der Golem, wie er in die Welt kam*, Wegener/Boese 1920; *Nosferatu – Eine Symphonie des Grauens*, Murnau 1921; *Der müde Tod*, Lang 1921; *Dr. Marbuse*, Teil I und II, Lang 1922 u.a.

Anfang der 30er Jahre auf dem Höhepunkt der Weltwirtschaftskrise. Die tief greifenden Auswirkungen der Krise auf alle Lebensbereiche schlagen sich (neben einer Welle von sehr erfolgreichen Gangster-Filmen) vor allem in den amerikanischen Horror-Filmen nieder. Wieder sind es bevorzugt die „fremden", andersartigen, häufig erst dadurch bedrohlichen Fabelwesen oder Übermenschen, die in die Normalität hereinbrechen und zur Wiederherstellung der Ordnung vernichtet werden müssen, und – als neue Variante – die besessenen Wissenschaftler, die sich an der Natur vergehen. Beispiele: *Dracula*, Browning 1931; *Frankenstein*, Whale 1931; *Dr. Jekyll and Mr. Hyde*, Mamoulian 1931; *Die Mumie*, Freund 1932; *Der Unsichtbare*, Whale 1933 u.a.

Während der wachsenden Ost-West-Systemkonkurrenz in den 1950er Jahren lässt sich eine Mischung aus direkter Thematisierung der Atomgefahr und der vor allem metaphorischen Darstellung von Kalten-Kriegs-Szenarien in den Invasionsphantasien und bedrohlichen Tier-Monstern feststellen: So vor allem in den amerikanischen Produktionen: *Das Ding*, Nyby 1951; *Invasion vom Mars*, Menzies 1953; *Kampf der Welten*, Haskin 1953; *Gefahr aus dem Weltall*, Arnold 1953; *Der Schrecken vom Amazonas*, Arnold, 1954; *Die Dämonischen*, Siegel 1956; *Tarantula*, Arnold 1956; *Die Fliege*, Neumann 1958 u.a.

Als weiterer großer Block wäre die Fortsetzung dieser Szenarien in den *groß angelegten Hollywood-Apokalypsen seit 1970* zu nennen, die deutliche Bezüge zu den entsprechenden Vorläufern aufweisen. So finden sich neben zahlreichen Remakes und partiellen Rückgriffen auf Einzelmotive deutliche Gemeinsamkeiten besonders in den genreprägenden Details der Filme bis heute. Waren vor allem zu Beginn der 1950er Jahre viele dieser Horrorvisionen auf billig produzierte *B-pictures* begrenzt, so sind es nun (in der verschärften Konkurrenz zum Medium Fernsehen) vor allem Großproduktionen, häufig mit einem enormen technischen Aufwand für *special effects* und ausgereizter Kamera- bzw. Schnitttechnik, die ihre volle Wirkung erst durch das Gemeinschaftserlebnis im dunklen Kinosaal und auf der Breitleinwand entfalten.

Die Gruppe der hierfür relevanten Filmbeispiele ist inhaltlich, qualitativ und von ihrer Genrezugehörigkeit her sehr unterschiedlich. Vor allem die ab 1969 produzierten und erstaunlich erfolgreichen Filme über Technik- oder Naturkatastrophen und Tier-Monster – von *Airport* (Seaton 1969) mit seinen zahlreichen Sequels über *Erdbeben* (Robson 1974), *Towering Inferno* (Guillermin/Allen 1974) bis *Der weisse Hai* (Spielberg 1975) und viele andere mehr – haben einen entscheidenden Anteil an der Wiederbelebung des bereits totgesagten großen Hollywood-Films.[6] Dominieren zunächst diese *desaster movies* so werden sie in den folgenden Jahren zunehmend von technoiden Zukunftsvisionen, aktionsbetonten Cyber-Spektakeln und Fantasy-Filmen überlagert, in denen das Motiv „Künstliche Menschen" zwar eine Rolle spielt, von Ausnahmen abgesehen aber überwiegend instrumentalisiert für die im Vordergrund stehenden Unterhaltungsinteressen. Beispiele:[7] *Westworld*, Chrichton 1972;

Welt am Draht, Fassbinder BRD 1973; *Futureworld – Das Land von übermorgen*, Heffron 1976; *Starwars*-Serie, Lucas 1977, Kerschner 1980, Marquand 1983, Lucas 1999 und 2002; *Tron*, Lisberger 1981; *Blade Runner*, Scott 1982; *Der Terminator*, Cameron 1984 und 1991; *Annihilator*, Chapman 1986; *Nummer 5 lebt*, Badham 1986; *Robocop*, Verhoeven 1987, Kerschner 1990, Dekker 1992; *Eve – Ausser Kontrolle*, Gibbins 1990; *American Cyborg*, Davidson 1992; *Der Android*, Lipstadt 1992; *Mary Shelley's Frankenstein*, Branagh 1994; *The 13th Floor*, Rusnak BRD/USA 1999; *Matrix*, Wachowski 1999; *Künstliche Intelligenz*, Spielberg 2001 u.a.

Während allerdings die Invasionsängste und Phantasiegeschöpfe der 50er Jahre noch mit der geballten Waffentechnik bis hin zum Atombombeneinsatz bewältigt werden konnten, reichen für die Apokalypsen der 70er Jahre diese Arsenale häufig nicht mehr aus. Vielen dieser späteren Filme haftet der unübersehbare Beigeschmack des „vorläufigen Entkommens" an, auch wenn zum Schluss die Überwindung der Gefahr gerade noch gelingt, durch einen glücklichen Zufall oder das selbstlose Opfer des Helden, unter Aufbietung aller Kräfte oder aber spätestens im Abspann – während sich die Überlebenden erlöst in die Arme fallen – mit dem deutlichen Hinweis auf die nächste Katastrophe. Die präsentierten Apokalypsen sind offenbar schon zu real geworden, um als endgültige Rettung im Filmfinale glaubhaft zu sein.

Dabei sind die Formen der filmischen Bedrohungsszenarien – wie erwähnt – sehr unterschiedlich. Neben den thematisierten Umwelt- oder Technikkatastrophen sind es häufig die mit übermenschlichen Fähigkeiten ausgestatteten Personen, Halb- oder Fabelwesen, die zur Gefahr der Menschheit werden, je nachdem, ob das jeweilige reale Unsicherheitspotenzial konkret fassbar oder primär diffus erfahren wird. Die Filme haben offensichtlich eine ganz bestimmte Funktion für das Publikum: Es sind Angebote, die jeweils historisch-gesellschaftlich vorhandenen Ängste in spezifischer Weise zu binden, die mehr oder weniger diffus empfundene Bedrohung auf eine überschaubare und konkrete Größe zu reduzieren und damit überwindbar zu machen, letztlich, um mit den virulenten Ängsten leben – überleben – zu können. Für diese Einschätzung spricht auch der Umstand, dass derartige Schreckenszenarien ab Mitte der 90er Jahre quantitativ deutlich zurückgehen bzw. die Maschinenwesen, Androiden oder Cyborgs hier häufiger in ihrer positiven Ausprägung auftauchen.

5. Forschungsdesiderat: Medienstars – Sportlerstars

Wie eingangs erwähnt, soll abschließend noch einmal auf den grundsätzlicheren Aspekt der Thematik „Künstliche Menschen und Medien" verwiesen werden, der im Kontext der hier vorgelegten Tagungsbeiträge ebenfalls bedeutsam erscheint – auf den Umstand, dass unser Wissen über die Umwelt nur noch bedingt auf unmittelbaren Erfahrungen beruht, vielmehr überwiegend durch die Meinungsmacher in den Medien geprägt wird, insofern „gemacht" oder – wenn man so will – „künstlich" ist und im weitesten Sinne „moderne Homunculi" hervorbringt.

Ein Kulminationspunkt hierbei ist das Phänomen des Medienstars; die TV-Entertainer und -Moderatoren, die Film- und Musikstars, ebenso wie Prominente aus Wirtschaft, Politik, Kultur, Mode und Sport etc., die als Multiplikatoren oder Leitbilder unser „Weltwissen", die Überzeugungen und das Verhalten bis in die Alltagsentscheidungen der Menschen hinein beeinflussen. Was wir über sie wissen, ist in der Regel je nach den Absichten der Macher in den Redaktionen publikumswirksam aufbereitet, gezielt gestaltet und hat im Extremfall kaum mehr etwas mit den realen Vorgängen oder den realen Personen zu tun. Obwohl die zentrale Bedeutung der Medienstars für das Funktionieren unserer heutigen Mediengesellschaft weitgehend unbestritten ist, gibt es – von einigen Ansätzen abgesehen – bislang keine wissenschaftlich tragfähigen Untersuchungen zum Gesamtphänomen. Am ehesten noch ist der Spezialfall des Filmstars erforscht und einige Studien etwa zu *celebrities* und Stars in Fernsehen, Sport und Politik weisen in diese Richtung.[8]

Ein umfassender Forschungsansatz, der auf die Entstehungsbedingungen, die Funktion und Wirkungsweise der Medienstars gerichtet ist, wird zwangsläufig nur im Rahmen einer größeren fächerübergeifenden Arbeitsgruppe erfolgreich sein können. Insofern ist dieser Hinweis auch als Appell an die hier vertretenen Fachdisziplinen gemeint, sich an einem derartigen Vorhaben zu beteiligen.[9]

Anmerkungen

[1] Vgl. zur geistesgeschichtlichen Tradition des Motivs u.a. Völker (1971), Drux (1994), van Dülmen (1998), speziell zur filmischen Tradition u.a. Schelde (1993), Telotte

(1995), Rushing/Frentz (1995), Aurich et al. (2000) und aus feministischer Perspektive u.a. Balsamo (1996).

[2] Zunächst ist dieser Versuch, mittels der übermenschlichen Kräfte des Golem die Juden vor ihren Peinigern zu schützen, auch erfolgreich. Dann aber entwickelt der Golem ein Eigenleben, das sich auch gegen seinen Schöpfer wendet, so dass ihm durch die Entfernung des magischen Amuletts das Leben wieder genommen werden muss.

[3] Der Plan geht auf. Die falsche Maria wiegelt die Arbeiter auf, die daraufhin die Maschinen zerstören. Derweil sucht Freder, der Sohn des Industriemagnaten, seine geliebte Maria und befreit sie. Sie greifen ein und vermitteln zwischen den Konfliktparteien. Der Industrieboss reicht dem Arbeiterführer die Hand: „Mittler zwischen Hirn und Händen muss das Herz sein" (Zwischentitel). Versöhnung statt Klassenkampf. Nicht umsonst wurde dieser Film gerade von den Nationalsozialisten sehr geschätzt.

[4] Während das Monster in Shelleys Frankenstein aufgrund seiner monströsen Hässlichkeit von den Menschen missverstanden, abgelehnt und schließlich als vermeintlich gefährliches Ungeheuer verfolgt, seinen Erschaffer tötet, ist die Figur im Film von James Whale mit dem Hirn eines Verbrechers von vorn herein entsprechend vorbelastet.

[5] Daneben ist ein weiterer Grund für die Beliebtheit gerade des Cyborg-Motivs seit den frühen 1990er Jahren das wachsende Technikinteresse vor allem bei den jüngeren (männlichen) Zuschauern, wie es sich u.a. auch in den entsprechenden Computerspielen niederschlägt.

[6] Auch hier sind die Bezüge zu dem gesellschaftlich vorhandenen Angst- oder Bedrohungspotential offensichtlich: Vietnamkrieg (ab 1965), der damit zusammenhängende weltweit wachsende Widerstand in der Öffentlichkeit, der schließlich zum Rückzug der US-Truppen (1975) führte. Ein Übriges taten die politischen Skandale (z.B. Watergate 1973 / CIA-Aktivitäten in Lateinamerika etc.), so dass nicht nur die Selbsteinschätzung der Amerikaner, sondern auch ihr Bild in den anderen Ländern der Welt in eine tiefe Krise geraten war. Die in allen westlichen Industrienationen spürbare Aufbruchsstimmung in der Demokratiebewegung einerseits sowie die ab 1973 einsetzende Ölkrise mit ihren gravierenden wirtschaftlichen und sozialen Konsequenzen (Rezession, steigende Arbeitslosenzahlen), die immer offenkundiger werdende ökologische Vergiftung der Umwelt und das Szenario eines mehrfachen atomaren Overkills andererseits gaben genügend Anhaltspunkte, um die filmische Apokalypse wenigstens während der Vorführung glaubwürdig erscheinen zu lassen.

[7] Sofern nicht anders gekennzeichnet, handelt es sich bei allen im folgenden genannten Filmtiteln um US-amerikanische Produktionen.

[8] Als aktuelle Untersuchungen (inkl. einer Bestandsaufnahme der internationalen Literatur) zum Filmstar sei u.a. auf Lowry/Korte (2000) und zum Fernsehstar auf Strobel/Faulstich (1998) verwiesen. Beide Publikationen sind Ergebnisse zwei aufeinander bezogener DFG-Forschungsprojekte (1993-1997). Vgl. zum Gesamtphänomen u.a. Gledhill (1998), Faulstich/Korte (1997) und zum Sportstar u.a. Whannel (1992), Krüger (1993), Dunning (1999), Burstin (1999), Andrews/Jackson (2001).

[9] Gegenwärtig wird an der Universität Göttingen ein interdisziplinärer Forschungsschwerpunkt zum Medienstar vorbereitet, der z.Zt. Fachvertreter aus der Medienwissenschaft, Journalistik, Sport- und Politikwissenschaft umfasst.

Literatur

Andrews, D. L., Jackson, S. J. (eds.) (2001): *Sport Stars. The Cultural Politics of Sporting Celebrity*. London.
Aurich, R., Jacobsen, W., Jatho, G. (Hg.) (2000): *Künstliche Menschen*. Berlin.
Balsamo, A. (1996): *Technologies of the gendered Body: Reading Cyborg Women*. Durham.
Burstyn, V. (1999): *The Rites of Men. Manhood, Politics, and the Culture of Sport*. Toronto.
Dülmen, Richard van (Hg.) (1998): *Erfindung des Menschen. Schöpfungsträume und Körperbilder 1500-2000*. Wien/Köln/Weimar.
Drux, R. (Hg.) (1994): *Die Geschöpfe des Prometheus – Der künstliche Mensch von der Antike bis zur Gegenwart*. Bielefeld.
Faulstich, W., Korte, H. (Hg.) (1997): *Der Star – Geschichte, Rezeption, Bedeutung*. München.
Gledhill, C. (ed.) (1998): *Stardom. Industry of Desire*. London/New York.
Krüger, A., Scharenberg, S. (Hg.) (1993): *Wie die Medien den Sport aufbereiten*. Berlin.
Lowry, S., Korte, H. (2000): *Der Filmstar*. Stuttgart/Weimar.
Rushing, J. H., Frentz, T. S. (1995): *Projecting the Shadow – The Cyborg Hero in American Film*. Chicago.
Schelde, P. (1993): *Androids, Humanoids, and other Science Fiction Monsters – Science and Soul in Science Fiction Films*. New York.
Strobel, R., Faulstich, W. (1998): *Die deutschen Fernsehstars*. 4 Bände. Göttingen.
Telotte, J. P. (1995): *Replications: A robotic History of the Science Fiction Film*. Chicago.
Völker, K. (Hg.) (1971): *Künstliche Menschen. Dichtungen und Dokumente über Golems, Homunculi, lebende Statuen und Androiden*. München.
Whannel, G. (1992): *Fields in Vision. Television Sport and Cultural Transformation*. London/New York.

Über die Kunst, natürlich zu sein –
Die weibliche Schönheit als Schauplatz der Naturalisierung der Geschlechterdifferenz in „Frauenromanen" um 1800

Rita Morrien, Freiburg

Zusammenfassung

Das Schönheitsideal, das sich in der Literatur des 18. und 19. Jahrhunderts herauskristallisiert, ist in der Regel an Werte wie Tugendhaftigkeit und Schamhaftigkeit gekoppelt. Beinahe noch wichtiger ist für die Autoren dieser Zeit jedoch der Hinweis auf die Natur als vermeintliche Spenderin dieser positiven weiblichen Qualitäten. Dagegen gilt die mit künstlichen Mitteln hergestellte Schönheit als ein Indiz für das Fehlen moralischer Integrität. Am Beispiel von drei „Frauenromanen" aus der Zeit um 1800, nämlich Sophie von La Roches *Geschichte des Fräuleins von Sternheim*, Johanna Schopenhauers *Gabriele* und Friederike Helene Ungers *Bekenntnisse einer schönen Seele*, soll gezeigt werden, wie Autorinnen der Bürgerzeit den u.a. von Jean-Jacques Rousseau geprägten Topos der natürlich schönen und tugendhaften Frau adaptiert bzw. modifiziert haben. Dabei soll auch diskutiert werden, inwiefern das Ideal natürlicher weiblicher Schönheit Teil einer patriarchalischen Strategie ist, die Frau als gesellschaftliches und historisches Subjekt auszuschließen und das hierarchische Verhältnis der Geschlechter zu legitimieren.

Summary

The ideal of beauty, which evolved in the 18th and 19th century literature, is usually bound up with values such as virtuousness and chastity. It is even more important for the writers of this time to point out that the nature is the presumed source of these positive female qualities. By contrast, beauty created by a lack of moral integrity. Taking three novels by women from around 1800 as examples, namely Sophie von La Roche's *Geschichte des Fräulein von Sternheim*, Johanna Schopenhauer's *Gabriele* and Friederike Helene Unger's *Bekenntnisse einer schönen Seele*, it will be demonstrated how women writers of the „Bürgerzeit" adapted or modified the topos of the naturally beautiful and virtuous woman. In addition, we will discuss how far the ideal of natural female beauty is part of a patriarchal strategy to exclude as social and historical subjects and to legitimise the hierarchical relation of the sexes.

In seinem Gedicht *Macht des Weibes* formuliert Friedrich Schiller den Kern der zeitgenössischen Geschlechterpolarisierung wie folgt:

> „Kraft erwart' ich vom Mann, des Gesetzes Würde behaupt' er, / Aber durch Anmuth allein herrschet und herrsche das Weib. / Manche zwar haben geherrscht durch des Geistes Macht und der Thaten, / Aber dann haben sie dich, höchste der Kronen, entbehrt. / Wahre Königin ist nur des Weibes weibliche Schönheit, / Wo sie sich zeige, sie herrscht, herrschet bloß, weil sie sich zeigt."[1]

Die auch heute noch gebräuchliche Rede vom *schönen Geschlecht* – eine galante Alternative zum Begriff des *schwachen Geschlechts* – birgt verschiedene Implikationen, die weit über die Frage der rein physischen Differenz der Geschlechter hinausgehen. Gedeihen kann der Topos der weiblichen Schönheit nur auf der Grundlage eines Geschlechterkonzepts, nach dem der Mann über die Macht des Blicks bzw. die Kompetenz der ästhetischen Betrachtung verfügt und der Frau der Part zukommt, bevorzugtes Objekt dieser Betrachtung zu sein. Das Ideal der weiblichen Schönheit trägt somit zu einer hierarchischen Strukturierung des Geschlechterverhältnisses und zu einer Festschreibung der Ungleichheit oder vielmehr Ungleichwertigkeit der Geschlechter bei. Der Begriff des *schönen Geschlechts* ist ambivalent: Zum einen impliziert er – und dies bringt Friedrich Schiller in seinen Versen ja unverhüllt auf den Punkt –, daß die Schönheit der primäre (einzige?) Herrschaftsbereich der Frau ist. Zum anderen hat die schöne Frau, die nicht gleichzeitig gut und tugendhaft ist, in der Literatur der Bürgerzeit nur allzu oft die Rolle der Verführerin und Zerstörerin; ihre Schönheit ist ein falscher Zauber, eine Lüge, die entlarvt werden muß.

Die schöne Frau existiert nicht (genausowenig wie *der* schöne Mann, der uns seit einigen Jahren mit zunehmender Penetranz von den Massenmedien suggeriert wird), die Rede von der schönen Frau ist vielmehr ein kulturhistorischer Topos, der nicht losgelöst vom allgemeinen Geschlechterdiskurs betrachtet werden kann und wie dieser dem Wandel der Zeit unterworfen ist. Das Schönheitsideal im 18. und 19. Jahrhundert ist gekoppelt an Werte wie Tugend und Schamhaftigkeit, wobei der Rekurs auf die Natur als vermeintliche Spenderin dieser weiblichen Primärqualitäten obligatorisch ist. Das Bild der auf *natürliche* Weise schönen Frau fungiert als Garant für Wahrhaftigkeit, Transparenz und Sittlichkeit. Die sichtbar *künstliche* Schönheit dagegen signalisiert Oberflächlichkeit, moralische Verderbtheit und Falschheit, sie ist ein eitles Blendwerk, das in der Regel nur aus didaktischen Gründen bzw. als Negativfolie zur Profilierung der Protagonistin eingesetzt wird.

Ein bedeutender Wegbereiter dieser für die deutschsprachige Literatur der Bürgerzeit maßgeblichen Differenzierung zwischen „natürlicher" Schönheit einerseits und einer mit künstlichen Mitteln hergestellten Attraktivität andererseits ist Jean-Jacques Rousseau: „Der wahre Triumph der Schönheit besteht darin, durch sich selbst zu glänzen"[2], so heißt es in seinem programmatischen Roman *Emile ou de l'éducation* aus dem Jahre 1762. Nach Rousseau bürgt nur die „natürliche" Schönheit für innere Qualitäten und kommt als Garant für Tugendhaftigkeit in Frage, während der künstliche Putz verpönt ist und von

Schamlosigkeit, ja von moralischer Minderwertigkeit zeugt. In der nicht seltenen Zuspitzung (wie sie beispielsweise in Johanna Schopenhauers Entsagungsroman *Gabriele* anzutreffen ist, hierzu später mehr) ist die „natürliche" Schönheit das Attribut der Heiligen – als vollkommene Personifikation der Trias des Wahren, Schönen und Guten – und die mit künstlichen Mitteln hergestellte Attraktivität das der Hure. Mit den Weiblichkeitsvorstellungen Jean-Jacques Rousseaus hat Christine Garbe sich vor einiger Zeit in ihrer faszinierenden Studie *Die „weibliche" List im „männlichen" Text* kritisch auseinandergesetzt. Im Zuge ihrer dekonstruktiven Lektüre der Romane Rousseaus kommt Garbe zu dem Schluß, daß die „natürliche" Schönheit der Protagonistinnen tatsächlich der Effekt einer doppelten Inszenierung ist, welche darauf abzielt, jede Spur von Künstlichkeit zu beseitigen und den Eindruck einer vollkommen unreflektierten, sich ihrer physischen Reize nicht bewußten Erscheinung zu erwecken.[3]

> „Die von Rousseau präferierte Darstellungsökonomie ist deutlich: Die Wirkung der weiblichen Verführung ist um so größer, je besser eine Frau ihre entsprechende Absicht verbirgt. Die Botschaft einer ungeschminkten Frau lautet so gesehen: Ich bin begehrenswert auch ohne jedes künstliche Supplement; ich habe es nicht nötig, mich besonders herauszuputzen. In der ‚natürlichen' Frau formuliert Rousseau das Ideal der bürgerlichen Ästhetik, die vollkommene ‚Nachahmung' der Natur durch Tilgung der ‚Künstlichkeit' der Kunst."[4]

In der Terminologie Judith Butlers geht es bei der von Garbe beschriebenen Darstellungsökonomie um den Versuch, die Wirkungen des Diskurses zu leugnen und dem Körper *an sich* Gewicht zu verleihen, was freilich gleichbedeutend mit einer neuen Mythenbildung ist.[5] Rousseaus bis in die Gegenwart hinein normsetzende Idealvorstellung des *natürlich schönen* weiblichen Körpers ist symptomatisch für den in der zweiten Hälfte des 18. Jahrhunderts besonders dynamischen Prozeß der Naturalisierung der Geschlechterdifferenz.[6] Der Rückgriff auf die vermeintliche Natur der Frau zur Legitimierung ihres Ausschlusses als gesellschaftliches und historisches Subjekt basiert bekanntlich auf einer Polarisierung von Natur (= weiblich) und Kultur (= männlich), die sich mit Butler als Strategie des Diskurses beschreiben läßt, seine eigenen Funktionsweisen zu verschleiern.

Christine Garbes Lektüreansatz verspricht vor allem dann interessante Ergebnisse, wenn man ihn an den Texten männlicher wie weiblicher Autoren erprobt. Gibt es eine dem Rousseauschen Muster entsprechende „weibliche" List auch im „weiblichen" Text? Und wenn ja, wie löst eine Autorin um 1800, die schließlich auf ihren Ruf als tugendhaft-sittliche (d.h. sich über die „letzten Dinge" im unklaren befindende) Frau bedacht sein muß, das Dilemma, den weiblichen Körper literarisch zu präsentieren – was zwangsläufig bedeutet, sich auf eine Metaebene zu begeben –, ohne in Verdacht zu geraten, hinter die Maske(n) weiblicher Wohlanständigkeit und Natürlichkeit gesehen zu haben? Diese Fragestellungen möchte ich im Folgenden an drei „Frauenromanen" aus dem Zeitraum um 1800 heranführen (was in der Kürze der Zeit natürlich nur schlaglichtartig möglich ist), und zwar an Sophie von La Roches *Die Ge-*

schichte des Fräuleins von Sternheim, Johanna Schopenhauers *Gabriele* und Friederike Helene Ungers *Bekenntnisse einer schönen Seele*.

Sophie von La Roches Geschichte des Fräuleins von Sternheim (1771)

Sophie von La Roches 1771 zunächst anonym erschienene *Geschichte des Fräuleins von Sternheim* ist auf der Schwelle zwischen der feudalen (dekadenten) und der sich etablierenden bürgerlichen (biederen) Kultur entstanden. Der Briefroman ist deutlich ein Produkt jener historischen Übergangssituation, in der die Geschlechterdifferenz ihre Bedeutung als *eine* soziale Klassifikation neben anderen verliert und statt dessen im Sinne eines natürlichen Geschlechtscharakters neu interpretiert wird. Bei der Präsentation weiblicher Anmut und Tugend erweist die empfindsame Autorin La Roche sich als gelehrige Schülerin Jean-Jacques Rousseaus. Ähnlich wie in den Romanen Rousseaus ist auch in der *Geschichte des Fräuleins von Sternheim* die Opposition Kunst und Natur, höfisches bzw. städtisches und ländliches Leben, sittliche Verderbtheit und Tugendhaftigkeit für das narrative Gesamtkonzept von entscheidender Bedeutung. Aus der Feder ihres Vaters[7] ist über die junge Sophie von Sternheim zu vernehmen, sie sei eine „mit der Liebe zur Tugend geborne Seele"[8]. Suggeriert wird über diese und ähnliche Aussagen das Vorhandensein einer *natürlichen* Anlage zu Tugendhaftigkeit und Keuschheit, das einen entsprechenden erzieherischen Einfluß fast überflüssig erscheinen läßt. Ähnlich verhält es sich mit den äußeren Vorzügen Sophies, mit ihrer ungekünstelt und absichtslos wirkenden Schönheit und Anmut („Ihre Stimme war einnehmend, ihre Ausdrücke fein, ohne gesucht zu scheinen." GS 59), derer sie sich, wie von ihrer Jugendgefährtin Rosina ausdrücklich betont wird, nicht bewußt ist: „Und was würde auch aus dem Fräulein von Sternheim geworden sein, wenn sie sich aller ihrer Vorzüge in der Vollkommenheit bewußt gewesen wäre, worin sie sie besaß?" (GS 58) Der Bescheidenheitstopos geht mit dem der weiblichen Schamhaftigkeit Hand in Hand, inszeniert wird nicht nur der – vermeintlich angeborene – Wille zu Keuschheit und Tugend, sondern auch das Nichtwissen um die eigenen körperlichen Reize. Doch gerade das Verbot narzißtischer Selbstbespiegelung wird von La Roches Heldin wiederholt übertreten, ohne daß der Bescheidenheitsanspruch aufgegeben oder die Widersprüchlichkeit in der Darstellung reflektiert würde.[9] Als Beispiel sei hier nur jene Episode erwähnt, in der Sternheim erstmalig als Hauptattraktion der voyeuristischen Gelüste der höfischen Gesellschaft ausstaffiert wird – bezeichnenderweise, indem sie als das *verkleidet* wird, was sie ja tatsächlich *ist*, nämlich als „Unschuld vom Lande", womit die Scheidelinie zwischen Natur und Kultur, Körper und Gewand/Maske verwischt wird. Anläßlich eines von der Hofgesellschaft organisierten Landfestes erhält Sophie ein Kostüm, das ihre natürliche Ausstrahlung überaus vorteilhaft zur Geltung bringt, wie sie in ihrem Brief an die Jugendgefährtin Emilia mit unverkennbaren Zügen von Selbstverliebtheit feststellt.

> „[...] ich bekam die Kleidung eines Alpenmädchens; lichtblau und schwarz; die Form davon brachte meine Leibesgestalt in das vorteilhafteste Ansehen, ohne im geringsten gesucht oder gezwungen zu scheinen. Das feine ganz nachlässig aufgesetzte Strohhütgen und meine simpel geflochtnen Haare machten meinem Gesicht Ehre. Sie wissen, daß mir viel Liebe für die Einfalt und die ungekünstelten Tugenden des Landvolks eingeflößt worden ist. Diese Neigung erneuerte sich durch den Anblick meiner Kleidung. Mein edel einfältiger Putz rührte mich; er war meinem die Ruhe und die Natur liebenden Herzen noch angemeßner als meiner Figur, wiewohl auch diese damals, in meinen Augen, im schönsten Lichte stund." [Hvh. d. Verf.; GS 146f.]

In der Verkleidung als Alpenmädchen inszeniert Sternheim sich als ein Stück unberührter Natur. Deutlich zutage tritt in der Briefpassage ein der gesellschaftlichen Konvention folgender Darstellungsmodus, die kunstvolle, wohlkalkulierte Verkleidung quasi als Naturgewand zu präsentieren und jegliches Bemühen um Wirkung hinter dem Anschein des Naturgegebenen und Nonintentionalen in Vergessenheit geraten zu lassen. Die Künstlichkeit bzw. Konstruiertheit des Bildes wird aber gerade dadurch entlarvt, daß wiederholt das Ungezwungene und Nachlässige der Erscheinungsweise betont wird.[10] Selbst der tatsächlich gegebene Naturrahmen, das von der höfischen Gesellschaft aus Gründen der lustvollen Zerstreuung aufgesuchte ländliche Milieu, gerät in der beschriebenen Inszenierung zur Schaubühne und das von der Sternheim aufgrund seiner „Einfalt" und „ungekünstelten Tugenden" so geschätzte Landvolk zu stummen Statisten.

Wie eingangs erläutert, ist der Eindruck der Absichtslosigkeit, Natürlichkeit und Unreflektiertheit ein fester Bestandteil der in der Literatur um 1800 bevorzugten weiblichen Darstellungsökonomie. Während Rousseaus Protagonistinnen diese virtuos beherrschen, sie ihre Vorzüge so geschickt in Szene setzen, „daß das Artifizielle einer Inszenierung dabei zugleich verschleiert wird und das Ergebnis als natürlich erscheint"[11], gibt es bei La Roche immer wieder Irritationen, die sich daraus ergeben, daß ihr Fräulein von Sternheim sich in Reflexionen ergeht, welche die herkömmliche Rollenverteilung – weibliches Schauobjekt und männlicher Betrachter – unterlaufen. Sternheim ist nicht nur das Objekt des Begehrens anderer, sondern auch das des eigenen Begehrens, sie bricht mit dem reinen Objektstatus, indem sie aus dem ihr gesetzten Rahmen aussteigt und sich selbst als lebendes Bild betrachtet. Die – aus heutiger Sicht eher amüsante – Neigung des Fräuleins, die eigenen körperlichen Vorzüge aus der (imaginierten) Perspektive anderer zu beschreiben, ist in erzähltechnischer Hinsicht jedoch nicht ganz unproblematisch, kommt doch die Ich-Erzählerin als erzählendes Subjekt zwangsläufig in Konflikt mit dem Objektcharakter ihrer Rolle.[12] Anderseits korrespondiert die befremdende Erzähltechnik La Roches genau mit der schizophrenen Situation, der die *empfindsame* Autorin tatsächlich ausgesetzt ist, wenn sie in ihrer Funktion als Schriftstellerin aktiv in einen Geschlechterdiskurs eingreift, der für das weibliche Geschlecht bescheidene Zurückhaltung propagiert, und wenn sie ihrer Heldin Beobachtungen und Ansichten über die Lüsternheit der höfischen Gesellschaft in den Mund legt, die eine wahrhaft schamhafte Figur gedanklich kaum fassen, geschweige denn aussprechen könnte.

Ein gewisses Unbehagen angesichts dieser und anderer Widersprüchlichkeiten muß wohl auch C. M. Wieland in seiner Eigenschaft als Herausgeber des zunächst anonym erschienenen Romans empfunden haben, jedenfalls lassen so manche seiner Formulierungen im Vorwort und in den Fußnoten darauf schließen.[13] Ähnlich wie La Roche darum bemüht ist, die obligatorischen Attribute der Weiblichkeit (Tugendhaftigkeit, Anmut, Schönheit etc.), mit denen sie ihre Heldin ausstattet, als *natürliche* Anlagen zu präsentieren, ist auch Wieland unübersehbar daran gelegen, die vermeintlich ungekünstelte und ursprüngliche Schreibweise seiner Autorin hervorzuheben: „[M]oralische Nützlichkeit" und „Originalität der Bilder und des Ausdrucks" kompensieren den „Mangel[s] eines nach den Regeln der Kunst angelegten Plans" (GS 14) – „hier, wo die Natur gearbeitet hat" (GS 15). In seiner Funktion als Herausgeber läßt Wieland es sich nicht nehmen, La Roche als eine Autorin vorzustellen, der an nichts weniger gelegen ist als an Ruhm, Popularität und Anerkennung als Künstlerin. Aus der Autorin spricht, so suggerieren die einführenden Worte Wielands, die (weibliche) Stimme der Natur. Bemerkenswert ist nun, daß La Roche mit ihrem „papiernen Mädchen" Sophie von Sternheim im Grunde eine ganz ähnliche Strategie verfolgt wie ihr Mentor. Herausgeber wie Autorin versuchen, den diskursiven Hintergrund ihres Weiblichkeitsmodells via Naturalisierung zu verschleiern; das Konstrukt „Sophie" wird als reine Natur feilgeboten und soll so vor Angriffen gefeit sein. Doch geht die Rechnung nicht auf. Autorin wie Kunstfigur verselbständigen sich und überschreiten den ihnen gesetzten Rahmen. Sophie von La Roche „scheitert" an dem Idealbild der empfindsamen Autorin, das, wie schon Silvia Bovenschen in ihrer Untersuchung über die imaginierte Weiblichkeit[14] nachgewiesen hat, ein Widerspruch in sich selbst ist, und die empfindsame Heldin Sophie von Sternheim muß ein paar (symbolische) Tode erleiden, um als (fiktive) Figur überleben zu können.

Johanna Schopenhauers *Gabriele* (1819/20)

Johanna Schopenhauers *Gabriele* wurde in der älteren Forschung übereinstimmend als mustergültiger Entsagungsroman kategorisiert. Neuerdings gibt es allerdings auch Stimmen, die die schier grenzenlose Leidens- und Opferbereitschaft der Titelheldin als Pervertierung des klassischen Entsagungsmodells bzw. als Ausdruck einer weiblichen Größenphantasie lesen.[15] An diese interessante Kontroverse knüpfe ich hier nur insofern an, als ich zeigen werde, daß Schopenhauer über die effektvolle Inszenierung bewährter Frauenbilder tatsächlich zwei ganz unterschiedliche Spielarten weiblicher Größe und Macht vorführt. Ähnlich wie La Roche arbeitet auch Schopenhauer mit dem Mittel der Kontrastierung von Frauenbildern, um die einzigartigen Tugenden ihrer Heldin hervorzuheben. Während im ersten Teil die oberflächliche, gefall- und vergnügungssüchtige Cousine Aurelia als Negativfolie fungiert, ist es im Mittelteil die eiskalt-berechnende, frivole und sittenlose Marquise d'Aubincourt, von der Gabriele als Inbegriff jungfräulicher Reinheit[16] und Wahrhaftigkeit abgegrenzt wird. In der Konstellation Gabriele versus Marquise begegnet uns die tradierte Aufspaltung des Frauenbildes in die Heilige und die Hure. Während Gabrieles Maxime die des Verzichts ist, strebt die Marquise vor allem nach dem (sexuellen) Genuß, und während erstere sich selbst jederzeit zu opfern bereit ist, hat letztere zu keinem Zeitpunkt Skrupel, andere zur Durchsetzung der eigenen Interessen zu opfern. Selbst nach der Enthüllung ihrer früheren Identität und ihres „zügellosen Lebens"[17] – die Marquise hieß ursprünglich Herminie und war die Verlobte eines jungen Offiziers, Adelbert Lichtenfels, den sie aber kaltherzig verließ, nachdem dieser im Krieg zum Krüppel geworden war – zeigt sie keinerlei Einsicht und Reue. Beiden Frauen gemein ist, daß jede eine Form von Meisterschaft für sich in Anspruch nehmen darf: die eine als Verführerin und Intrigantin, die andere als Inbegriff naturgegebener weiblicher Opfer- und Leidensbereitschaft.

Zu einem spannungsreichen Wettkampf gerät die Begegnung der beiden Frauen um so mehr dadurch, daß sie aus der Perspektive eines männlichen Betrachters geschildert wird; wir haben es also mit einem voyeuristischen Szenario zu tun. Der junge Adelige Hippolit, welcher zum Zeitpunkt seines Eintritts in das Romangeschehen noch der aktuelle Geliebte der Marquise ist, ist im Grunde selbst ein um Orientierung ringendes „verirrtes Schaf" und projiziert seinen innerpsychischen Konflikt auf die beiden Frauen. Bei dem voyeuristischen Spektakel wird Gabriel(e) zum „Erzengel" (G 228) und die Marquise zum „Dämon" (G 264), zur fleischlichen Repräsentation von Verführung und Sünde stilisiert. Letztere nutzt den Vorwand eines Migräneanfalls, um sich bei dem ersten gesellschaftlichen Zusammentreffen mit der Rivalin in einem intimen Interieur als „Liebesgöttin" (G 233) inszenieren zu können:

„Das Auge irrte geblendet auf alle dem mannichfaltigen Geräte von köstlichen Hölzern, von Kristall, von Marmor und Bronze, welches das Schlafzimmer einer eleganten Pariserin zum glänzendsten Prunkzimmer des Hauses macht.

Mitten in alle dieser Pracht lag die Marquise, ganz einfach gekleidet und dennoch alles überstrahlend. Der wohl berechnete Überfluß des früher erwähnten weißen langen Gewandes, in große malerische Falten von Künstlerhänden geordnet, umschwebte ihre Gestalt, ohne sie neidisch zu verhüllen; die schönen Formen schimmerten hindurch, wie der Mond durch Silberwölkchen, die an ihn sich heranzudrängen scheinen. Unter der Brust hielt ein großer strahlender Rubin das Gewand zusammen, der eine der weiten Ärmel, wie von ungefähr zurückfallend, enthüllte einen wunderschönen Arm, auf dem gestützt, das reizende Köpfchen im lieblichsten Ausdruck der Ermattung ruhte. Eine um den Arm geschmiedete goldne Sentimentskette und einige Perlenschnuren schienen sich abstreifen zu wollen. Den andern Arm bedeckte der Ärmel bis zu den zierlichen Fingerspitzen, die, dem Kopfweh zu Ehren, ein Riechfläschchen hielten. Um die hohe Stirne schwebten die glänzendschwarzen Locken in zierlicher Unordnung, nur ein einfaches Band hielt sie und die reichen Flechten zusammen, welche den ganzen Kopfschmuck bildeten. Die Marquise war unbeschreiblich reizend in diesen Umgebungen, auch fesselte stummes Erstaunen alles bei ihrem Anblick; nur Hippolit wagte es, sich in ihre Nähe zu schleichen und ihr ein leises ‚Bravo!' zuzuflüstern." (G 232f.)

Der von der Marquise sorgfältig kalkulierte Anschein des Nachlässigen, Ungekünstelten und Nonintentionalen erhöht den erotischen Reiz der *Tableau-vivant*-Darbietung. Gewand und Accessoires dienen ganz offenkundig nicht dem Zweck, den weiblichen Körper zu verhüllen, sondern ihn in seiner kaum verborgenen Nacktheit auf das Schmeichelhafteste zu modellieren. Die Brechung der Illusion gelingt durch ein einziges Wort des männlichen Beobachters: Hippolits „Bravo" entlarvt das alle Sinne umnebelnde Szenario als trügerische Maske, hinter der sich ein moralisch höchst zweifelhafter Charakter verbirgt. Gänzlich zerstört wird die Aura der Marquise, als Gabriele in das orientalisch-lasziv anmutende Bild hineintritt: „[...] als die hohe, schlanke Gestalt sich zu der auf dem Bette Ruhenden niederbeugte, umschwebte ihr goldnes Haar die dunkeln Locken der Marquise wie mit einer Strahlenglorie" (G 233). Gabriele, im Folgenden zunehmend auch als Jungfrau Maria stilisiert, bannt kraft ihrer sakralen Aura die weibliche Inkarnation des Bösen, Triebhaften und Destruktiven. Die schwarze Dame bleibt in ihrem intimen Schlafgemach – der Höhle des Lasters – allein zurück, während die weiße Dame die kurzzeitig Geblendeten wieder in den Salon zurückführt, in die Räumlichkeiten also, in denen gesellschaftliche Treffen sich legitimerweise abspielen.

Wenngleich Schopenhauer sich beeilt, die erotische Illusion durch das Einwirken Hippolits und Gabrieles zu zerstören, bleibt es doch auffällig, wieviel Raum sie den Selbstinszenierungen der Marquise insgesamt gibt. Zu der zitierten Episode kommen noch diverse andere freizügige Szenen hinzu, vor allem diejenigen, in denen die Marquise aus Furcht vor Entlarvung den früheren Verlobten zurückzugewinnen versucht. An delikaten Einzelheiten wird nicht gespart, die Promiskuität der Marquise wird gnadenlos offengelegt und verurteilt (vgl. G 268f.), doch kann man sich des Eindrucks nicht erwehren, daß all dies mit einer gewissen Lüsternheit geschieht. Als LeserIn ist man am ehesten geneigt, sich mit der Position des (scheinbar) neutral beobachtenden Hippolit zu identifizieren, mit jener Figur also, die Schopenhauer gleichzeitig mit der Marquise einführt und die von deren erotischer Freizügigkeit einst selbst profitiert hat. Erst die Perspektive des zum Paulus bekehrten Saulus sorgt für „authentische" Spannung, erst der Blick des Sünders, der sich als Richter geriert, ermöglicht das Nebeneinander von „subjektiver" Lust an der weiblichen Schamlosigkeit und „objektiver" Verurteilung derselben. Indem Schopenhauer die Marquise als negatives Exemplum weiblicher Falschheit und als Kontrastfigur zu der völlig überhöhten Titelfigur aufbaut, eröffnet sie dem Leser wie sich selbst einen legitimen Raum für lustvolle Phantasien – und in diesem Raum finden auch die mit Lustempfindungen gelegentlich einhergehenden oder darauf folgenden Gefühle des Abscheus, die vor allem Adelbert als mehrfaches Opfer der Marquise nach deren Entlarvung artikuliert („Das

Unwahre in Herminiens Wesen ekelte ihn unbeschreiblich an", G 269), ihren angestammten Platz.

Anzumerken ist noch, daß in die subtile Auseinandersetzung zwischen der weißen und der schwarzen Dame auch eine nationalistische Komponente einfließt. Zitiert wird nämlich mit der Marquise d'Aubincourt der Typus der leichtlebigen Pariser Aristokratin, der schon in den kulturkritischen Schriften Rousseaus den Part innehat, eine scheinbare Fülle leiblicher Reize zu präsentieren, um von dem Verlust der „wahren weiblichen Natur" abzulenken. Während Gabriele „ganz Leben, ganz Natur, Geist und Wahrheit" (G 238) ist – so zumindest interpretiert Hippolit ihre Erscheinung –, ist über den spektakulären Auftritt der Marquise rückblickend folgendes zu lesen:

> „Ihr erstes blendendes Auftreten war zwar nicht vergessen, aber man gedachte dessen nur als eines angenehmen und zugleich fremden Schauspiels, welches sich indessen seiner Art nach doch nicht ganz mit deutschem Sinn und deutscher Sitte vereinen ließ, während Gabrielens sich stets gleichbleibende anspruchslose Liebenswürdigkeit auf Geist, Sinn und Herz immerwährend wohltuend wirkte." (G 247)

Daß die Marquise tatsächlich deutscher Abstammung ist, entkräftet das hier entworfene oppositionelle Modell in keiner Weise, steht doch die „Französin" grundsätzlich für Falschheit und Maskerade. Folgt man dieser Logik, so repräsentiert die falsche Marquise den Begriff der „Französin" überzeugender, als eine echte Französin dies könnte. Während die Marquise die (weibliche) Inkarnation der Täuschung und der selbstentfremdeten Weiblichkeit ist, repräsentiert Gabriele die Identität von Schein und Sein, sie *ist* „deutsche" Natürlichkeit, Schönheit und Wahrhaftigkeit, in ihr ist die Differenz von Signifikat und Signifikant aufgehoben.

Friederike Helene Ungers *Bekenntnisse einer schönen Seele* (1806)

Friederike Helene Ungers eigenwillige Replik auf das gleichnamige sechste Buch von Goethes *Wilhelm Meisters Lehrjahre* steht chronologisch zwischen den Romanen La Roches und Schopenhauers, wird hier aber – im positiven Sinne – als Schlußlicht exponiert, weil in diesem Roman die Gleichzeitigkeit von Affirmation und Subversion der (männlich dominierten) Erzähltradition und der gängigen Weiblichkeitsvorstellungen am stärksten ausgeprägt ist, ja sogar das der narrativen Dynamik zugrundeliegende Prinzip bildet. Unger greift in ihren *Bekenntnissen einer schönen Seele* die zeitgenössische Tendenz zur Naturalisierung der Geschlechterdifferenz *scheinbar* affirmativ auf – tatsächlich findet der Rekurs auf die Natur aber in einer Weise statt, die bei genauerer Betrachtung den Kunstcharakter des Konstrukts „Frau"/„Weiblichkeit" akzentuiert. So entpuppt sich das „natürliche" Wachsen einer schönen Seele in der Ungerschen Adaption dieses populären Topos' als sorgfältig kalkulierter Lebensplan, dessen oberste Maximen gerade nicht die „wahre", vermeintlich naturgegebene Weiblichkeit, sondern Autonomie, Individualität und uneingeschränkte Selbstbestimmung sind.

„Individualität" und „Eigenthümlichkeit"[18], das seien ihre hervorstechenden Charakteristika, so Ungers schöne Seele Mirabella in der einleitenden Vorbemerkung zu ihrer bewegten Lebensgeschichte. Mit diesen beiden (eher männlich konnotierten) Begriffen rüttelt Unger im Grunde schon an den Schranken, die dem weiblichen Geschlecht gesetzt sind – und wendet dann die Gefahr eines allzu „ketzerischen" Anscheins ab, indem sie sich auf die *Natur* beruft, sich also genau der Argumentationsstrategie bedient, mittels derer die patriarchale Geschlechterordnung von ihren Hütern traditionell legitimiert wird: „Die Natur wollte nun einmal, daß in der Reihe der Wesen auch ein solches Geschöpf existiren sollte, wie ich bin" (BSU 7).

Das Werden der schönen Seele bei Goethe wird durch einen Blutsturz – als Auftakt einer lebenslangen Lungenschwäche – initiiert. Die Erkrankung des Körpers steht also am Beginn ihres Transzendierungsprozesses und wird – im Zuge der *imitatio Christi* – zeitlebens ein zentrales Thema bleiben. In Ungers *Bekenntnissen einer schönen Seele* ist das Pathologische der Figur Goethes dagegen völlig verschwunden. Ungers Protagonistin Mirabella erfreut sich lebenslang bester Gesundheit, wie ausdrücklich betont wird (vgl. BSU 379). In ihrer Kindheit und Jugend verkörpert sie das von Rousseau propagierte Ideal natürlichen und gesunden Wachstums, ja sie kann im übertragenen Sinne geradezu als das Paradestück der mit Sorgfalt und Liebe gehegten Baumschule ihres geistlichen Pflegevaters gelten.[19] Das Körperempfinden Mirabellas entwickelt sich scheinbar gemäß den sie umgebenden erzieherischen Einflüssen, also der keuschen Atmosphäre des Pfarrhauses, in dem sie ohne genauere Kenntnis ihrer leiblichen Herkunft aufwächst. Sinnliche Leidenschaften werden systematisch ausgeblendet, und das Ideal der platonischen Liebe prägt insofern frühzeitig Mirabellas Auffassung des Geschlechterverhältnisses, als es sich bei ihren Pflegeeltern um Bruder und Schwester handelt, die in vollkommener Harmonie und Komplementarität zusammenleben (vgl. BSU 12ff.).[20] Nicht zu Unrecht bemüht Goethe in seiner Besprechung des Romans den Vergleich mit der aus dem Haupt des Zeus entsprungenen Athene – welche bekanntlich „eine strenge Erzjungfrau war und blieb"[21] –, denn Mirabella präsentiert sich vor allem im ersten Buch wiederholt als folgsame Vatertochter: „Die [Autorität] meines Pflegevaters gab den Ausschlag über jede andere. Ihn betrachtete ich im eigentlichen Sinne des Worts als das Haupt, und wo sein Ausspruch einmal erfolgt war, da galt mir kein anderer" (BSU 17). Auch hier gilt, daß das eindeutig und programmatisch Formulierte im weiteren Verlauf des Romans auf subtile Weise unterlaufen wird. Mirabella trägt zwar das Banner väterlicher Autorität deutlich sichtbar vor sich her, zeigt aber in ihren Handlungen einen durchaus eigenen Kopf – faktisch spielt die Autorität des Ziehvaters nämlich nicht die geringste Rolle bei den Lebensentscheidungen der den Kinderschuhen entwachsenen Mirabella.

Die Beschreibung ihres Äußeren läßt sich auf den bewährten Nenner einer *natürlichen* Schönheit[22] bringen. Suggeriert wird, daß sich hinter dem ansprechenden, aber in keiner Weise provozierenden Bild eine intakte, tugendhafte Persönlichkeit verbirgt. Auffällig ist allerdings, daß der prüfende Blick der Umwelt nicht passiv hingenommen wird oder gar Schamgefühle hervorruft (eher schon Anflüge von Koketterie und Eitelkeit, die aber im gleichen Absatz ausdrücklich geleugnet werden), sondern Mirabella dazu veranlaßt, den optischen Eindruck der anderen kritisch zu reflektieren und sich ein *eigenes* Bild zu machen. Der weibliche Körper ist hier also nicht nur Objekt des männlichen Blicks, sondern auch Ausdruck der eigenen Subjektivität und Individualität:

„Die Aufmerksamkeit, welche mir alle Fremden bewiesen, führte mich vor den Spiegel, der mir bisher durchaus gleichgültig gewesen war; ich suchte den Grund dieser Aufmerksamkeit, und wer will es mir verargen, daß ich ihn in dem Abstich fand, den meine Gestalt von denen meiner Umgebung machte? Mit Wahrheit aber kann ich versichern, daß mich das öftere Hintreten vor den Spiegel nicht eitel machte; diese Beschauung gewährte mir nur ein Bilde von mir selber, und mit dem Bild die Überzeugung, daß ich, wo nicht schön, doch wenigstens hübsch sey [...]" (BSU 25f.)

Strenggenommen bricht Mirabella hier, ähnlich wie La Roches Fräulein von Sternheim, ein ungeschriebenes Gesetz der im 18. Jahrhundert gültigen Geschlechterordnung, jenes Gesetz nämlich, welches besagt, daß die Frau sich kein Bild von sich selbst machen darf – zumindest keines, das von der normativen (männlichen) Fremdbestimmung abweicht. Der *weibliche* Blick auf den Körper, auch auf den eigenen, unterliegt einem Tabu.[23] Genau dieses Tabu wird nun aber mit der Behauptung unterwandert, es sei „das Eigenthümliche der weiblichen Einbildungskraft, daß sie im Stande ist, die Bilder fest zu halten, welche derselbe Gegenstand in seinen verschiedenen Entwickelungsperioden gegeben hat" (BSU 26). Auch hier findet wieder ein indirekter Rekurs auf die Natur statt, die ausgeprägte Subjektivität Mirabellas wird als naturgegebenes Merkmal des weiblichen Geschlechtscharakters präsentiert und somit legitimiert. Ungewöhnlich mag man auch finden, daß Mirabella zwar vorgibt, der Geschlechternorm entsprechend über ein starkes Schamgefühl zu verfügen, sich aber nicht scheut, dieses in eher unweiblicher Manier, nämlich tatkräftig bzw. handgreiflich, zu verteidigen. Als ein übereifriger Tanzmeister ihr ans Bein greift, schlägt sie zur großen Verblüffung des Mannes zu:

„Eine Beleidigung meiner Schamhaftigkeit hatte ich verschmerzt; einen Angriff auf dieselbe glaubte ich ahnden zu müssen. Ich sprang also unmittelbar nach geschehener That auf den Meister zu, gab ihm eine Ohrfeige und lief athemlos auf mein Schlafzimmer." (BSU 36)

Sigrid Langes Überlegung, Mirabellas Vehemenz signalisiere die Abwehr eigener erotischer Leidenschaften,[24] erscheint mir angesichts der geckenhaften Darstellung des Tanzmeisters wenig plausibel. Eher schon könnte es darum gehen, die Zurichtung des weiblichen Körpers als Marionette gesellschaftlicher Konventionen und Salonvergnügungen abzuwehren. In diesem Sinne ließe sich auch Mirabellas Abneigung gegen die monotonen Fingerübungen am Klavier erklären (vgl. BSU 32f.).

Auch bei ihrer Einführung in die höfische Gesellschaft brilliert Mirabella nicht in erster Linie aufgrund ihres reizvollen Äußeren, sondern wegen „physischer und moralischer Kraft" (BSU 50), wie sie nicht ohne Stolz berichtet. Daß eine so energische, sich in jeder Situation auf ihre starke Individualität berufende Frau keinen säbelklirrenden Kavalier zum Schutze ihrer Tugend benötigt, versteht sich schon fast von selbst. Vielmehr nimmt die schöne Seele gegenüber ihren Freundinnen (Adelaide, Caroline, Eugenie) zuweilen selbst die Position des schützenden Mannes ein: „Bisweilen mußte es das Ansehn gewinnen, als ob ich für Adelaiden alles dasjenige wäre, was der Mann, als Intelligenz und moralische Kraft genommen, dem Weibe ist [...]" (BSU 61). Im Laufe ihres Lebens vereinigt Mirabella – auf der Grundlage einer selbstgewählten jungfräulichen Existenzweise – eine erstaunliche Vielzahl von Rollen, weibliche wie männliche, in ihrer Persönlichkeit: Sie ist keusche Geliebte eines auf dem Feld der Ehre frühzeitig gefallenen Mannes, durch die Annahme einer Pflegetochter jungfräuliche Mutter und (männlich) dominierender Part in den Frauenfreundschaften, sie bewährt sich als Gesellschafterin, Erzieherin und Reisegefährtin, als Kunstenthusiastin und -kennerin, ja sogar als politische Beraterin bei Hofe. Die Unversehrtheit ihres Körpers bzw. der Umstand, daß niemand anderes als sie selbst jemals vollständige Verfügungsgewalt über diesen Körper erlangt,[25] ermöglicht ihr eine Form der Sozialisation, die sonst dem männlichen Geschlecht vorbehalten ist. Sie ist eine schöne Seele, die es versteht, nicht nur ihre eigenen, sondern auch die Empfindungen anderer nach Verstandeskriterien zu ordnen und zu verbalisieren. Ähnlich wie Goethes schöner Seele gelingt ihr die Transzendierung des Geschlechts, anders jedoch als bei dem großen Meister handelt es sich bei Unger um ein durchaus am Irdischen orientiertes Transzendierungs- bzw. Transgressionskonzept, das nichts mit der *imitatio Christi*, um so mehr aber mit der Überschreitung bestehender Geschlechtergrenzen zu tun hat. Die jungfräuliche Lebensweise ist nicht als Auszug aus dem Geschlecht zu deuten, sondern – eine säkularisierte Auffassung Hildegards von Bingen – als höchste Form der Weiblichkeit: „Das Weib will bewahren, was es instinktmäßig für sein Herrlichstes erkennt, die Weiblichkeit [...]" (BSU 211). Der Preis, der für diese „veredelte" Form der Weiblichkeit zu zahlen ist, besteht allerdings auch bei Unger in dem weitgehenden Verzicht ihrer Protagonistin auf eine gelebte Sexualität. Die Darstellung des Erotischen verlagert die Autorin überwiegend in die „Unverfänglichkeit der ästhetischen Sphäre".[26] Indizien für eine zumindest latente weibliche Homoerotik/-sexualität sind zwar in ausreichender Anzahl gegeben, diese werden aber systematisch verrätselt bzw. auf eine konstruiert wirkende Weise wieder entkräftet.

Letztlich ist Ungers schöne Seele eine paradoxe Figur: Durch eine männliche Sozialisation entwickelt sie eine ausdrücklich weibliche Persönlichkeit. Die Spezifika des weiblichen Körpers (Penetrierbarkeit, Gebärfähigkeit, Leidensfähigkeit etc.) kommen nicht zum Einsatz, dennoch kann weder von einer vollständigen Entsinnlichung noch von einer Vermännlichung Mirabellas gesprochen werden. Der weibliche Körper ist gerade in seiner Eigenschaft als jungfräulicher immer gegenwärtig, aber er entzieht sich der üblichen Fremdbestimmung und männlich geprägten Mythenbildung. Goethes Versuch, das von Friederike Helene Unger entworfene Konzept einer schönen Seele durch Begriffe wie „Männin" oder „Amazone" zu diskreditieren, greift also zu kurz. Ungers Heldin mag eine in mancherlei Hinsicht zwielichtige Figur sein, eine schlechte Kopie des Wilhelm Meister ist sie nicht.

Schlußbemerkung

Bei den vorgestellten Romanen handelt es sich um drei durchaus repräsentative Beispiele dafür, wie Autorinnen um 1800 sich in die männliche Erzähltradition einschreiben und den Topos der weiblichen Schönheit adaptieren. Den drei Romanen gemein ist, daß Wesen wie Erscheinungsbild der Protagonistinnen – mehr oder weniger überzeugend – naturalisiert werden, der Einfluß der Kultur also vordergründig geleugnet wird. Interessanter als dieser gemeinsame Nenner ist die Frage, inwiefern die Autorinnen bewußt oder unbewußt Bruchstellen, Widersprüche, Ambivalenzen hinsichtlich der Präsentation des natürlich schönen weiblichen Körpers einbauen. In La Roches polyperspektivischem Briefroman wird immer wieder die unverfälschte „Natur des Weiblichen" heraufbeschworen. Der Anspruch des Nonintentionalen und Ungekünstelten wird jedoch wiederholt durch die narzißtischen (erzähltechnisch problematischen) Selbstreflexionen Sternheims *im Bild des Anderen* unterlaufen, so daß letztlich der Konstruktions- bzw. Kunstcharakter nicht nur der Figur, sondern des Buches akzentuiert wird (wovon ja im übrigen auch die Kommentare des Herausgebers und Mentors Wieland Zeugnis ablegen). Stärker noch als Sophie La Roche entwickelt Johanna Schopenhauer ihre Natur, Wahrhaftigkeit und Tugend programmatisch repräsentierende Titelheldin auf der Kontrastfolie einer mit den Mitteln der Täuschung und des Betrugs arbeitenden Antagonistin. Im Zuge dieser nationalistisch gewürzten Polarisierung wird jedoch vor allem die – nichts weniger als natürlich anmutende – Ikonenhaftigkeit der Protagonistin deutlich. Auffällig ist zudem, daß die tugendbeflissene Autorin Schopenhauer über die Figur der dekadenten Marquise reichlich Raum für voyeuristische Gelüste (LeserInnenphantasien) schafft. Friederike Helene Ungers zu Unrecht in Vergessenheit geratener Roman besticht vor allem durch den beinahe schon dekonstruktiv zu nennenden Umgang mit dem Topos natürlicher Tugendhaftigkeit und Schönheit. Die oben anhand einiger Beispiele veranschaulichte Doppelstrategie Ungers besteht in der Gleichzeitigkeit von Affirmation und Subversion der herrschenden Geschlechterideologie; durch das permanente Zitieren des zeitgenössischen Schönheits- und Tugendkatalogs wird die diesem Katalog vermeintlich zugrunde liegende „Naturgesetzlichkeit" gerade nicht verifiziert, sondern als ritueller bzw. kultureller Zwangscharakter entlarvt. In der deutschen Erzählliteratur um 1800 gibt es vermutlich nur wenige Frauenfiguren, die die Kunst, *natürlich* zu sein – oder vielmehr zu scheinen – so virtuos beherrschen wie Ungers Protagonistin mit dem sprechenden Namen Mirabella.[27]

Anmerkungen

[1] Schiller, F. (1943): „Macht des Weibes". In: *Schillers Werke*. Nationalausgabe. Bd. 1. *Gedichte 1776-1799*. Hrsg. v. J. Petersen u. F. Beißner. Weimar. 286.

[2] Rousseau, J.-J. (1993): *Emil oder Über die Erziehung*. Paderborn u.a. 403.

[3] Zum „Theorem der Schamhaftigkeit" bei Rousseau vgl. Christine Garbe (1992): *Die „weibliche" List im „männlichen" Text. Jean-Jacques Rousseau in der feministischen Kritik*. Stuttgart. 88-103.

[4] A.a.O., 99.

[5] „Wenn der Eindruck entsteht oder vermittelt werden soll, daß Dinge ‚aus sich heraus' bedeuten, ist das immer ein Hinweis auf eine Mythenbildung, die Begriffe und Geschichten gewissermaßen ‚in Natur verwandelt' und so scheinbar die Notwendigkeit aufhebt, sie ‚auf ihren Hintersinn zu befragen'." Rendtorff, B. (1996): „Geschlecht und Bedeutung – über Verleugnung und Rückeroberung von Körper und Differenz". In: *Materialität – Körper – Geschlecht*. Hrsg. v. Verein sozialwissenschaftliche Forschung und Bildung für Frauen. Frankfurt/M. 7-29.

[6] Vgl. hierzu Kapitel I.2 meiner Habilitationsschrift (2001) *Sinn und Sinnlichkeit. Der weibliche Körper in der deutschen Literatur der Bürgerzeit*. Köln u.a.

[7] Kontje spricht in Zusammenhang mit den Bemühungen des Vaters, aus Sophie ein Ebenbild ihrer überaus tugendhaften, früh verstorbenen Mutter zu machen, von einem kaum unterdrückten inzestuösen Begehren. Vgl. Kontje, T. (1998): „Sophie von La Roche: Sophie's Survival". In: ders.: *Women, the Novel, and the German Nation 1771-1871. Domestic Fiction in the Fatherland*. Cambridge. 30-40, 32.

[8] La Roche, S. von (1983): *Geschichte des Fräuleins von Sternheim*. Hrsg. v. B. Bekker-Cantarino. Stuttgart. 53. Die im Folgenden mit dem Kürzel GS versehenen Zitate folgen dieser Ausgabe.

[9] Zwar klagt Sternheim sich später der Eigenliebe an, doch hat sie dabei weniger Eitelkeit in bezug auf äußere Reize im Sinn als eine übertriebene Empfindlichkeit, welche sie selbstkritisch von der „*Empfindsamkeit für andere*" unterscheidet. Vgl. GS 210 u. 214.

[10] Hiermit widerspreche ich auch der Auffassung Schmids, Sternheim repräsentiere eine „natürliche Körpersprache", welche als Spiegel ihrer Seele bzw. ihres Inneren gelesen werden könne und einen Kontrast zu der berechnenden und zweckgerichteten Körpersprache Lord Derbys bilde. Vgl. Schmid, S. (1999): *Der „selbstverschuldeten Unmündigkeit" entkommen. Perspektiven bürgerlicher Frauenliteratur*. Würzburg. 224ff.

[11] Garbe (1992), a.a.O., 98.
[12] Vgl. Lehmann, C. (1991): *Das Modell Clarissa. Liebe, Verführung, Sexualität und Tod der Romanheldinnen des 18. und 19. Jahrhunderts.* Stuttgart. 45.
[13] Als Beispiel sei hier nur eine Bemerkung aus dem Vorwort zitiert: „Zwanzig kleine Mißtöne, welche der sonderbare und an das Enthusiastische angrenzende Schwung in der Denkensart Ihrer Sternheim mit der meinigen macht, verloren sich in der angenehmsten Übereinstimmung ihrer Grundsätze, ihrer Gesinnungen und ihrer Handlungen mit den besten Empfindungen und mit den lebhaftesten Überzeugungen meiner Seele." GS 11. Zu der besonderen Beziehung zwischen Sophie von La Roche und C. M. Wieland vgl. Ehrich-Haefeli, V. (1991): „Gestehungskosten tugendempfindsamer Freundschaft: Probleme der weiblichen Rolle im Briefwechsel Wieland – Sophie von La Roche bis zum Erscheinen der *Sternheim* (1750-1771)". In: Mauser, W., Becker-Cantarino, B. (Hg.): *Frauenfreundschaft – Männerfreundschaft. Literarische Diskurse im 18. Jahrhundert.* Tübingen. 75-135.
[14] Vgl. Bovenschen, S. (1979): *Die imaginierte Weiblichkeit. Exemplarische Untersuchungen zu kulturgeschichtlichen und literarischen Präsentationsformen des Weiblichen.* Frankfurt/M. 190-200.
[15] Nach Götz läßt sich an Romanen wie Schopenhauers *Gabriele* zeigen, „daß Verzicht, Entsagung und Selbstopfer als Beweis weiblicher Größe aufgefaßt werden und daß sich darin weibliche Größenphantasien ausdrücken." Götz, B. (1999): „Weibliche Größenphantasien in Johanna Schopenhauers Text *Meine Grosstante*". In: *Freiburger literaturpsychologische Gespräche.* Bd. 18. *Größenphantasien.* Würzburg. 216-231, 228.
[16] Alter, Gebrechlichkeit und Lächerlichkeit der Figur des Ehemannes lassen den Schluß zu, daß die Ehe sexuell nicht vollzogen wurde, Gabriele sich also noch im Stand der Jungfräulichkeit befindet.
[17] Schopenhauer, J. (1985): *Gabriele.* Hrsg. und mit einem Nachwort von Stephan Konranyi. München. 269. Die im Folgenden mit dem Kürzel G versehenen Zitate folgen dieser Ausgabe.
[18] Unger, F. H. (1991): *Bekenntnisse einer schönen Seele. Von ihr selbst geschrieben.* Nachdruck der Ausgabe Berlin 1806. Hrsg. und mit einem Nachwort von Susanne Zantop. Hildesheim u.a. 7f. Die im Folgenden mit dem Kürzel BSU versehenen Zitate folgen dieser Ausgabe.
[19] Die Assoziation Kinder – Bäume wird im Roman ausdrücklich nahegelegt. So heißt es über den mit großer Leidenschaft seine Baumschule betreibenden Geistlichen, „[...] daß er ein Gärtner geworden sey, weil die Gärtnerei ihm jede Schadloshaltung gewähre, die der Kinderlose wünschen könne". BSU 30.
[20] Lange erläutert im Hinblick auf die Funktion des geschwisterlichen Erzieherpaars, daß die Geschwisterbeziehungen nach dem Geschlechterdiskurs des 18. Jahrhunderts „per definitionem mit dem Inzesttabu belegt und mithin ‚rein sittlich' definiert [sind]". Lange, S. (1995): „Die Wirklichkeit der Kunst. Friederike Helene Ungers ‚Bekenntnisse einer schönen Seele'". In: dies.: *Spiegelgeschichten. Geschlechter und Poetiken in der Frauenliteratur um 1800.* Frankfurt/M. 82.
[21] Goethe, J. W. von (1868/79): „Rezension der *Bekenntnisse einer schönen Seele* in der Jenaer Allg. Literaturzeitung". In: *Goethes Werke.* Berlin. Bd. 29. 369-375, 370.
[22] Zum Topos der natürlichen Schönheit vgl. Meise, H. (1983): *Die Unschuld und die Schrift. Deutsche Frauenromane des 18. Jahrhunderts.* Berlin. 128.
[23] Zwar ist der weibliche Körper von jeher Ausgangspunkt einer reichhaltigen Bildproduktion, von Frauen angestellte systematische und öffentliche „Reflexionen vor dem Spiegel", so der Titel einer von Farideh Akashe-Böhme herausgegebenen Auf-

satzsammlung (Frankfurt/M. 1992) zum Thema weibliche Schönheit, sind allerdings eher eine Errungenschaft des 20. Jahrhunderts.

[24] Vgl. Lange (1995), a.a.O., 81.

[25] Es sei daran erinnert, daß die Rechte des Pflegevaters begrenzt sind, zum einen, weil die ‚natürliche' Legitimation fehlt, zum anderen, weil Mirabella, den wenigen Angaben über ihre Herkunft nach, ihm auch sozial überlegen ist. Der vermutlich dem höheren Adel entstammende leibliche Vater versorgt die Tochter zwar mit den notwendigen Mitteln, um ein unabhängiges Leben führen zu können, bleibt ansonsten aber anonym.

[26] „Im Bereich des Ästhetischen verschwimmen die Grenzen zwischen Liebe und Freundschaft, Körper und Seele, und darüber hinaus erlaubt es die fiktive Rückbindung weiblicher Selbstfindung in einen nicht mit dem Tode identischen Zustand des Vorsymbolischen." Lange (1995), a.a.O., 92f.

Eve of Destruction und *Alien: Resurrection*. Schöpfungsmythen in amerikanischen Science-fiction-Filmen der neunziger Jahre

Rita Morrien, Freiburg

Zusammenfassung

Die Schaffung künstlichen Lebens gehört seit jeher zu den populären Topoi des Science-fiction-Films. An zwei Filmbeispielen der neunziger Jahre soll diskutiert werden, inwiefern dieses Genre aktuelle Debatten zum Thema Geschlecht – (künstliche) Körper – Reproduktivität nicht nur spiegelt, sondern radikalisiert. Dabei soll das Augenmerk vor allem darauf gerichtet werden, wie technologischer Fortschritt dargestellt bzw. geschlechtsspezifisch repräsentiert und das Verhältnis von Technikfaszination einerseits und Fortschrittsskepsis andererseits ausbalanciert wird. Jean-Pierre Jeunets *Alien: Resurrection* und Duncan Gibbins *Eve of Destruction* sind insofern interessante Untersuchungsgegenstände, als in beiden Filmen über das klassische Rollenrepertoire für Frauen (Muse oder zum Leben erweckte Marmorstatue) hinausgegangen wird. Anders als in den antiken Mythen sind Pygmalion und Prometheus im heutigen Science-fiction-Film eben nicht mehr zwangsläufig männlichen Geschlechts.

Summary

The creation of artificial life has always belonged to the popular topoi of the science fiction film genre. Taking two films of the nineties as examples, this analysis will discuss how far the science fiction genre not only reflects but radicalises current debates about gender, (artificial) bodies and reproduction. We will focus on how technological progress is depicted or gender-specifically represented and how the balance between fascination for technological on the one hand and scepticism of technological progress on the other hand is maintained. In this respect Jean Pierre Jeunets *Alien: Resurrection* and Duncan Gibbins *Eve of Destruction* are interesting examples because both films exceed the classical repertoire of female roles (the muse or marble statue which comes to life). In contrast to ancient myths, Pygmalion and Prometheus are no longer necessarily male in the contemporary science fiction film.

I. Allgemeines zum Science-fiction-Film

Blade Runner, Alien, Terminator, RoboCop, Eve 8, so oder ähnlich heißen die Figuren, die uns im Science-fiction-Film begegnen – einem Genre, das in der deutschen Wissenschaft, anders als in der amerikanischen, bislang vergleichsweise wenig Beachtung fand. Dies ist um so unverständlicher, als der Science-fiction-Film sich in der Vergangenheit geradezu als Seismograph sozialer, politischer, ökonomischer und ökologischer Krisensituationen erwiesen hat. Der Kalte Krieg in den 50er und 60er Jahren, die Identitätskrisen der westlichen Wohlstandsgesellschaften in den 70er Jahren, die Schreckensvision eines ökologischen Armageddon seit den 80er Jahren und seit einiger Zeit die Angst vor den unkalkulierbaren Folgen der Gen- und Reproduktionstechnologien – das alles spiegelt sich in zahlreichen der Weltraummärchen und Space Operas, die in den vergangenen Jahrzehnten über die Kinoleinwand geflimmert sind. Die für das Science-fiction-Genre charakteristische Spannung von Realitätsbezogenheit einerseits und Wirklichkeitsflucht andererseits bringt Georg Seeßlen auf folgende Formel: „Das Kino des Utopischen, der Science-fiction-Film, ist ein Genre, das mehr als andere ein direktes Echo auf gesellschaftliche Ideen und Wirklichkeiten vermittelt, und zugleich ein Genre, das sich am meisten von den Begrenzungen der Wirklichkeit entfernen kann, um eine reine Kino-Welt zu entwerfen."[1]

Seit der Entstehung des Genres, die sich bis in die Kindertage der laufenden Bilder zurückverfolgen läßt – schließlich handelt es sich schon bei Georges Méliès *Le Voyage dans la Lune* (nach Motiven der Romane *Von der Erde zum Mond* von Jules Verne und *Die ersten Menschen im Mond* von H.G. Wells) aus dem Jahre 1902 um einen Science-fiction-Film[2] – gehört das außer Kontrolle geratene, menschheitsgefährdende wissenschaftliche Experiment zu den bevorzugten Themen des Science-fiction-Films. Der *mad scientist* – in der Tradition von Mary Shelleys *Frankenstein* und Robert Louis Stevensons *Dr. Jekyll and Mr. Hyde* stehend – ist aus dem Figurenrepertoire des Genres kaum wegzudenken (auch in den beiden hier vorgestellten Filmen taucht er in signifikanten Variationen wieder auf, doch dazu später mehr). Häufig anzutreffen sind Szenarien, in denen ein Wissenschaftler sich seiner Forschungsleidenschaft ohne Rücksicht auf mögliche Folgen hingibt oder aber Forschungsergebnisse in falsche Hände geraten und zum Zweck der Profit- und Machtmaximierung mißbraucht werden. Aus der Häufigkeit dieser und ähnlicher Szenarien läßt sich allerdings nicht folgern, daß der Science-fiction-Film *per se* wissenschafts- oder ideologiekritisch ist. Vielmehr verbindet sich die Angst vor den Folgen des technischen Fortschritts meist mit einer mehr oder weniger offensichtlich gestalteten Technikfaszination, wovon die verbreitete Tendenz zur Ästhetisierung oder Fetischisierung der technischen Errungenschaften zeugt (ich erinnere an Filme wie *Terminator II* und *The Matrix*).

Hand in Hand mit der Furcht vor einer nicht mehr durchschaubaren, geschweige denn kontrollierbaren Technisierung und Virtualisierung der Welt geht eine andere, wesentlich tiefer wurzelnde Angst: nämlich die vor dem

Verlust der Form, der Differenz, der Einzigartigkeit des Individuums. Die Bedrohung durch formlose oder ihre Gestalt beliebig wechselnde Wesen ist ein wiederkehrendes Schreckensbild, meisterhaft in Szene gesetzt in Filmen wie *Body Snatchers, Terminator II*, *Alien IV*, *Star Trek – First Contact*, um nur die bekanntesten zu nennen. Die eigentliche Bedrohung geht in diesen Filmen nicht von dem offensichtlich Fremden aus, sondern von dem mit dem „Virus" des Anderen infizierten Vertrauten, der aber zunächst noch keinerlei äußere Symptome der parasitären Fremdbesetzung oder -steuerung zeigt. In dem Kultfilm *Blade Runner* von Ridley Scott gipfelt diese Bedrohung darin, daß die einzige menschliche Identifikationsfigur, eben der von wachsenden Skrupeln geplagte Androidenjäger Deckard, am Ende der *directors-cut*-Version selbst als Android mit künstlich eingepflanzten Kindheitserinnerungen entlarvt wird. Auf dem Spiel steht in diesen Filmen nichts Geringeres als im Zuge der postmodernen Dekonstruktionspraxis zwar angekratzte, aber außerhalb des akademischen Diskurses immer noch hochgehaltene Werte wie Authentizität, Originalität, Singularität usw.

Von diesem Aspekt, also von der im Science-fiction-Film gestalteten Angst vor dem Verlust der Differenz, läßt sich auch die Brücke zur Geschlechterfrage schlagen. Denn natürlich wird, wann immer von drohendem Differenzverlust die Rede ist, implizit oder explizit auch das Problem der Geschlechterdifferenz verhandelt. Der Spielfilm ist generell ein populärer Ort der Produktion von Weiblichkeit. Und deutlicher vermutlich als in allen anderen Filmgenres tritt im Science-fiction-Film, „in diesen futuristischen Ambientes von (künstlich hergestellten) Cyborgs und Androiden, die Konstruiertheit von Weiblichkeit"[3] zutage. Der Science-fiction-Film fragt nach der Herkunft und dem Zielort des Menschen, spürt den zum Teil Jahrtausende alten Selbstbestimmungsversuchen des Menschen nach und markiert bzw. verschiebt die Grenzen des Mensch-, Mann-, Frauseins, indem er das menschliche Individuum mit der Maschine, dem Androiden, dem Cyborg oder dem außerirdischen Alien konfrontiert. Dabei geht es fast immer auch um die Frage der Generativität, werden alte Schöpfungsmythen mit zukunftsweisenden Geschichten über neue Bio- und Informationstechnologien zusammengeführt. Über die Affinität des Science-fiction-Genres zu Fragen der Generativität schreibt Marcella Stecher in ihrer dekonstruktiven Lektüre von Ridley Scotts *Alien* folgendes:

„Jene Projektionen und Verschiebungen, mittels derer filmisch die Herstellbarkeit von Naturhaftigkeit und Geschlechtlichkeit inszeniert wird, impliziert eine Revision der Begriffe von Sex (als dem biologischen Geschlecht) und Gender (als dem sozial und kulturell vermittelten Geschlecht). Jenseits von ontologischen Identitätskonzepten verweisen die filmisch materialisierten Ursprungsphantasien des Science Fiction auf eine Spaltung von Weiblichkeitskonzeptionen, insofern der Topos der Generativität oft verschoben in Labors verrückter Wissenschaftler (das Frankenstein-Motiv) oder in der exzessiven Sexualität von Monstern seine Sicht- und Darstellbarkeit findet."[4]

Die Spaltung, auf die Stecher hinweist, also die Ablösung der menschlichen Reproduktivität von der Sexualität und dem weiblichen Körper – die ja heute kein Zukunftsmärchen mehr ist – unterminiert die Geschlechterdifferenz schon insofern, als die Fähigkeit des Gebärens traditionell als *das* zentrale Definitionsmerkmal des weiblichen Geschlechts gilt. Nun gehört die Idee der künstlichen Erzeugung menschlichen Lebens – anders formuliert: der Usurpation des weiblichen Anteils am Fortpflanzungsprozeß durch den männlichen Wissenschaftler – seit jeher zu den zentralen Topoi des Science-fiction (dies gilt für den Film ebenso wie für die Literatur). Relativ neu scheint mir jedoch die Tendenz zu sein, daß weibliche Figuren in diesen Szenarien die Hauptrolle spielen: Indem sie, wie in *Alien: Resurrection* mit geradezu „männlicher" Autonomie, Potenz und Entschlußkraft das Werk der *mad scientists* zerstören (ohne dabei die Illusion zu nähren, die alte Menschen- und Geschlechterordnung sei zu reinstallieren), oder indem sie, wie in *Eve of Destruction* neben der Rolle des Amok laufenden weiblichen Automaten auch die des hierfür verantwortlich zeichnenden (blasphemischen) Schöpfers übernehmen.

II. Duncan Gibbins *Eve of Destruction* (1991)

Technologie hat kein Geschlecht – die Repräsentation von Technologie jedoch sehr wohl, und dieses Geschlecht ist seit der Wende vom 18. zum 19. Jahrhundert, also seit Beginn des Maschinenzeitalters, tendenziell eher weiblich. Von dem historischen Moment an, in dem Maschinen nicht mehr nur als arbeitserleichternder technischer Fortschritt, sondern auch als potentielle Quelle unaufhaltsamer Entfremdungs- und Zerstörungsprozesse wahrgenommen werden, setzt auf der Ebene der Repräsentation eine „Feminisierung" der Technologie ein, wird technische Dynamik – zumindest da, wo sie außer Kontrolle zu geraten droht – mit weiblicher Sexualität, genauer gesagt, mit einer phallischen weiblichen Sexualität assoziiert.[5] In seinem kurzen Überblick über die Geschichte der Maschinenfrau weist Andreas Huyssen darauf hin, daß die historischen Automatenbauer des 18. Jahrhunderts noch keine deutliche Präferenz für das eine oder andere Geschlecht zeigen, während sich in der Literatur um 1800, etwa bei Jean Paul, Achim von Arnim und E.T.A. Hoffmann, ein verstärktes Interesses am weiblichen Maschinenmenschen herauszubilden beginnt: „Woman, nature, machine had become a mesh of significations which all had one thing in common: otherness; by their very existence they raised fears and threatened male authority and control."[6]

Im Bild der Maschinenfrau wird weibliche Sexualität als „technology-out-of-control" mystifiziert. Wesentlich deutlicher noch als in der Literatur der Romantik, in der die Ununterscheidbarkeit von Leib und Maschine auch eine groteske Verkehrung der Beziehung von Leben und Tod bedeutet, wird dieser Zusammenhang im Medium des Science-fiction-Films gestaltet. Ein frühes Beispiel hierfür ist die legendäre Roboterfrau Maria in Fritz Langs *Metropolis*, von der aus sich eine direkte Verbindung zu Duncan Gibbins *Eve of Destruc-*

tion ziehen läßt. Eve 8, so der Laborname der Androidin, stellt eine zeitgemäße Weiterentwicklung von Langs Roboterfrau dar. War diese ein phantasmatisches Produkt des industriellen Maschinenzeitalters, so ist Eve das krönende Ergebnis neuester biochemischer und elektronischer Technologien. Zusammengesetzt ist sie aus Hightech-Materialien und aus genetisch hergestellten organischen Teilen. Ihr Gesicht und ihre Körperstruktur entsprechen exakt dem Vorbild ihrer Schöpferin, der ambitionierten Wissenschaftlerin Eve Simmons (dargestellt von Renée Soutendijk), wodurch die Verwechslung von Mensch und Android bereits vorprogrammiert ist. Zu der äußeren Ununterscheidbarkeit kommt hinzu, daß Eve 8 mit den Gedanken, Gefühlen und Erinnerungen ihrer Erzeugerin programmiert wurde, um ein möglichst „authentisches" öffentliches Auftreten zu gewährleisten – was dann in der Praxis auch erschreckend gut funktioniert. Ähnlich wie Terminator, RoboCop und Data (aus *Star Trek: Next Generation*) ist Eve 8 mit übernatürlicher physischer Stärke ausgestattet, doch im Unterschied zu ihren männlichen „Kollegen" lauert die eigentliche Gefahr in ihrem Innern. Die Wissenschaftlerin Eve Simmons ist nämlich eine leitende Mitarbeiterin des amerikanischen Defense Department, und der Zweck ihrer Forschung besteht in nichts anderem als eine „potent battlefield weapon" zu konstruieren. Der schöne, sexuell verführerische und dem äußeren Anschein nach humanoide Körper von Eve 8 birgt eine nukleare Bombe, die nicht nur per Fernsteuerung ausgelöst werden kann, sondern sich im Fall höchster Bedrängnis der Androidin auch selbst aktiviert. Das (wiederholt eingespielte) Computerbild, das die Funktionsweise und das Innenleben Eves veranschaulichen soll, zeigt uns einen in die Tiefe des Unterleibs führenden Tunnel, an dessen Ende die Bombe plaziert ist. In einer fast schon komisch-grotesk anmutenden Zuspitzung könnte man also sagen, daß sich die Angst vor der kastrierenden weiblichen Sexualität hier in der Präsentation des Uterus als Nuklearwaffe entlädt, oder auch daß es sich bei der Konstruktion von Eves Unterleib um ein zeitgemäßes Bild der *vagina dentata* handelt.

Eine tödliche Waffe ist die Androidin, nachdem das Forschungszentrum infolge der zufälligen Verwicklung Eves in einen brutalen Banküberfall die Kontrolle über sie verloren hat, aber auch unabhängig von ihrem explosiven Innenleben. Eve 8 beginnt nämlich, einmal von der elektronischen Leine gelassen, die sexuellen und Rachephantasien ihrer Schöpferin auszuleben. Ihr unauffälliges *business-outfit* ersetzt sie umgehend durch ein enges, schwarzes Stretchkleid und eine kurze, leuchtendrote Lederjacke, das glatte Haar wird in eine hellblondierte Lockenfrisur verwandelt, das Gesicht weiß gepudert, die Lippen feuchtrot bemalt. Derartig auf erotische Signale setzend, nimmt Eve 8 die Konfrontation mit der Männerwelt, typenhaft repräsentiert durch lüsterne Barhocker, dümmliche Ordnungshüter und cholerische Autofahrer, auf. Dabei bewegt sie sich, wie *peu à peu* enthüllt wird, systematisch entlang der *geheimen* biographischen Koordinaten ihrer Schöpferin Eve Simmons. Diese repräsentiert nach außen hin den Typus der kühlen, souveränen, vollständig an die Spielregeln der männerdominierten Leistungsgesellschaft angepaßten Wissenschaftlerin, tatsächlich ist sie jedoch hochgradig traumatisiert durch eine einschneidende Gewalterfahrung in der Kindheit: Als Sechsjährige mußte Eve Simmons mit ansehen, wie ihr alkoholsüchtiger, gewalttätiger Vater ihre Mutter vor ein sich in großer Geschwindigkeit näherndes Auto schleuderte und damit tötete. Eve wuchs nach diesem Vorfall bei Verwandten in Europa auf, der Kontakt zum Vater, der offenbar für seine Affekthandlung nicht juristisch belangt worden war, wurde auch nach ihrer Rückkehr in die Vereinigten Staaten nicht wiederhergestellt.

Die Konstellation Eve Simmons und Eve 8 weist Parallelen auf zu dem in Mary Shelleys Horrorroman *Frankenstein* (1818) problematisierten Verhältnis zwischen Schöpfer und künstlicher Kreatur. Shelleys Medizinwissenschaftler Victor Frankenstein greift, ebenso wie Eve Simmons, in den „natürlichen" Schöpfungsprozeß ein und schafft ein monströses, unkontrollierbares Wesen, über das das Trauma des unbewältigten Todes der Mutter ausagiert wird (Ich erinnere daran, daß Victor Frankensteins Verlobte Elizabeth, die in der Hochzeitsnacht von dem Monster getötet wird, indirekt den Tod der Mutter verschuldet hat. Diese hatte nämlich die an Scharlach erkrankte Elizabeth gepflegt und war kurze Zeit später an den Folgen der Ansteckung gestorben. Der unerwartete Verlust der Mutter hatte in Victor den Entschluß reifen lassen, Medizin zu studieren und den Kampf gegen die Endlichkeit der menschlichen Existenz anzutreten.). Beide, die äußerlich abstoßende Frankensteinsche Kreatur wie auch die makellos schöne, aber hochexplosive Androidin, sind nichts anderes als die Inkarnation der unbewußten Ängste und Wünsche ihrer Schöpfer. Von feministischen Wissenschaftlerinnen wurde wiederholt darauf hingewiesen, daß Shelleys Protagonist durch seine blasphemische Laborschöpfung den weiblichen Anteil an der menschlichen Reproduktion usurpiert. An diesem Punkt unterscheidet sich die Figur der Eve Simmons natürlich von der Prometheusfigur Shelleys. Eve Simmons verfügt ja kraft ihres anatomischen Geschlechts ohnehin über die Fähigkeit des „natürlichen" Gebärens und hat diese auch schon unter Beweis gestellt. Es gibt einen Ehemann, von dem sie getrennt lebt, und einen fünfjährigen Sohn, der allerdings zugunsten der Karriere von ihr vernachlässigt wird. Wenn die natürliche Mutterschaft durch die künstliche nicht nur ergänzt, sondern zeitweilig eindeutig überlagert wird, so deshalb, weil nur die Konstruktion einer künstlichen, mit außerordentlicher physischer und im Extremfall auch nuklearer Kraft ausgestatteten Tochter – welche zugleich Eve Simmons *Alter ego* ist – den Spielraum schafft für die Reinszenierung der von der Wissenschaftlerin in ihrer Kindheit und Jugend als traumatisch erlebten Mann-Frau- und Vater-Tochter-Konfrontationen. Eve 8 ist stärker als jeder Mann und jeder Vater, keine Waffe (weder im wörtlichen noch im übertragenen Sinn) kann ihr etwas anhaben, sie blutet zwar und hält so die Täuschung humanoider Beschaffenheit aufrecht, doch kann sie – außer durch die gezielte Zerstörung der Augen – nicht ernsthaft in ihrer Funktionsfähigkeit beeinträchtigt werden.

Ein bißchen erinnert das Spiegelverhältnis zwischen Eve 8 und ihrer Schöpferin auch an Stevensons Erzählung *Dr. Jekyll and Mr. Hyde* (1886), in der bekanntlich über die Doppelfigur Jekyll und Hyde die Angst vor bzw. die Abspaltung der eigenen Triebhaftigkeit und Amoral repräsentiert wird. Eve Simmons wird uns als eine Frau vorgeführt, die ihre Gefühle und sexuellen Phantasien sorgsam unter Verschluß hält, und zwar so lange, bis eines ihrer wissenschaftlichen Experimente außer Kontrolle gerät, also mißlingt – man könnte aber auf der Folie ihrer kindlichen Traumatisierung auch sagen: *gelingt*. Denn schließlich räumt ihre Hyde-Figur Eve 8 gründlich auf und zwingt damit ihre Schöpferin, sich das ängstlich Verdrängte (die Sexphantasien wie auch die Rachegelüste gegenüber dem Vater) nicht nur bewußt zu machen, sondern vor einem militärischen Ermittler, dargestellt von Gregory Hines, auszusprechen. Pikanterweise handelt es sich bei diesem mit der Eliminierung von Eve 8 betrauten Ermittler um einen Farbigen. Das die voyeuristischen Gelüste der ZuschauerInnen speisende Bekenntnis wird also gewissermaßen exotisch gewürzt durch die Konstellation, daß eine kühle, weiße Hightech-Wissenschaftlerin ihre sexuellen Phantasien einem weniger gebildeten („primitiveren") Farbigen offenbaren muß. In amerikanischen Filmen häufiger anzutreffen ist eine bestimmte Spielart der Negrophobie, die auf einer sexuellen Rivalität weißer und schwarzer Männer basiert bzw. in der Angst weißer Menschen vor dem „übergenitalen, superpotenten Neger"[7] wurzelt. Mit dieser Form der Negrophobie wird in *Eve of Destruction* – anders als in einem früheren Film mit Gregory Hines, *White Nights*, in dem die Frage der sexuellen Potenz ausdrücklich thematisiert wird – implizit gearbeitet, was natürlich zur Erhöhung der Spannung nicht unerheblich beiträgt. Unabhängig von dieser subtilen Verschränkung von Rassimus und Sexismus bleibt festzuhalten, daß Eve 8 – ähnlich wie Shelleys Monster und Stevensons Mr. Hyde – die verdrängte triebhafte und amoralische Seite ihrer Schöpferin repäsentiert. Bezeichnenderweise finden ihr erster und ihr letzter Auftritt jeweils in einem Tunnel statt, eine Topographie des Abgründigen, des in der Tiefe lauernden Unbewußten wird hier also erzeugt. Am Ende wird Eve – die „echte" Eve – aus der Tiefe wieder hochsteigen und damit signalisieren, daß der Alptraum, in dem lüsterne Männer kastriert, Ordnungshüter entmachtet wurden und der Vater mittels Genickbruch seiner gerechten Strafe zugeführt wurde, ein Ende hat.

Obwohl Eve 8 eine im Labor hergestellte Maschine ist, noch dazu eine gemeingefährliche „nuclear battlefield weapon", wie redundant betont wird, erweckt sie insofern den Anschein größerer „Authentizität" und „Natürlichkeit", als sie, nachdem sie dem Netz der elektronischen Fernsteuerung entkommen ist, konsequent ihren Gefühlen, Ängsten und sexuellen Wünschen – ihrer Triebnatur also – folgt. Dr. Eve Simmons dagegen repräsentiert den Typus der perfekt angepaßten, kontrollierten, wie eine Maschine funktionierenden Karrierefrau. Wir haben es also mit einer Figurenkonstellation zu tun, in der – und das ist schon beinahe ein Topos des Science-fiction-Films – das künstliche bzw. Mischwesen streckenweise menschlicher agiert als der Mensch, in der die Simulation einen Grad an Perfektion erreicht hat, der die Differenzierung zwischen Mensch und Maschine obsolet werden läßt.

Anknüpfend an die eingangs formulierte Prämisse, daß der Science-fiction-Film (potentiell) ein Seismograph gesellschaftlicher, politischer, ökonomischer oder auch technologischer Entwicklung ist, möchte ich, bevor ich auf *Alien: Resurrection* zu sprechen komme, der Frage nachgehen, ob es sich bei Gibbons *Eve of Destruction* um einen ideologie- und wissenschaftskritischen Film handelt. Nach Sichtung des Film- und Computermaterials über den Entstehungsprozeß von Eve 8 zeigt sich der bereits erwähnte Anti-Terrorspezialist Jim McQuade entsetzt: „You really do think you're god", fragt er Dr. Eve Simmons fassungslos und macht keinen Hehl daraus, daß ihm diese Richtung der militärischen Forschung zutiefst suspekt ist. Im Verlauf der Handlung kristallisiert sich jedoch eine signifikante Akzentverschiebung heraus, die die Assoziation von Technologie und weiblicher Sexualität betrifft. Die grundsätzlichen ethischen Bedenken gegen das militärische Androiden-Projekt treten in dem Maße zurück, wie McQuade Einblick in den biographischen Hintergrund der Eve 8-Schöpferin (also in ihre Rachegelüste und „teenage-sex-fantasies") bekommt. Mit anderen Worten: Die sexuelle Bedrohung gewinnt gegenüber der technologischen deutlich an Gewicht bzw. verdeckt diese. Und schließlich wird nicht mehr das Projekt als solches, ja nicht einmal mehr das entscheidende Detail des nuklearen Innenlebens von Eve 8 kritisiert, sondern lediglich das Versäumnis, die Androidin nicht mit einem gut erreichbaren Ausschaltknopf ausgestattet zu haben. „Guess we find the fucking off switch", flucht der von Eve 8 bereits heftig malträtierte McQuade, bevor er zum exekutierenden – kastrierenden – Laserschuß auf die Augen der Androidin ansetzt. Letztlich bleibt es jedoch Dr. Eve Simmons überlassen, den finalen Schlag gegen ihr *Alter ego* zu tun und damit ihre verbotenen Wünsche für alle Zeiten zu bannen. Sie rammt der nach McQuades Attacke nur noch einäugigen und einarmigen Eve 8 den Lauf der Laserwaffe in die Stirn und zerstört so das zentrale Schaltsystem an der einzig möglichen Stelle.

„Drowning the Robot Woman"[8] – unter diesem Titel analysiert Sarah L. Higley den schon in der Literatur der Romantik geprägten Topos, daß die Automatenfrau am Ende der Geschichte zerstört, zerschlagen, oft auch ihrer Augen beraubt werden muß. Denn diese Augen sind es, durch die (jenseits der bekannten psychoanalytischen Implikationen[9]) die künstliche Kreatur den Anschein einer menschlichen Seele erhält und durch die die Differenz zwischen Leib und Maschine, Natur und Kultur verwischt wird:

> „The destruction of the female android is a necessary step taken in these stories not only to prohibit illicit mating, but to prohibit the scientist's illicit making and parturant powers – which feature a special kind of castrative displacement activity hidden under the heterosexual seductiveness of the female android. The female android is thus the disguised object, replacing the unspeakable monstrous with the more malleable because visible threat of the feminine and merging it with the threat of the machine."[10]

Die oben beschriebene Akzentverschiebung innerhalb der Wahrnehmungs- und Bewertungsstruktur des Anti-Terror-Spezialisten McQuade verdeutlicht geradezu paradigmatisch eine der zentralen Funktionen, die der Maschinenfrau bzw. Androidin spätestens seit Beginn des Industriezeitalters zukommt: Die Bedrohung, die von neuen, in ihren Folgen noch nicht kalkulierbaren Technologien ausgeht, wird regelmäßig mit der innerhalb der patriarchalischen Ordnung seit jeher heraufbeschworenen Bedrohung durch die weibliche Sexualität assoziiert und durch diese schließlich ersetzt. Weibliche Sexualität wird als „technology out of control" (Huyssen) inszeniert, die kritische Auseinandersetzung mit der Technologie, die ja in vielen Science-fiction-Filmen durchaus angelegt ist, auf einen Ersatzschauplatz verschoben und in Form einer symbolischen „Hexenverbrennung" kathartisch aufgelöst. In diesem Sinne wird das wissenschafts- und ideologiekritische Potential, das der Geschichte von *Eve of Destruction* inhärent ist, durch das die alte Ordnung reinstallierende Ende weitgehend überlagert. Doch läßt der Umstand, daß Dr. Eve Simmons ihre künstliche Tochter in einem dramatischen *show down* zerstört, um ihren von der Androidin entführten leiblichen Sohn Jimmy zu retten, nicht ganz in Vergessenheit geraten, daß Eve 8 sich über den weitaus größten Teil des Films erfolgreich gegen verschiedene Repräsentanten patriarchaler Gewalt und sexueller Unterdrückung zur Wehr setzt.[11] Während dieser Zeitspanne gerät manchmal sogar in Vergessenheit, daß es sich bei Eve 8 nicht um eine *angry young woman*, sondern um eine Hightech-Laborschöpfung handelt.

III. Jean-Pierre Jeunets *Alien: Resurrection* (1997)

Alien: Resurrection bildet den vorläufigen Abschluß einer Science-fiction-Filmreihe, in der die bekannte US-Schauspielerin Sigourney Weaver (in der Rolle des weiblichen Offiziers Ellen Ripley) die Bedrohung durch eine (vermeintlich) außerirdische, monströse Kreatur von der Menschheit abzuwenden versucht. Die Herkunft des Alien bleibt über die ersten drei, zwischen 1979 und 1991 in die Kinos gekommenen Filme im Dunkeln. Im 1997 erschienenen vierten Teil, eben *Alien: Resurrection*, wird konsequent zu Ende interpretiert, was als düstere Vorahnung schon durch die früheren Teile geisterte: nämlich, daß das Alien eine von *Der Firma*[12] – so bezeichnet Elfriede Jelinek treffend die namenlose Organisation, die offenbar als Drahtzieher aller wirtschaftlichen, technologischen und wissenschaftlichen Operationen auf dem Planeten Erde (und darüber hinaus) agiert – erzeugte bzw. gentechnisch gezüchtete Kreatur ist. Diese Entwicklung liefert eine anschauliche Bestätigung dessen, was den Kulturpessimisten seit jeher bekannt ist: Des Menschen größter Feind ist der Mensch, und kein noch so ungeheuerliches außerirdisches Wesen ist in der Lage, das zu „toppen", was in den Labors der menschlichen Gattung ausgekocht wird.

Während es in *Eve of Destruction* die Ununterscheidbarkeit von Leib und Maschine ist, durch die es fast zur nuklearen Katastrophe kommt, ist es in *Alien IV* die Ununterscheidbarkeit von Leib und gentechnisch erzeugten Organismen, die zur Menschheitsbedrohung wird. Mit diesem unheimlichen, im Science-fiction-Genre häufig anzutreffenden Phänomen der Differenzauflösung geht die Schwierigkeit einher, den „Feind" – das Alien in diesem Fall – zu lokalisieren. Hierzu eine weitere Beobachtung Elfriede Jelineks: „In den ‚Alien'-Filmen kommt das Ungeheuer gleichzeitig von außen wie von innen, denn es wird fast immer erst als Ungeheuer erkannt, wenn es, geifernd, spuckend, fauchend, triumphierend, aus den Wirtskörpern, die es dabei zerfetzt, nach der Art eines Springteufels herausfährt, ausfährt wie ein böser Geist. Allerdings muß es zuvor in die Menschen hineingekommen sein."[13] Jelinek spricht hier lediglich von den ersten drei *Alien*-Filmen, ihre Beschreibung und vor allem ihre abschließende Frage nach dem *Wie* der parasitären Ansteckung treffen jedoch mehr noch den Kern von *Alien IV*.

Bevor ich auf diesen Film ausführlicher zu sprechen komme, möchte ich kurz den Inhalt der ersten drei *Alien*-Teile referieren. Im ästhetisch anspruchsvollen ersten Teil (Regie: Ridley Scott) wird die Besatzung des Handelsraumschiffes *Nostromo* aus ihrem Kälteschlaf geweckt und auf einen fremden Planeten gelotst. Hier wird ein Besatzungsmitglied von einem fremdartigen, eierlegenden Organismus angegriffen und als Wirtskörper umfunktioniert, wie sich später herausstellt. Kane, so der Name des Betroffenen, wird trotz der Quarantänevorschriften in das Raumschiff zurückgebracht, und damit nimmt die Katastrophe ihren Lauf. Nach wenigen Tagen bricht das fremde Wesen in der von Jelinek beschriebenen Weise aus Kanes Brustkorb hervor, entwickelt sich rasend schnell zu einem mit herkömmlichen Waffen nicht zu bannenden Monster und tötet nach und nach die gesamte Mannschaft. Lediglich der weibliche Offizier Ellen Ripley kann sich effektiv zur Wehr setzen und das Monster schließlich durch einen Trick aus der Raumkapsel heraus in den offenen Weltraum schleudern. Teil II (Regie: James Cameron) setzt damit ein, daß Ripley nach über 50 Jahren Kälteschlaf von einer Raumfahrpatrouille entdeckt und aufgeweckt wird. Inzwischen ist der fremde Planet, auf dem die Nostromo-Besatzung auf das Alien gestoßen war, von Menschen besiedelt worden. Als der Kontakt der Kolonisten zur Erde aus unbekannten Gründen abbricht, kehrt Ripley, deren Monstergeschichte man zunächst nicht geglaubt hatte, zusammen mit einer Elite-Einheit auf den Planeten zurück. Hier findet sie ihre schlimmsten Befürchtungen bestätigt: Alle Kolonisten, bis auf ein kleines Mädchen, sind tot oder wurden in Kokons für die Alienbrut verwandelt. Ripley zerstört die unheimliche Brutstätte und zieht damit den rasenden Zorn der Alien-Königin auf sich. In einem dramatischen Finale kann sie diese vernichten und damit das kleine Mädchen Newt und sich selbst vor dem grauenhaften Schicksal der Kolonisten bewahren. Der dritte Teil (Regie: David Fincher) spielt auf einem düsteren, primitiven Gefängnisplaneten. Nach neuerlichen Auseinandersetzungen mit dem schleimigen Monster strandet Ripley auf diesem Planeten und schleppt das Alien ein. Am Ende tötet sie sich selbst – der einzige Weg, um das Böse, das inzwischen auch in ihrem Leib heranwächst, zu vernichten. Aber wie in so vielen Science-fiction- und Horrorfilmen stellt der Tod der Heldin kein unüberwindbares Hindernis zur Fortsetzung der Reihe dar. Soviel zum Inhalt der ersten drei *Alien*-Filme.

In der Forschung, die sich überwiegend auf den ersten *Alien*-Film konzentriert, dominieren psychoanalytische und wissenschaftskritische Ansätze. Zu kurz greifen allerdings die Deutungen, nach denen *Alien* in erster Linie eine tiefenpsychologisch zu entschlüsselnde Auseinandersetzung mit weiblichen Sexual- und Gebärängsten oder mit männlichen Ängsten vor der Frau als Gebärerin darstellt.[14] Nicht genügend berücksichtigt wird nämlich in vielen dieser Interpretationen die für alle *Alien*-Filme zentrale Verflechtung von mythischer Monstrosität und technologischem Fortschritt. Spätestens im vierten Teil wird deutlich, daß das Alien eben nicht nur ein monströses Bild archaischer Mütterlichkeit ist, sondern eine hybride Komposition aus Natur *und* Technik. Schon in *Alien I* haben wir es mit einem sehr differenzierten „Mütterlichkeitsdiskurs" zu tun, und zwar insofern, als sich zu der durch das Monster repräsentierten (vermeintlich) natürlich-biologischen Mutterschaft noch eine technisch-symbolische durch den Bordcomputer und eine soziale Form der Mutterschaft in Gestalt Ellen Ripleys gesellen: Der von allen *Mutter* genannte Bordcomputer reguliert die existentiellen körperlichen Bedürfnisse wie Schlaf, Nahrung und Temperatur der Astronauten, und Ripley erweist sich als verantwortungsbewußtes, fürsorgliches Mitglied der Crew, das sich, als es kein Menschenleben mehr zu retten gibt, der Bordkatze liebevoll annimmt und sie in den Kälteschlaf wiegt (Die Komponente der sozialen Mutterschaft gewinnt im zweiten Teil, in dem Ripley sich der kleinen verwaisten Newt annimmt, noch weiter an Gewicht). In *Alien: Resurrection* hat sich der Akzent dann endgültig von der Gestaltung einer archaisch-monströsen Mütterlichkeit auf das problematische, ja groteske Verhältnis des Menschen zur (Bio-)Technologie verschoben. Jean-Pierre Jeunets Weiterentwicklung des Stoffes ist vor dem Hintergrund aktueller Debatten um Leihmutterschaft und die neuesten Reproduktionstechnologien zu sehen. Die Horrorelemente, die es auch im bisher letzten *Alien*-Film noch reichlich gibt, sind von daher nur vordergründig einer effektvollen Inszenierung außerirdischer Bedrohungen geschuldet, tatsächlich sind sie eine alptraumhafte Umsetzung der Befürchtungen, die in Zusammenhang mit heute schon laufenden Klonprojekten und der Manipulation von menschlichem Genmaterial kursieren.

Kurz zum Inhalt von *Alien: Resurrection*. Einem Team skrupelloser Militärwissenschaftler gelingt es, die Alien-Spezies zweihundert Jahre nach der Selbsttötung Ellen Ripleys aus deren konserviertem genetischen Material erneut zu züchten. Schauplatz ist ein medizinisches US-Forschungsschiff, das kurze Zeit nach dem Gelingen des Experiments von einem Handelsschiff angelaufen wird. Bei der für das Militärlabor bestimmten Fracht dieses Schiffes handelt es sich um gekidnappte Menschen, die der Alien-Spezies als Wirt für deren weitere Fortpflanzung dienen soll. Abgesehen von dem zunächst nur als interessante Marginalie betrachteten Umstand, daß die äußerlich humanoide, jedoch mit Alien-Fähigkeiten und Instinkten ausgestattete Ripley über ein Erinnerungsvermögen verfügt, schreitet das Projekt zunächst ganz nach Plan des leitenden Wissenschaftlers voran. Dann jedoch verlieren die Wissenschaftler die Kontrolle über die sich schnell vermehrenden Aliens, und eine systematische Dezimierung der Besatzung und des wissenschaftlichen Teams nimmt unaufhaltsam ihren Lauf, während das Raumschiff per Autopilot auf die Erde zusteuert.

Der narrative Teil des Films beginnt mit einem *voiceover* Ripleys – einer kleinkindlichen, ja von der Körperhaltung und den geschlossenen Augen her embryonal anmutenden Ripley, die in einem mit einer Flüssigkeit angefüllten Glaszylinder (wie in einer künstlichen Fruchtblase) schwebt: „Meine Mami hat mir erzählt, Monster gibt es gar nicht. Jedenfalls keine wirklichen. Aber es gibt sie." Das nächste Bild zeigt uns keine Monster, zumindest keine auf Anhieb als solche erkennbaren, sondern eine Gruppe von Wissenschaftlern am OP-Tisch, die aus dem Brustkorb der inzwischen ausgewachsenen Ripley ein Alien-Baby herausoperieren. Die Anfangskonstellation läßt sich also folgendermaßen auf den Punkt bringen: Vorgeführt wird uns ein Kloning-Experiment, das in einen Fall unfreiwilliger Leihmutterschaft mündet. Monströs wirkt, trotz seiner erstaunlich ausgebildeten, schleimtriefenden Zahnreihen, weniger das Alien-Baby als das Wissenschaftlerteam. Kloning bedeutet Reproduktion durch zellulare Teilungsvermehrung; Sexualität spielt bei dieser Spielart der Fortpflanzung grundsätzlich keine Rolle, und doch handelt es sich bei dem in *Alien IV* vorgeführten Kloning-Experiment auch um einen Akt der sexuellen Gewalt bzw. Inbesitznahme des weiblichen Körpers: Der weibliche Körper wird gewissermaßen als Medium eines narzißtischen, homoerotischen Begehrens funktionalisiert – narzißtisch-homoerotisch deshalb, weil es den Wissenschaftlern ja letztlich um eine „perfekte" Reproduktion ihres monströsen Selbst in der Gestalt des Anderen – Alien – geht. Der Objektcharakter des weiblichen Körpers tritt vollends zutage, als die Ärzte über das weitere Schicksal Ripleys verhandeln. Zwar entscheidet man sich, sie weiterleben zu lassen, jedoch nicht aus Respekt vor dem menschlichen Leben, sondern um weitere wissenschaftliche Experimente an ihrem erstaunlich widerstandsfähigen Körper vornehmen zu können. Völlig zu Recht spricht Patricia Linton angesichts des hier von Wissenschaftlern betriebenen Mißbrauchs des weiblichen Körpers von einem Akt der Vergewaltigung[15] – einer Vergewaltigung, die mit der künstlichen Geburt des Alien noch nicht beendet ist, sondern in Form von menschenunwürdigen Zähmungsversuchen fortgesetzt wird. Doch gelingt weder die Zähmung Ripleys, die – was die Wissenschaftler offensichtlich nicht vollständig realisiert haben – kein Mensch, sondern eine hybride Mischung aus humanoiden und Alienanteilen ist, noch die der Alien-Spezies, die wiederum menschliche Gene in sich trägt.

In der Monstrosität der rasend schnell wachsenden und sich vermehrenden Alien-Spezies spiegelt sich kaum verhüllt die Monstrosität von Wissenschaftlern, die sich ohne Rücksicht auf ethische und moralische Einwände als gottähnliche Schöpfer gerieren und die Frage der Verantwortung – anders als Shelleys Monsterschöpfer Victor Frankenstein – auch nach dem Ausbruch der Katastrophe nicht stellen. Sehr schön umgesetzt wird diese Identität in einer Szene, in der ein schon durch seine äußere Erscheinung deutlich als *mad scientist* gekennzeichneter Wissenschaftler das Alien durch eine Glasscheibe beobachtet und beginnt, die Bewegungen und die Mimik des Monsters zu imitieren (man fühlt sich unwillkürlich an das Lacansche Spiegelstadium erinnert). Später wird genau dieser Wissenschaftler noch im Angesicht seines eigenen Todes über die Perfektion und Schönheit der von ihm geschaffenen Kreatur – einer Kreatur, die infolge von Mutationen mit einer gigantischen Gebärmutter ausgestattet ist und keinen Wirt mehr braucht – in Verzückung geraten, bevor das von der Alienkönigin frisch geborene, nochmals mutierte Alienbaby (Ripleys Enkelkind also) ihm seinen nun deutlich vom Wahnsinn gezeichneten Kopf abreißt.

Schockierender als alle Brutalität der außer Kontrolle geratenen Aliens ist jedoch das, was Ripley und die immer kleiner werdende Gruppe der mit ihr Fliehenden in einem medizinischen Labor vorfinden. In dieser Szene enthüllt sich auch die Bedeutung der rätselhaften Markierung an ihrem linken Unterarm durch die Zahl 8. Ripley entdeckt nämlich die grauenhaft anzusehenden Produkte der Klonversuche 1 bis 7, die allesamt eine groteske Mischung aus humanoiden und Alienkomponenten darstellen. Im hinteren Teil des Labors, nackt auf einen kalten OP-Tisch geschnallt, liegt die noch lebende Ripley 7, die am deutlichsten menschliche Züge trägt, aber auch stark deformiert ist und offenbar unter Schmerzen leidet. Sie bittet ihr äußerlich intaktes Spiegelbild, sie zu töten, was Ripley 8 – nun erstmalig die Fassung verlierend und das volle Ausmaß dessen, was man ihr angetan hat, begreifend – auch tut. Das ganze Labor wird in Flammen gesetzt, die Glaszylinder mit Ripley 1-7 zerspringen, die grauenhaften Früchte der Wissenschaft werden gewissermaßen abgetrieben und verbrannt. Doch wird durch diesen symbolträchtigen Akt der Zerstörung nicht ausgelöscht, was als schockartige Erkenntnis in das Bewußtsein Ripleys – und damit in das der Filmbetrachter – getreten ist, nämlich daß die Möglichkeit der technischen Reproduktion bzw. Simulation menschlichen Lebens zugleich den unwiederbringlichen Verlust all dessen bedeutet, woraus sich der menschliche Narzißmus *notwendig* speist: aus dem Glauben an die Individualität, Einzigartigkeit, Autonomie der eigenen Person (und dieser Glaube entfaltet ja selbst da noch seine Wirkung, wo er als imaginäre Verkennung dekonstruiert wird).

Die stark geschrumpfte Personengruppe, die sich am Ende in einer Raumkapsel absetzen kann, bevor das sich immer noch der Erde nähernde Forschungsschiff mitsamt der Alien-Spezies explodiert, lohnt einer genaueren Betrachtung. Von den Wissenschaftlern und Angehörigen des Militärs hat niemand überlebt, genau genommen hat überhaupt kein richtiger bzw. vollständiger Mensch überlebt. An Bord der kleinen Raumkapsel befindet sich lediglich eine Handvoll Freaks, an deren Existenzmöglichkeit auf Mutter Erde man kaum glauben kann. Von den Angehörigen des Forschungsschiffes lebt, außer der vor 200 Jahren verstorbenen und als hybride Alien-Mensch-Mischung ins Leben zurückbeförderten Ripley, niemand mehr, und von der Besatzung des Frachtschiffes Betty sind nur Call, Vriess und Johner übriggeblieben. Johner hat über weite Strecken des Films, sowohl was sein Verhalten als auch was sein Äußeres angeht, deutlich mehr Ähnlichkeit mit einem Orang Utang als mit einem Menschen, Vriess sieht aus wie ein Gnom und ist aufgrund der Lähmung seines Unterkörpers auf einen multifunktionalen Rollstuhl angewiesen und Call, dargestellt durch eine diesmal knabenhaft-androgyn wirkende Winona Ryder, wird im letzten Drittel des Films als Androidin entlarvt. „Du bist ein Roboter. Ich hätt's mir denken können. Kein Mensch ist so menschlich wie du", kommentiert Ripley 8 die unerwartete Entdeckung. Daß ausgerechnet Call, die von ihrem ersten Erscheinen an als die größte Sympathieträgerin und Identifikationsfigur des Films fungiert, nichts anderes als ein „Plastikhaufen", ein „elektronischer Bausatz" ist – so zumindest wird sie von den Männern beschimpft, die sie früher sexuell begehrt haben und sich nun betrogen fühlen –, entspricht einer der geheimen Wahrheiten von *Alien: Resurrection*. Wenn dem Menschen die Menschlichkeit abhanden kommt, gebiert er – entsprechend seiner eigenen Monstrosität – entweder Monster, die ihn fressen, oder er schafft Roboter, die auf das programmiert sind, was dem Menschen fehlt: Mitleid, Verantwortungsgefühl, Hilfsbereitschaft, Sensibilität, Sinn für die absolute Priorität des Lebens, kurz gesagt: Menschlichkeit.

„[T]he survival of the fittest favours the cyborg"[16], zu dieser Schlußfolgerung kommt Patricia Linton bei ihrer intertextuellen, auf den Vergleich mit Mary Shelleys *Frankenstein* ausgerichteten Lesart des Films. Linton verwendet den Cyborg-Begriff im Sinne Donna Haraways, also als eine den Anforderungen des bio- und informationstechnologischen Zeitalters adäquate feministische Denkfigur. In einer Zeit, in der, so Haraway, die Grenzen zwischen Mensch und Tier, Organismus und Maschine, Physikalischem und Nichtphysikalischem, Kultur und Natur durchlässig geworden sind, ist die Cyborg-Metapher als Appell an marginalisierte Identitäten zu begreifen, von der politischen Möglichkeit der Intervention, der Einmischung und der Übernahme von Verantwortung für die Neustrukturierung der sozialen Beziehungen Gebrauch zu machen – ohne sich damit auf eine universale, totalisierende Theorie festzulegen.[17] Haraways die Notwendigkeit der sozialen Verantwortung akzentuierendes *Cyborg-Manifest* ist als visionärer Gegenentwurf vor allem zu den feministischen Positionen zu lesen, die von einer grundsätzlichen Technologie- und Fortschrittsskepsis zeugen. Es ist aber auch ein Hinweis darauf, daß sich unsere alten Schöpfungs- und Herkunftsmythen – seien sie nun christlicher oder antik-heidnischer Art – überlebt haben. Die Neuartigkeit der Cyborg-Mythe gegenüber den herkömmlichen Mythen der abendländischen Zivilisation kommt vielleicht in folgendem Zitat Haraways am besten zum Ausdruck:

> „Im Unterschied zu Frankensteins Monster erhofft sich die Cyborg von ihrem Vater keine Rettung durch die Wiederherstellung eines paradiesischen Zustands, d.h. durch die Produktion eines heterosexuellen Partners, durch ihre Vervollkommnung in einem abgeschlossenen Ganzen, einer Stadt oder einem Kosmos. Die Cyborg träumt nicht von einem sozialen Lebenszusammenhang nach dem Modell einer organischen Familie, egal ob mit oder ohne ödipalem Projekt. Sie würde den Garten Eden nicht erkennen, sie ist nicht aus Lehm geformt und kann nicht davon träumen, wieder zu Staub zu werden."[18]

Kehren wir nach diesem kurzen Rekurs auf Haraways *Cyborg-Manifest* noch einmal zu Jeunets *Alien: Resurrection* zurück. Am Ende, nachdem auch der letzte Alien-Sproß aus der Raumkapsel ins All befördert werden konnte, stehen Ripley und Call am Fenster und blicken auf die sich langsam nähernde Erde. „Sie sieht wunderschön aus", bemerkt Call träumerisch und schließt dann die besorgte Frage an: „Und was wird jetzt?" „Das kann ich dir nicht sagen", antwortet Ripley. „Ich bin hier ebenso fremd." Ob die Erde die vier Sonderlinge freundlich aufnehmen wird, ist ungewiß, ja sogar eher zweifelhaft. Nichts ist mehr so, wie es einmal war: Mutter Erde ist ein fremder Planet, und Vater – so wird, anders als in Alien I, der Bordcomputer genannt – ist tot, wie Call schon kurz vor dem Verlassen des Forschungsschiffes festgestellt hatte. Der alte symbolische Familienzusammenhang ist also irreparabel zerstört; eine neue Kultur, neue Formen des Zusammenlebens und eine neue – verantwortungsvollere – Umgehensweise mit der Technik müssen gefunden werden.

In *Alien IV* wird eine wesentlich konsequentere und auch weitsichtigere Technologie- und Wissenschaftskritik vorgenommen als in *Eve of Destruction*, in dem die Bedrohung am Ende vollkommen eliminiert ist und die Menschen wieder unter sich sind. Jeunets Film zeugt weder von einer Ästhetisierung moderner Technologien noch von einer Verschleierung bzw. Ersetzung der technologischen Bedrohung durch eine weiblich-sexuelle. Vielmehr lassen die düsteren Gänge und folterkammerartigen Forschungslabore eher die Assoziation zu, daß wissenschaftlicher Fortschritt – sofern er einseitig auf ein einziges Ziel, zum Beispiel das der militärischen Überlegenheit, gerichtet ist – auch einen massiven zivilisatorisch-kulturellen Rückschlag bewirken kann. In diesem Sinne sei abschließend noch einmal Georg Seeßlen zitiert: „Der Mensch modernisiert sich an seinen Maschinen [hinzufügen möchte ich: an den von ihm geschaffenen Monstern; R.M.] und versetzt sich zugleich mit ihrer Hilfe in den Zustand gnadenvoller Infantilität oder Barbarei."[19]

Anmerkungen

[1] Seeßlen, G. (1980): *Kino des Utopischen. Geschichte und Mythologie des Sciencefiction-Films*. Reinbek. 11.

[2] Der Begriff *science fiction* existierte allerdings zu diesem Zeitpunkt noch nicht, sondern wurde 1926 durch Hugo Gernsbacks Magazin *Amazing Stories* initiiert und im Filmbereich erst nach dem Zweiten Weltkrieg allgemein gebräuchlich. Vgl. Hellmann, C. (1983): *Der Science Fiction Film*. München. 15.

[3] Stecher, M. (1997): *Der weibliche Körper als/im Science Fiction: Diskursive Voraussetzungen einer Dekonstruktion von Ridley Scotts „Alien"*. Klagenfurter Beiträge zur Technikdiskussion 81. 8.

[4] Ebd.

[5] Vgl. zu dieser historischen Entwicklung Springer, C. (1996): *Electronic Eros. Bodies and Desire in the Postindustrial Age*. London. Darin besonders das einleitende Kapitel „Techno-Eroticism". Vgl. auch Huyssen, A. (1981-1982): „The Vamp and the Machine: Technology and Sexuality in Fritz Lang's Metropolis". In: *New German Critique* 24-5. 221-237, 224ff.

[6] A.a.O., 226. Vgl. auch Gendolla, P. (1980): *Die lebenden Maschinen. Zur Geschichte des Maschinenmenschen bei Jean Paul, E.T.A. Hoffmann und Villiers de l'Isle Adam*. Marburg/Lahn. 198ff.

[7] Stecher (1997), a.a.O., 134.

[8] Higley, S. L.: „Alien Intellect and the Robotization of the Scientist". In: *Camera Obscura* 40/41. 130-161, 138.

[9] Das Motiv der Zerstörung der Augen liest Freud bekanntlich als Kastrationsszenario. Vgl. hierzu Freud, S. (1941): „Das Unheimliche". In: ders.: *Gesammelte Werke. Chronologisch geordnet.* Hrsg. v. A. Freud u.a. Bd. 12. London. 227-268, 243ff.

[10] Higley, a.a.O., 139.

[11] Vgl. hierzu auch die kurze Interpretation von Springer (1996), a.a.O., 117.

[12] Vgl. Jelinek, E. (1999): „Ritterin des gefährlichen Platzes". In: Ossege, B., Spreen, D., Wenner, S. (Hg.): *Referenzgemetzel. Geschlechterpolitik und Biomacht. Festschrift für Gerburg Treusch-Dieter.* Tübingen. 20-32.

[13] A.a.O., 25.

[14] Eine umfangreiche Liste und ausführliche Kritik psychoanalytischer Alien-Interpretationen ist Stechers dekonstruktiver Arbeit (a.a.O., 10f.) über Scotts Alien zu entnehmen. Einen knappen Überblick gibt auch Annette Brauerhoch (1990): „Mutter-Monster, Monster-Mutter. Vom Horror der Weiblichkeit und monströser Mütterlichkeit im Horrorfilm und seinen Theorien". In: *Frauen und Film* 49. 21-37.

[15] Vgl. Linton, P. (1999): „Aliens, (M)Others, Cyborgs: The Emerging Ideology of Hybridity". In: Cartmell, D., Hunter, I. Q., Kaye, H., Whelehan, I. (Ed.): *Alien Identities. Exploring Difference in Film and Fiction.* London. 172-186, 181.

[16] A.a.O., 177.

[17] Vgl. Haraway, D. (1995): „Ein Manifest für Cyborgs. Feminismus im Streit mit den Technowissenschaften". In: dies.: *Die Neuerfindung der Natur. Primaten, Cyborgs und Frauen.* Frankfurt/M./New York. 33-72.

[18] A.a.O., 36.

[19] Seeßlen, G. (2000): „Wie der Stahl geheiligt wurde. Warum und zu welchem Ende wollen Maschinen ‚Ich' sagen? Anmerkungen aus Anlaß der Berlinale-Retrospektive über künstliche Menschen im Kino". In: DIE ZEIT. 10. Februar 2000. 54.

Der Körper und das Zeichen. Transformationen des Leibbegriffs im abendländischen Denken

Claus-Artur Scheier, Braunschweig

Zusammenfassung

Die Realisierung der orphischen Gnome *sôma – sêma* (der Leib ein Zeichen) wird in ihrer logischen Bedeutung vom frühgriechischen über das spätantik-mittelalterliche und vorindustriell-neuzeitliche bis ins funktionale Denken der Moderne nachgezeichnet. Dabei wird deutlich, 1. warum es gerade die Griechen waren, die den Sport erfunden haben, 2. weshalb es in der spätantik-mittelalterlichen Tradition keine eigene Form des Sports gab und 3. worin sich die vorindustriell-neuzeitliche Gestalt des Sports von der industriell- bzw. medial-modernen unterscheidet. Jedesmal liegt ein epochal anderer Begriff des Leibes zugrunde, der in der Philosophie auch jedesmal als logisches Verhältnis von Leib, Selbst und Welt entfaltet wird.

Summary

The realisation of the orphic adage *sôma – sêma* (the body is a sign) is assessed in it's logical significance, beginning with early Greek philosophy through later antiquity, the Middle Ages and pre-industrial modernity to the functional thinking of industrial resp. post-industrial modernity. It becomes evident (1) why it happened to be Greeks who invented sports, (2) why the characteristic form of sport existed during late antiquity and Middle Ages and (3) that there is an essential difference between the concepts of sports in pre- and in post-industrial modernity. In each epoch a radically different concept of the body prevails, philosophically developed as a specifically logical relation between the body, the self and the world.

Das Verhältnis von Körper und Zeichen, geschichtlich verstanden, zunächst bei den „alten Griechen" aufzusuchen, ist heute – und glücklicherweise – nicht mehr so selbstverständlich wie noch vielleicht vor fünfzig Jahren. Unstreitig wäre es ertragreich, die Aufmerksamkeit auf die frühen Hochkulturen des fernen Ostens, auf Mesopotamien, Anatolien und Ägypten, auch auf Mittelamerika zu richten. Aber nicht nur der Dürftigkeit meiner Kenntnisse und der zugebilligten Zeit wegen ist die Verengung der Perspektive angezeigt, wo es um Transformationen des Leib-*Begriffs* zu tun ist. Denn das *begriffliche* Denken, dem sich die abendländische Wissenschaft verdankt, beginnt in den griechischen Städten des 7. oder 6. vorchristlichen Jahrhunderts.

Weiter zurück scheint die berühmte Gleichung zu weisen, die uns zwei Platonische Dialoge, der frühe *Gorgias* (493a) und der späte *Kratylos* (400c) aufbehalten haben: *sôma sêma* – der Leib sei ein Grab oder Zeichen, das die Seele (*psychê*) gibt. Diese Lehre wird im *Gorgias* mit einem Denker „aus Sizilien oder Italien" verbunden, den man vielleicht mit dem Pythagoreer Philolaos aus Kroton identifizieren darf; aber im *Kratylos* wird er in einer deutlich auf Anaximander anspielenden Passage den Orphikern zugezählt, deren älterer Tradition auch und gerade Pythagoras mit Sicherheit verpflichtet ist. Das mag ein Fingerzeig sein, woher die bei Platon schon selbstverständliche Bezeichnung des menschlichen Körpers als *sôma* stammt. Denn in den Homerischen Epen bedeutet *sôma* durchweg den *toten* Körper, hingegen schon bei Hesiod den lebendigen Leib (Op. 540), für den Homer Glieder (*gyia, melea*) oder Gestalt (*demas*) sagt.

Angefangen mit Anaximander, dem ersten, dessen Welt-Ordnung wir zu rekonstruieren vermögen – seit Pythagoras oder Heraklit heißt sie dann *kosmos* –, wird schon bei den frühen Denkern deutlich, daß sie allesamt nicht vom Leib her, sondern auf ihn hin denken. Er ist ihnen kein Bestimmendes, sondern ein Bestimmtes, und dies in einem *kosmos*, der seit Heraklit „logisch" verfaßt ist. Denn mit Heraklit ist der *logos* in die Welt gekommen, der sich trotz epochaler geschichtlicher Rückungen und Brüche immer wieder als das Innerste des *mythos* – nicht nur des vormetaphysischen, sondern auch des die Philosophie und die Entwicklung der Wissenschaft begleitenden und amplifizierenden Mythos – erwiesen hat, so sehr, daß noch die „Irrationalismen" der industriellen Moderne (des 19. und 20. Jahrhunderts) bei näherer Betrachtung nur als seine Parodien und Karikaturen erscheinen.

Um hier zunächst bei der vorindustriellen – und d.h. metaphysischen – L o g i k zu bleiben, wie sie in den uns erhaltenen Fragmenten Heraklits bereits durchscheint: sie legt das Weltganze in Seiten auseinander, die an ihnen selbst auf ihren unterscheidenden Grund bezogen sind. Wie es in unmittelbarer Nachbarschaft zu Heraklit sogleich bei Parmenides deutlich wird, sind diese Seiten des Urteils die Identität und die Differenz – nämlich die Identität des Wissens *mit sich* und seine Differenz von dieser ihm möglichen Identität und so *von sich*. Dieses Wissen oder näher das erstlich sich Wissende (*to sophon*) schaut Heraklit an als das kosmische Feuer, dessen expansive Kraft sich als sein Anderes äußert, als Wasser und Erde. Für unser Thema interessant ist dies insofern, als es sich hier zugleich um Erscheinungsweisen der Weltseele handelt, in deren zyklische Bewegung die Einzelseele eingebunden bleibt. Der Mensch steht, herausgefordert vom Heraklitischen *logos*, vor der Entscheidung, entweder der Differenz in Gestalt des *unteren* Kreislaufs von Wasser und Erde zu verfallen oder seine Seele in die Identität-mit-sich als in den *oberen* Kreislauf von Wasser und Feuer zu läutern.

Und darin kommt das „klassische" Verhältnis von Leib und menschlichem Selbst zum Vorschein, sei dieses nun als Seele überhaupt (*psychê*) oder wenig später als Vernunft (*nous*) gedacht. Sie stehen sich in einfacher Differenz gegenüber auf der Differenz-Seite des Welt-Urteils. Das gilt noch für Platon, der sich deshalb die orphisch-pythagoreische Gnome zueignen kann, wir Menschen seien in unserm Leib wie in einem „Kerker" eingeschlossen (Phaid.

62b), und sogar noch für den schon auf der Schwelle zum Hellenismus denkenden Aristoteles, der das Selbst des Menschen, die Vernunft, „von außen" (*thyrathen*, De gen. an. 736b28) in den beseelten Leib eintreten läßt. Und die von Aristoteles ausgebildete und noch für das ganze Mittelalter leitende Naturwissenschaft setzt sich, anders als die neuzeitliche und moderne, keine mathematisierbare (obzwar maßhafte) Natur voraus, eben weil, vereinfacht gesagt, die Naturgegenstände oder Körper (einschließlich des menschlichen Leibes) schon das äußerste Extrem des Welt-Urteils sind.

Hieraus erhellt, warum es die Griechen waren, die über die in wohl allen Kulturen anzutreffenden, für die Vorbereitung von Jagd und Krieg bestimmten Körperertüchtigungen oder auch rituellen Spiele hinaus das erfanden, was wir seit dem 18. Jahrhundert „Sport" nennen, warum die sportlichen Leistungen zwar zur Sache einer Art von Wissenschaft, einer Dietetik, aber noch nicht gemessen wurden, und auch, warum der Sport, zunächst eine aristokratische Domäne, auch in der hohen Zeit der *Polis* nie unumstritten war. Platon brachte also nur einen alten Glauben auf seine klassische Formel, indem er die Seele bestimmte als „das, was sich selbst bewegt" (*to hauto kinoun*, Phaidr. 245c 7) – und dadurch sein Anderes. Der Leib ist von daher zu denken als das Botmäßige, das erstlich Bewegte, ebenso übrigens als kosmischer wie als politischer und einzelner Leib. Bewegtheit, wird man sagen dürfen, ist geschichtlich hier zum ersten Mal nicht nur eine Eigenschaft des Leibes, sondern seine Bestimmung, als Selbstzweck demnach der Sport, ein Sich-Darstellen der wissenden Seele im Leib, deren letzter Zweck doch zugleich politisch-kosmisch bleibt.

Das hat sich – nach der mehrhundertjährigen hellenistisch-römischen Transformationsphase – im Wissen der drei großen „Buchreligionen" der Spätantike und des hohen Mittelalters radikal, weil logisch, verwandelt, exemplarisch ablesbar am christlichen Wissen, insofern dieses über den Neuplatonismus am entschiedensten die logisch-spekulative Tradition des griechischen Denkens aufgenommen und fortgeführt hat. Hier nun findet sich auf der Subjekt- oder Identitätsseite des Welt-Urteils die zweite göttliche Person, der Sohn, und auf der Prädikat- oder Differenz-Seite in Subjektstellung die dritte göttliche Person, der Geist, in Prädikatstellung aber die einzelne Seele *zusammen mit* ihrem Leib. Standen sich mithin im älteren Denken Seele und Leib in einfacher Differenz gegenüber, dann sind diese Extreme nun an den Geist (der Kirche) und die einzelne Leibseele verteilt, der Leib also anders als in der frühen griechischen Religiosität (und nach wie vor in gewissen „häretischen", gnostischen, manichäischen etc. Traditionen) für sich nicht seelenlos, sondern „durch und durch" beseelt. Es ist daher irreführend, summarisch von der „Leibfeindlichkeit" des Christentums zu sprechen, das die Würde des Leibes vielmehr gegen die eignen häretischen Tendenzen immer wieder in Schutz nahm, wie dies die christliche Auferstehungslehre vor Augen führt. Denn ganz unantik lehrt sie ja eben die Auferstehung des *Leibes*, der mit der von ihm unablösbaren Seele zusammen verklärt wird.

Aber diese für die ganze Epoche charakteristische, wiewohl immer wieder in Frage gestellte Konkreszenz von Einzelseele und Leib macht deutlich, a) warum nicht nur aus äußeren geschichtlichen Gründen, Entstehung und Zerfall des Imperium Romanum, Völkerwanderung etc., sondern aufgrund des veränderten Welt-Urteils selbst zwischen klassischer Antike und Neuzeit kein neuer Begriff von Naturwissenschaft formuliert, diese vielmehr, wo sie überhaupt noch interessant war, im wesentlichen auf der Folie der aristotelisch-hippokratischen Tradition fortgetrieben und fortgeschrieben wurde; und b) warum ebendeshalb anders als von griechischem nicht von jüdisch-christlich-islamischem Sport und *a fortiori* Sportwissenschaft die Rede sein kann.

Dies ändert sich abermals radikal in den knapp drei Jahrhunderten zwischen Frührenaissance und Barock, kurz: in der sich entfaltenden Neuzeit. Denn abermals wandelt sich die Bestimmung des Welt-Urteils von Grund auf. Geläufig genug ist ja die Rede von der neuzeitlichen „Subjektivität", aber nicht minder geläufig, und zwar bis ins Innerste des modernen Denkens hinein – um nur an Husserl, Heidegger und deren Nachfolger zu erinnern –, ist die Vorstellung einer Kontinuität zwischen neuzeitlichem und modernem Subjekt, derzufolge das transzendentale Ego Husserls nur eine (entmythologisierend-szientifische) Modifikation der cartesischen *res cogitans* usw. sei. Die Aufmerksamkeit auf die geschichtlich-logische Differenz verbietet hingegen, hier von einer andern als bloß phänomenalen (nicht phänomenologischen) Verwandtschaft zu sprechen. Denn während sich das moderne Subjekt, wie es im weiteren zu skizzieren ist, gemäß einer Logik der Funktion konstituiert, begreift sich das neuzeitliche Subjekt noch einmal aus der mit dem Heraklitischen *logos* vorgegebenen Logik der Copula.

Fand sich hier in Subjektstellung zunächst der „Vater der Menschen und Götter" in der Begriffsgestalt der „hervorbringenden Vernunft" (*nous poiêtikos*), sodann die zweite göttliche Person, nämlich das „Wort", das wiederum die Vernunft ist, dann tritt bereits in der frühen Neuzeit an diese Stelle der göttliche Geist als das innerste Selbst des Menschen, das „Gemüt" (*mens*), die cartesische *res cogitans*, bei Kant und im sogenannten deutschen Idealismus die transzendentale Vernunft. Dadurch wird die Prädikatseite oder die Differenz als solche zum Vernunft-Objekt, das in sich selbst die Bestimmung eines Verhältnisses hat, mit einem Wort: die Natur wird mathematisierbar und zwar – weil jetzt innerhalb des ganzen Urteils die Differenz als Differenz festgehalten werden kann – infinitesimal mathematisierbar. Das führte, geschichtlich wie stets auf vielerlei Wegen und Umwegen, zur Ausbildung der charakteristisch neuzeitlichen Mathematik und Physik, der philosophischen Systeme etc. – denn eben weil die Neuzeit, anders als Antike und Mittelalter, wiewohl immer noch auf dem Grund der Logik der Copula, in reinen *Verhältnissen* denkt, ist sie das Zeitalter der (Vernunft-)Systeme.

Für den Leib-Begriff hat das die nämlichen Konsequenzen wie für die Bestimmung der Natur überhaupt. Er bekommt jetzt – und das ist nicht erst bei Descartes' *res extensa*, sondern bereits bei Nikolaus von Kues merklich – seinerseits die Bestimmung eines Systems mathematisierbarer Verhältnisse. Als ein solches System berechenbarer Bewegungen kann er nunmehr auf ganz andre Weise als je vorher diszipliniert werden. Um nicht das immer naheliegende Mißverständnis fortzuspinnen, die metaphysischen, insbesondere aber die neuzeitlich-systematischen Begriffsbildungen und ihre „mechanische" Realisierung hätten „Zwangscharakter" gehabt, ist zu dieser Disziplinierung anzumerken, daß sie vielmehr einen neuen Grad von *Freiheit* im Umgang mit dem Leib ins geschichtliche Spiel bringt – ganz entsprechend dem neuzeitlichen Begriff der Freiheit, der logisch nichts anderes meint, als daß die göttliche Vernunft als Subjekt des Welt-Urteils wesentlich die Bestimmung angenommen hat, („reines") Ich zu sein. So wird man die in der Renaissance aufkommenden Fecht- und Tanzlehren gerade wie die Lehren der Kriegskunst oder der Instrumentalmusik usw. als „Systeme" bezeichnen dürfen. Kein Wunder also, daß über solche Disziplinierungen das alte „soi desporter"[1] als „sport" selber systematischen Charakter gewinnen und zur (vornehmen) Lebensform werden kann.

In ökonomischer Hinsicht führt die Mathematisierung und die mit ihr einhergehende Mechanisierung der Wissenschaften und Techniken zur systematisierten Manufaktur, die durch die Entwicklung immer komplexerer Maschinen im letzten Viertel des 18. Jahrhunderts die Grundlagen der industriellen Produktion schafft. Sie wurde zum Schicksal des 19. Jahrhunderts, ohne daß sie irgend – wie es sich für Karl Marx noch nahelegen mußte – als „Basis" zu substanzialisieren wäre. Denn die Logik der Welt stellt sich so *und* so dar. Was sich aber mit der industriellen Revolution ereignet, ist weder eine Veränderung der Welt bei festgehaltener (vorgeblich geschichtsloser) Logik noch eine Veränderung der Logik angesichts einer nur akzidentell veränderten Welt, sondern eine Veränderung der *Logik der Welt*. Formelhaft gesagt wird die metaphysische Logik der Copula abgelöst von der Logik der Funktion, wie dies auf exemplarische Weise bei Gottlob Frege gelernt werden kann, nachdem bereits Hegels „Wissenschaft der Logik" die Copula als logischen Grund der Welt im Schmelztiegel der „absoluten Negativität" aufgelöst hatte.

In der neuen Logik – genau genommen ist sie nur die Logik der *industriellen* Moderne – sind Copula und Prädikat verschmolzen zur Funktion, deren „leere Stelle" vom Argument gesättigt wird, in dem das nunmehr von der Copula isolierte alte Subjekt erkennbar bleibt. Es war zu sehen, wie dieses sich in allen Epochen der Metaphysik als Identität in der Differenz des Welt-Prädikats manifestierte und so die Differenz als *kosmos*, mundus sensibilis, Welt zum Sein-für... oder Zeichen der Identität machte. Auf ebenso epochal verschiedene Weise wiederholt sich dieses Verhältnis innerhalb der Differenz oder der Welt selbst als das von Leib und Seele, Leib und Geist, Leib und Begriff, mit Platon gesprochen: von Bewegtem und sich selbst Bewegendem. Der Mensch und sein Leib sind, was sie sind, kraft des jeweils geschichtlichen wirklichen Begriffs von ihnen – und sie sind, ob griechisch, hebräisch, lateinisch, arabisch oder in einer der neuzeitlichen Sprachen gedacht, etwas je anderes.

Sehr genau kann hier von epochalen Verwandlungen des „künstlichen Menschen" gesprochen werden, wenn nur die Vorstellung abgewehrt bleibt, es gäbe jenseits oder diesseits des künstlichen Menschen einen natürlichen. Nichts ist „natürlicher" als der künstliche Mensch der Meta-Physik, nicht der Mensch der mythischen Vor- und Frühgeschichte, nicht der der industriellen und medialen Moderne. Die Natur ist allemal die Kunst, die, nach einer Erläuterung Hegels, gesetzt ist als nicht gesetzt, d.h. vorausgesetzt. Der Unterschied ist nur der, daß sich der metaphysische Mensch – von den Vorsokratikern bis zur klassischen deutschen Philosophie – seine Natürlichkeit voraussetzt aus dem Begriff, der wesentlich der *Begriff der Natur* ist, die es im mythischen Denken noch nicht gab und die das moderne Denken aufgelöst hat – sei es ins Material industrieller Produktion, sei es, medial, in ein Funktionssystem unter (unbestimmbar vielen) Funktionssystemen.

Verglichen allerdings mit seiner modernen Künstlichkeit erweist die des metaphysischen Menschen sich als eine *theoretische* eben dadurch, daß die Metaphysik sie vielmehr als Natürlichkeit voraussetzt. Darin ist der menschliche Leib zwar immer schon so oder so kulturalisiert – *sôma sêma* gilt, wie angezeigt, *mutatis mutandis* für alle Epochen der Metaphysik –, aber eben weil diese Kulturalisation sich ihrerseits jeweils die Bestimmung von Natürlichkeit gab, war das eigentlich Künstliche des künstlichen Menschen paradoxerweise genau seine Nicht-Künstlichkeit, die den Eingriff in seine Leiblichkeit auf die Grenzen des natürlichen Eingreifens in den Gang der Natur restringierte, und d.h. auf die Verfahrensweisen mechanischer Arbeit vor der maschinellen Produktion. Darin liegt auch der Grund, warum der neuzeitlich als der systematisch-mathematisiert gedachte Leib doch noch nicht in seinen „Leistungen" gemessen wurde. Noch war nämlich der Kapitalismus, nach der Marxschen Analyse, nicht „schrankenlos", noch war der Leib nicht in seinem nachmaligen Waren-, und d.h. zugleich Fetischcharakter entdeckt worden.

Mit der maschinellen Produktion also muß die Künstlichkeit des Menschen radikal anders gedacht werden, nicht mehr prinzipiell theoretisch, sondern primär operational. Der Mensch selbst versteht sich seit nunmehr knapp zweihundert Jahren, wenn man will seit E. T. A. Hoffmann und Mary Shelley, mit zunehmender Deutlichkeit, weil zunehmender Machbarkeit als sein eignes Produkt, genauer als das Produkt seiner nicht länger natürlichen Produktionsweise, und der Grundsatz der aristotelischen Physik, *anthrôpos anthrôpon gennai*, ein Mensch zeugt einen *Menschen*, gehört in der Betonung „ein Mensch *zeugt* einen Menschen", prospektiv wenigstens, zum bloß noch Bisherigen, nicht mehr auf dem Stand avancierter wissenschaftlich-technischer Argumentationsmuster.

Der darin verborgenen Logik näher auf den Leib gerückt, erweist sich die unhintergehbare Differenz von Funktion und Argument nach ihrer geschichtlichen Herkunft betrachtet als die Verdoppelung des metaphysischen Urteils. Die Funktion, Legierung von Copula und Prädikat, ist *an sich* auch das Subjekt, dessen Manifestation mittels der Copula das nicht-akzidentelle Prädikat war; und das Argument, isoliertes Subjekt, ist *an sich* auch Copula und Prädikat, weil die wirkliche Identität der „prädizierten" Differenz. War der metaphysisch begriffene Leib ferner stets, wiewohl epochal unterschieden, im Prädikat gedacht, dann „sättigt" das im „Eigennamen" angesprochene Argument immer schon eine Funktion, die eine bestimmte Weise seiner Leiblichkeit ist, oder es *ist* nur in seiner Leiblichkeit. Das gilt übrigens auch da, wo, wie in der Husserlschen Phänomenologie, die Funktion die alles „Ontische" einklammernde Bestimmung eines transzendentalen Ego hat: dieses ist wesentlich sich zeitigendes und sich einräumendes, sich ursprünglich in Zeit und Raum konstituierendes Ich.

Der Leiblichkeit kommt in der Moderne mithin eine Ursprünglichkeit zu, wie sie die ganze Metaphysik, die eben darum Meta-Physik war, nicht kannte. So konnte Nietzsche seinen Zarathustra in der Rede „Von den Verächtern des

Leibes" sagen lassen: „Leib bin ich ganz und gar, und Nichts ausserdem", ein provozierendes Wort, das der Lehrer der schaffenden Seele gleichwohl nicht „materialistisch" verstanden wissen wollte und das wir mit den Augen Merleau-Pontys neu zu entziffern gelernt haben.

Gewiß ist dieser Leib – und nicht nur der moderne Sport hat dem Rechnung getragen – nicht mehr der von außen beseelte Leib des frühen griechischen Denkens, nicht mehr der von innen beseelte geschaffene Leib der mittleren Epoche und auch nicht mehr der infinitesimal mathematisierte Leib des neuzeitlichen Subjekts. Als der funktionale Leib ist er ein Funktionen-Bündel, das seinerseits immer schon Argument funktional übergeordneter Funktionen ist, der Konzeption nach auf mannigfaltige Weise errechen- und transformierbar. War er wohl schon seinem metaphysischen Begriff nach auf die eine oder andre Weise Zeichen, ist er jetzt zu denken als offenes Subsystem im unbegrenzten Feld der Kommunikation (die nach Luhmann aus den drei zirkulär verknüpften Komponenten Information, Mitteilung und Verstehen besteht). Derridas Verdikt *„Il n'y a pas de hors-texte"* gilt auch für ihn. Er ist jetzt sozusagen nichts als Zeichen, aber nicht länger metaphysisch Zeichen-von-Einem, sondern Zeichen von Zeichen, „Spur und Spur der Spur" (Derrida).

Damit scheint es, als sei nicht nur, wie seit je, der Leib, sondern der Mensch selbst schlechthin „antastbar", und eben dies war die unheimliche Vorstellung der Ideologien des 20. Jahrhunderts. Umgekehrt neigen wir heute immer entschiedener dazu, nicht nur unsersgleichen, sondern auch unsern nahen Verwandten jene Unantastbarkeit zuzugestehen, die wir mit dem alten Begriff der Würde verbinden. Bekanntlich hatte bereits Schopenhauer in diesem Sinn argumentiert, aber das zuinnerst Logische seiner Argumentation ist erst in Husserls fünfter Cartesianischer Meditation, in seiner Entdeckung der *fremden* Leiblichkeit an den Tag gekommen. Diese Fremdheit nämlich hat ihren Ort weder in der wie auch immer gedachten Funktion noch in deren wie auch immer gedachtem Argument, sondern ist genau die *Spur ihrer Differenz.* Unter vielerlei Namen, von „ontologischer Differenz" bis zu „différance" hielt sie die Philosophie seither wohl nicht, um mit Kant zu sprechen, ihrem Schul-, wohl aber ihrem Weltbegriff nach in Atem. Sie war es, die namentlich Lévinas eine Ethik des „ganz" Anderen formulieren ließ, die, in ihren Konsequenzen unhaltbar, von Derrida – verdichtet in der paradoxen Tautologie*Tout autre est tout autre* – für eine allen mögliche Praxis gerettet wurde.

Der Satz erinnert die begegnende Leiblichkeit in ihrem Zeichen-von-Zeichen-Charakter zugleich als Zeichen-von-Nichts, denn Leib ist der andere, um noch einmal auf Nietzsches Zarathustra zu hören, „ganz und gar, und Nichts ausserdem", ein Nichts, das zu denken gibt als Un-Ort der Offenheit, d.h. als *Nichts von Anwesenheit*, das gerade darum *Gegenwart* ist. Wird sie im übrigen *gefühlt*, ist sie im Menschen zugleich *gesagt* – eine Einsicht, die der medialen Moderne freilich kaum zum Schlüssel der sie bedrängenden ethischen Probleme dienen kann. Aber sie ist deren unhintergehbarer Parameter – und denkwürdigerweise die Verwandlungsgestalt einer altorphischen Weisheit: *sôma sêma.*

(Literatur beim Verfasser)

Anmerkung

[1] Mehl, E. (1966): „Sport" kommt nicht von dis-portare, sondern von de-portare. In: *Die Leibeserziehung*, 232-233. Für den Hinweis danke ich Manfred Lämmer.

Plädoyer für den *Common Body*[1]

Gunter Gebauer, Berlin

Zusammenfassung

Im Unterschied zum klassischen Sport drängt der hochtechnologische Sport über die natürlichen Grenzen des menschlichen Körpers hinaus. Um dieses Überspringen der Grenzen genauer zu fassen, wird der Begriff des „common body" eingeführt. Analog zum „common sense" ist der „common body" auf die Alltäglichkeit, das Gewöhnliche bezogen. Dieser akzeptiert die genetische Lotterie, die vom hochtechnologisierten Sport negiert wird. Daß er den Körper als einen gewöhnlichen entwirft, macht die Anziehungskraft des klassischen Sports aus. Denn in all seiner Gewöhnlichkeit vollbringt er außergewöhnliche Taten. Das Konzept des „common body" kann zur Kritik des hochtechnologischen Sports verwendet werden.

Summary

As opposed to classical sport, highly technological sport pushes the human body beyond its natural limits. To describe this leap beyond its limits, the concept „common body" has been introduced in this article. Analogous to „common sense", the „common body" is applied to the everyday, the ordinary. This accepts the genetic lottery, which highly technological sport negates. The fact that classical sport presupposes an ordinary body, constitutes its attractiveness. Ordinary as this body is, it accomplishes extraordinary feats. The concept of a „common body" can be used to criticize highly technological sport.

Es gibt ein Grundprinzip des Sports, das unter keinen Umständen verletzt werden darf. Bricht man es dennoch, steht generell *das ganze Spiel in Frage*, jedenfalls *das* Spiel, das unter der Bezeichnung „Sport" im 20. Jahrhundert weltweite Geltung und Anerkennung erlangt hat. Das Grundprinzip des Sports allgemein ist das der Selbstbewegung: Mein Körper wird als das Instrument aufgefaßt, das von meinem Willen bewegt wird. Es ist mein *natürlicher* Körper, der zwar trainiert, auf Wettkämpfe vorbereitet wird, dabei die Hilfe von anderen beansprucht, aber alles, was er leistet, erbringt er aufgrund *seiner eigenen Möglichkeiten*. Die Steigerung der Kraft, Ausdauer und Koordination muß er selbst bewirken, anders als eine Maschine, der man leistungssteigernde Elemente oder Antriebsstoffe hinzufügt. Dieses *Prinzip der Selbstbewegung* grenzt den Maschinenmenschen, den wie eine Maschine manipulierten Menschen, aus dem Sport aus.

Tatsächlich ist der Sport seit langem ein Balanceakt zwischen Selbstbewegung und maschinenähnlicher Behandlung des Körpers. Die Abgrenzung zwischen Natur und Technik ist in der Gegenwart unter starken Veränderungsdruck geraten. Die wissenschaftlichen Manipulationen von ursprünglich natürlichen Vorgängen, insbesondere die Reproduktionsmedizin und die Gentechnologie, wirken sich in der Tiefe aus. Lange Zeit befand sich der Leistungssport auf der Seite des technischen Fortschritts. Jetzt hat sich die Sache umgedreht: Aufgrund des Prinzips der Selbstbewegung ist der Sport im Kern der *traditionellen* Abgrenzung zwischen Natur und Technik verpflichtet. Das Dopingverbot wirkt gegen eine bestimmte Richtung des Fortschritts. Es ist eine Abwehr gegen alle technischen Mittel, die den Körper über die sich aus seinen eigenen Möglichkeiten ergebende Leistungsfähigkeit hinaus entwickeln. Die Besonderheit des Sportlers im Vergleich zu einer Maschine wird aufgegeben, wenn der Körper des Athleten auch nur partiell ersetzt oder durch leistungsfördernde Substanzen, die er selbst nicht produziert hat, verbessert wird.

Wenn gegen das Prinzip der Selbstbewegung verstoßen wird, hat dies eine andere Qualität als Betrug im Sport. Der Doper beteiligt sich am Spiel, ohne die Grundlage des Sports anzuerkennen. Insofern er die entscheidende Abgrenzung gegen das Maschinenhafte, das Prinzip der Selbstbewegung, verrät, zerstört er den Sport. Er unterläuft den Konsens, der für die Aufrechterhaltung dieser künstlichen Beschränkung des Sports auf die körpereigenen Möglichkeiten notwendig ist. Bei diesem Prinzip handelt es sich um ein (positiv ausgedrücktes) *Gebot*. Ich möchte im Folgenden zeigen, daß dieses Gebot nicht in ethischen Anforderungen, die eine ganze Reihe von Praktiken des gegenwärtigen Hochleistungssports verbieten würden, begründet ist, sondern dessen *anthropologische Grundlage* bildet. Einer der Vorteile dieser Argumentation ist, daß sie nicht auf europäischen Werten allein begründet ist, sondern auch für außereuropäische Kulturen Geltung erlangen kann.

Der europäische Sport ist in alle Welt exportiert worden, aber bisher wurde selten der Versuch gemacht, seine kulturellen Voraussetzungen zu klären. Die internationalen Sportverbände sehen ihre Funktion ausschließlich darin, „ihren Sport" zu kontrollieren und gegen mögliche Konkurrenten durchzusetzen.

Die Zeiten des Eurozentrismus sind allmählich zu Ende. Viele haben heute eingesehen, daß die in Europa ausgeprägten Praktiken und Denkweisen nicht die einzig möglichen auf der Welt sind, sondern daß andere Kulturen eigene, andere sportliche Praktiken haben. Man sieht heute, daß auch der europäische Sport in seinen Anfängen nichts anderes als eine regionale Praxis war und sich aus historischen Besonderheiten entwickelte, aus körperlichen Übungen, bei denen die Söhne des Adels und des wohlhabenden Bürgertums in England sich selbst organisierten. Sein Prinzip war, daß die jungen Männer ihre Wildheit in genau bestimmten und von ihnen anerkannten Grenzen ausleben durften. Innerhalb ihrer selbst gesetzten Regeln durften sie siegen, andere überwinden, körperlich unterjochen. Die Regeln waren das Maß, welches das Siegen schön machte – ein Maß, wie man es aus der Kunst kannte. Wer sie respektierte, durfte einen taghellen, strahlenden Sieg genießen.

Sport sollte Leben sein, Auskosten des Sieges; dafür mußte er ästhetisch regelgerecht, makellos sein. Er war ein Spiel; niemand hätte ihn für ernstes

Leben gehalten. Daher stellte eine Niederlage keine Beschädigung dar; der Verlierer hatte die Chance, gut zu verlieren. Das Spielergebnis konnte nicht die Positionen der Spieler in der gesellschaftlichen Wirklichkeit beeinflussen. Daher fiel es den Spielern leicht, fair zu sein. Im Sport konnten sie ihren Sinn für Schönheit auf ihr Leben anwenden – eine Lebenskunst in einem vom Leben abgetrennten Feld. Die meisten Athleten schrieben keine Gedichte oder Sonaten, sondern wurden harte Geschäftsleute, aber im Sport durften sie sich ihre Schönheitswünsche erfüllen.

Mit dieser Praxis einiger weniger Menschen geschah ein kleines Wunder: Sie wurde zu einem Modell, das sich, unterstützt durch die immense Ideologisierung der olympischen Re-Codierung in der Moderne durch Pierre de Coubertin (Griechentum, Werte, Zeremonien), zuerst über Westeuropa verbreitete und gleichzeitig Anschluß an die Arbeiterschaft gewann. Kein anderes Kulturprodukt hat sich so schnell wie der Sport in alle Richtungen verbreitet, weder das Auto noch die Anti-Baby-Pille. Als regionale Praxis verwirklichte er typische Werte der oberen Mittelklasse. Aber bei der Rezeption durch andere Gruppen, Klassen, Nationen und Regionen wurde die Handlungsstruktur des Wettkampfs auf die bereits vorhandenen Wertesysteme aufgetragen. Die dabei entstehenden Differenzen zwischen den ursprünglichen und den durch die Hineinnahme in die jeweils andere Kultur veränderten Werten blieben weitgehend unbemerkt.

Nicht die Leidenschaften für den Sport, aber die Bedeutungen, die man diesem gibt, unterscheiden sich je nach der Kultur, in der er betrieben wird. Die Anpassungsfähigkeit des Sports, insbesondere seiner Struktur und Werte, ist sein großer Trumpf. Sie war schon in Europa einer der wichtigsten Gründe, warum er so erfolgreich war: Er traf den Nerv jener Persönlichkeiten und Gruppen, die eine Rolle für die Modernisierung ihrer Nationen spielten, sowohl für die gesellschaftlichen Eliten als auch bei den Angehörigen anderer sozialer Gruppen einschließlich der Arbeiterschaft. Für alle diese Gruppen wurde der Sport attraktiv, weil er ein ideales Spielfeld für das europäische Konzept der Person erschloß.

Dieser Begriff der Person hat eine lange Geschichte: Was eine Person ist, blieb in den verschiedenen historischen Epochen keineswegs gleich, sondern wandelte sich in eine bestimmte Richtung, nämlich immer stärker auf die Eigenständigkeit und Autonomie des Einzelmenschen hin. In dieser Evolution wurde das Individuum zunehmend als autonom entworfen; es wurde mit immer mehr Verantwortung ausgestattet, die es unabhängig von den anderen wahrzunehmen hat: Einer für sich allein, mit seiner ganzen Autonomie im Wettstreit gegen alle anderen. Zur Einsamkeit des Ichs, zu seiner Fähigkeit, als Einzelperson zu handeln und dafür gerade zu stehen, gehört der wache Blick für andere, der Verdacht gegen diese eingeschlossen. Dies ist kein Solidaritätsmodell; der Arbeitersport hatte versucht, ein solches zu entwickeln und das Konkurrenzdenken zu überwinden; er ist daran gescheitert. Loyalität reicht im Sport nur so weit wie die Mannschaft, in der man spielt; und auch gegen diese setzt man sich durch, wenn es sein muß. Der Wettkampfsport in der europäischen Tradition feiert die am weitesten vorgeschobene Position der Individualität. So unabhängig wie im Sport wird das Individuum nur noch in der Lyrik entworfen.

Im klassischen Sport zeigt sich mit der autonomen Person ein eminent wichtiger Wert der europäischen Gesellschaft. Die Athleten führen modellhaft vor, was ein Mensch aus eigener Kraft erreichen kann. Die Person ist die Instanz, die abwägt, wie sie handeln will: ob sie das gefährliche Potential, das im Sport wie in der Dose der Pandora enthalten ist, öffnen oder ob sie diese unter ihrer Kontrolle halten will. Sie kann im Spiel viel Schaden anrichten – den Gegner verletzen, ihn demütigen, seiner Würde berauben, sich selbst schädigen und damit den Sport zu einer Praxis der Selbstverstümmelung herabsetzen. Am Grunde der Pandoradose befindet sich etwas, dessen Sprengkraft erst allmählich erkennbar wurde: Sport ist die Bearbeitung des Körpers, die aus ihm mehr herausholt als das, was er natürlicherweise enthält. Lange wirkte diese Kraft zur Freude von Athleten und Zuschauern. Die Steigerungsfähigkeit des menschlichen Körpers macht das Faszinosum des Sports in der Moderne aus. Die Griechen haben sich nicht dafür interessiert; sie haben nicht einmal nachgemessen.

In der Moderne, in der die Steigerung eine Angelegenheit der Technologie geworden ist und sich der Sport mit dem Rekord und dem Geld verbindet, schießt die Verbesserung des Körpers inzwischen über den Menschen hinaus. Lange Zeit ist diese Tendenz nicht gebremst worden. In der traditionellen Auffassung des Sports setzte man auf die autonome Person als Entscheidungsinstanz: Sie würde sich nicht an die Technologie ausliefern; sie würde selber das empfindliche Gleichgewicht halten und zu erkennen vermögen, wann die schöne Leistung in Gemeinheit umkippen würde. Aber dies war schon in den 60er Jahren ein weltfremder Wunsch; die neuen Generationen der Athleten konnten mit diesem alten Ideal nichts mehr anfangen. Das Konzept der Person war als Steuerungsinstanz heillos überfordert.

Wie in anderen Wirtschaftszweigen auch ist der europäische Personenbegriff im Sport als Kontrollinstanz des Handelns weitgehend wirkungslos geworden. Dennoch ist er hier immer noch vorhanden; er bildet den Horizont unserer Erwartungen an die Athleten und den Grund unseres Willens zum Wissen, ob diese sich dopen oder nicht: Wir wünschen uns diese nach wie vor als autonome Personen. Immer noch ist das traditionelle europäische Personenkonzept die Grundlage unserer Zuschreibung von Verantwortung und damit von Schuld an die gedopten Sportler. Den Entdeckten spricht man eine Schuldfähigkeit auf der Grundlage der Überzeugung zu, sie seien autonome Personen, die für ihre Verfehlung zur Verantwortung zu ziehen sind. Einen Computer würde man nicht sperren, sondern umprogrammieren; den Terminator würde man einschmelzen. Einen schuldunfähigen Menschen würde man aus dem Geltungsbereich der Gerechtigkeit entfernen. Zwar geht es im Sport nicht um Mord, Raub und auf den ersten Blick auch nicht um Kernwerte unserer Zivilisation, sondern um ein Spiel. Aber Falschspiel kann man sehr ernst nehmen. Im Western wird einer, der beim Pokern getrickst hat, aufgehängt; dies ist Extremgerechtigkeit. Im Sport wird ein Falschspieler disqualifiziert, sowohl sportlich als auch menschlich. Dies ist Gerechtigkeit gegenüber der autonomen Person.

Sollte man nun das entfaltete Konzept der Einzelperson aufgeben, weil es in eine Reihe von Schwierigkeiten führt? Wir können es gar nicht kurzerhand zur Disposition stellen, weil zu vieles in unserer Kultur von ihm abhängt. So können wir ohne den Personenbegriff keine gesellschaftliche Verantwortung denken. Zwar ist der Sport veränderbar, auch für Europäer, aber ich vermute, daß wir gar keinen grundsätzlich anderen Sport haben wollen. Wir wollen daran festhalten, daß der Sport eine Angelegenheit von Einzelmenschen bleibt, die für sich selber entscheiden, für sich sprechen und Verantwortung tragen. Wir tun dies, obwohl wir wissen müssen, daß der Spitzensport das Konzept der Person nicht mehr rein verwirklicht und daß es viele Sportinteressierte gibt, die es nicht mehr für wichtig halten. Wir dürfen dabei freilich nicht aus dem Auge verlieren, daß dieses an die Geltung alt-europäischer Werte gebunden ist. Außerhalb der westlichen Länder findet man andere Konzepte der Person. Gewiß haben auch nicht-europäische Kulturen Vorstellungen von Gerechtigkeit, Verantwortung, von einer schönen Existenz, aber in einer anderen Ausprägung und Verteilung, die sich deutlich von der westlichen Auffassung unterscheidet.

Was den modernen Wettkampfsport als universal erscheinen läßt, ist seine Fähigkeit, sich in viele Formen kneten zu lassen. Mit seiner Übernahme haben die regionalen Ethiken das alt-europäische Sportkonzept umkodiert und mit ihren eigenen Werten belegt. Aufgrund seiner erstaunlichen Plastizität konnte der Sport relativ problemlos überall dort in regionale Kulturen eingepaßt werden, wo bereits vorher Wettkampfstrukturen ausgeprägt waren, insbesondere in kriegerischen Gesellschaften. Genau diese Fähigkeit, viele Formen anzunehmen, bedroht ihn jetzt, weil der Kampf gegen Doping nicht weltweit auf ein gemeinsames Fundament gestützt wird. Angesichts dieser Situation muß es in der Doping-Diskussion darum gehen, ein Argument zu entwickeln, das auch von nicht-europäischen Kulturen als so wichtig anerkannt werden kann, daß es in das jeweils eigene Wertsystem eingebaut und dort als vorrangig angesehen wird. Ich will versuchen, einen solchen Grundsatz zu skizzieren, der auch von anderen Kulturen akzeptiert und in ihr Denken aufgenommen werden kann, insofern er auch für ihre Konzeption der Person wichtig ist.

Unabhängig von allen Veränderungen der letzten Jahrzehnte gibt es bis heute auch in außereuropäischen Kulturen die Grundidee des Wettkampfsports: daß er ein Spiel darstellt, das eine Hierarchie nach bewiesener körperlicher Tüchtigkeit einrichtet. Es geht dabei um die Etablierung einer Klassifikation und Hierarchie. Das Herausragen, die „excellence", ist auf eine solche Bestenliste bezogen, es findet innerhalb ihres Rahmens statt; es ist kein Emporschießen über die Liste hinaus. Der Beste führt diese an, bildet ihre Spitze, ist ihre „Number One". Ob das führende Individuum eine Einzelperson oder eine Gruppe ist, kann in diesem Zusammenhang als unerheblich gelten. Entscheidend ist, daß alles, was in die Erzeugung der Hierarchie eingeht, vom Körper selbst und nur von diesem hervorgebracht werden darf. Seine Muskeln, Blutgefäße, Nerven, Willenskraft, Entscheidung, Lernfähigkeit, die die Grundlage der Klassifikationen sind, muß der Körper, sein Gehirn eingeschlossen, selbst bilden. Er darf davon nichts in Auftrag geben, von dritter Seite erhalten, nichts zwischenlagern, keine Fremdaktivitäten integrieren. Auf der anderen Seite darf mit ihm geschehen, was ohnehin seit langem mit ihm gemacht wird; er darf grenzenlos stimuliert, den unglaublichsten Bedingungen ausgesetzt, es darf das Ungeheuerlichste von ihm verlangt werden, nur diese eine Bedingung muß erfüllt sein: Er muß seinen Rang in der Hierarchie ausschließlich kraft seiner eigenen Natur, d.i. seiner Fähigkeiten und Kapazitäten erringen.

Auch das Konzept der Natur und der Gedanke der natürlichen Entwicklung, die diesem Vorschlag zugrunde liegen, entstammen dem europäischen Denkkontext. In Ostasien beispielsweise wird die Natur, die mineralische, pflanzliche, tierische und menschliche Natur ganz anders entworfen als in Europa. Ebenso ist die Vorstellung eines „natürlichen" Entwicklungsganges des „bloßen" Individuums als eines allmählichen Entfaltens der diesem innewohnenden Möglichkeiten und Fähigkeiten an das westliche Personenkonzept gebunden. In der klassischen europäischen Sportauffassung wird der Körper als ein sich natürlicherweise entwickelnder Organismus idealisiert. In dem Prozeß, in dem der Mensch zu dem wird, was er aus sich gemacht hat, erzeugt er seinen Körper mit Hilfe der ihm von Natur aus gegebenen Mittel. Diese Sichtweise wurde vom aufstrebenden Bürgertum als eine Art *self-made body* verherrlicht. Von diesem Gedanken wird insbesondere das strikte Dopingverbot fundiert.

Wenn man dieses für andere Kulturen verständlich machen will, muß man ihm allerdings eine neue Wendung geben; man muß es aktualisieren und zeigen, daß es heute für alle Regionen von Bedeutung sein kann. In einem ersten Schritt muß man es aus seiner begrifflichen Einklammerung durch altes europäisches Gedankengut (deutscher Idealismus, Romantik) lösen. Es geht im Kontext eines allgemein akzeptierbaren Arguments zur Bewahrung des klassischen Sports nicht mehr um die Fälschung der Entfaltung einer persönlichen Natur, sondern um eine Gefahr, die eine ganz andere Dimension der Bedrohung hat, nämlich um die Veränderung der Natur des Menschen über den Menschen hinaus. Am exemplarischen Fall des Dopings kann das Argument formuliert werden, das generell die technologische Manipulation zum Zweck der Verbesserung des Menschen verurteilt.

Seit langem ist im Sport der Deckel der Pandoradose der Menschenmanipulation ein wenig angehoben worden; dies mit weithin begrüßten, schönen und spannenden Resultaten. Der Sport hatte hier seit langem eine Avantgarde-Funktion; nur ist diese, weil er für die Wissenschaften als Freizeitbeschäftigung gilt, kaum erkannt und ernst genommen worden. Jetzt ist der Sport auch in den Augen der kritischen Beobachter vorneweg, ein Versuchsfeld der Erzeugung neuer Dimensionen des Menschlichen. Aber jetzt soll er zurückstecken, während die neuen Technologien zur Steigerung des Menschen in Erwartung ungeheuerlicher Märkte mit öffentlichen und privaten Forschungsgeldern vorangetrieben werden.

Zuerst gab es im Sport das Höhentraining, dann kam das „Blutdoping". Der Rubikon liegt genau zwischen beidem: Im ersten Fall erhöht der Körper aus eigener Kraft seine Sauerstoffbindungsfähigkeit, im zweiten werden ein, zwei Liter Eigenblut in irgendeinem Kühlfach deponiert und vor großen Anstrengungen dem Athleten wieder zugeführt. Mit der Rückerstattung seines Sparguthabens von der Blutbank erhält der Körper eine Kapazität, die seine natürlicherweise produzierte Blutmenge selbst nicht besitzt, sondern die er mit

Hilfe einer spezifischen Technologie erhält. Dies ist nicht nur das Prinzip von Doping, sondern vieler technologischer Verbesserungen des Körpers.

Ein Mensch entsteht bis jetzt aus den Genen seiner Eltern, aber man kann ihm technologisch die Eigenschaft geben, eine Selektion erlesener Gene vieler Menschen zu sein, also viele Eltern zu haben. Er kann genetisch wie ein Popmusic-Sampler produziert werden – Best of Spermastudio. Für ein zu erzeugendes menschliches Etwas könnte man die biologischen Eigenschaften beliebig zusammenkaufen. Die Reaktionsschnelligkeit, die taktischen Fähigkeiten, Spielübersicht, räumliches Sehen, Entscheidungen während des Wettkampfs sind bisher Leistungen des Gehirns, das der Athlet in seinem bisherigen Leben aus seinen natürlichen Anlagen entwickelt hat. Auch sie sind jetzt ungeheuer steigerungsfähig, wenn man das Athletengehirn über eine Schnittstelle mit externen Speichern verbindet und mit allem verfügbaren Wissen, taktischem Kalkül, Entscheidungsberechnungen, strategischen Informationen (Expertenbeobachtung, Luftbilder, Analysen der Gegner, Messung ihrer Laktatwerte, Berechnungen von mutmaßlichen Reaktionen etc.) versorgt. Bisher müssen alternde Sportler erleiden, daß ihr Körper mit der Abnahme ihrer Fähigkeiten und der Zunahme von Verletzungen ökonomisch an Wert verliert und schließlich, wie ein altes Auto, nur noch Erinnerung an vergangene Herrlichkeit darstellt. Jetzt wird denkbar, daß sie ihre Qualitäts-Gene, ihre exquisiten Körpermerkmale, organischen Fähigkeiten, Geschicklichkeiten, die sie im Sport vorgeführt haben, verkaufen, so daß ihre Natur vervielfältigt, ihre Einzigartigkeit mit vollen Händen ausgeteilt wird und in den „Kindern" finanzkräftiger Käufer als Bein oder Bizeps weiterlebt.

Im Vergleich zu diesen Entwicklungen kann das Dopingverbot im Sport heute als ein liebenswert konservatives Prinzip erscheinen. Es gehört nicht zu den unveräußerlichen Menschenrechten, deren Einhaltung unbedingt zu fordern ist. Man könnte es für unwichtig erklären, weil es ja nur im Bereich des Spiels wirksam wird. Aber gerade weil der Sport als Spiel die Grundprinzipien unserer Gesellschaft anzeigt und sinnlich vorführt, ist er geeignet, vor aller Augen das zu demonstrieren, worum es in diesem Kampf weit über den Sport hinaus geht: um den Menschen mit seinen eigenen Kräften als Referenz für alles Menschliche. In diesem Spiel wird der Körper aller Menschen, also der gewöhnliche Körper idealisiert, insofern er hier ungewöhnliche Taten vollbringt. Ohne eine solche Idealisierung wäre er heute, unter der Gewalt der wissenschaftlichen und ökonomischen Projektionen, nicht mehr als eine Organplantage, wo alles gepflanzt, gepflückt und verkauft werden kann. „Wenn Sie ihre Schulden nicht zurückzahlen können, dann haben Sie immer noch eine Niere zu verkaufen." Diesmal noch wurde der japanische Bankangestellte, der einem zahlungssäumigen Kunden diesen Vorschlag machte, verurteilt. Das Pfund Menschenfleisch, das Shylock aus dem – vermeintlich – ruinierten venezianischen Kaufmann herausschneiden wollte, hat eine elegante Zukunft. Er könnte sich für seine Nachkommen die Merkmale eines italienischen Body-Designs klonen lassen.

Alle diese Entwicklungen drängen über die Grenze des menschlichen Körpers hinaus. Wo aber werden – außer in der Kunst – die dem Menschen eigenen Fähigkeiten als die Grenze des Körpers dargestellt, über die man nicht hinausgehen kann? Die Arbeit der Kunst an der Grenze des Körpers ist heute relativ wenigen verständlich. Das Hinausschieben der Grenze im Sport beobachten wöchentlich viele Millionen. „Verschieben der Grenzen" heißt hier gerade nicht, daß über den Menschen hinaus fortgeschritten wird. Im Sport wird die Grenze immer nur von innen erfahren. Athleten zeigen, wie sie bei ihren ungeheuren Leistungen diesseits der Grenze bleiben – auf unserer Seite. Der Mensch ist das Maß der Grenze. Über sie hinwegspringen hieße, aus der Haut des Menschen fahren, zu einem Wesen über dem Menschen werden.

Im Spiel mit den menscheneigenen Kräften zeigt sich, daß der Mensch eine Quelle des Vergnügens ist, und dies nicht nur im Sport. Das Vergnügen daran, daß aus Bewegungen Emotionen, Erlebnisse, Schönheit, Erotik gewonnen werden, hat den Menschen mit seinem gewöhnlichen Körper zur Referenz: das, was einem Menschen durch den Zufall der Natur gegeben ist. Im sportlichen Wettkampf können wir sehen, wie aus gewöhnlichen Menschen ganz und gar ungewöhnliche Athleten werden.

Die neuen gentechnologischen Entwicklungen werden gefeiert, weil sie „die genetische Lotterie" beseitigen. Der Sport feiert die genetische Lotterie. Spitzenathleten teilen mit uns Zuschauern das Schicksal, biologisch nach den gleichen Prinzipien zu Menschen geworden zu sein wie wir. Sie haben den gleichen gewöhnlichen Ursprung und müssen sich prinzipiell mit dem gleichen Körper herumschlagen, aus dem sie ihre Leistungen pressen, die uns den Atem verschlagen. Der Schreck, den jede gewaltige Sportleistung in uns auslöst, entsteht dadurch, daß ein gewöhnlicher Körper sie hervorgebracht hat, ein Körper mit dem gleichen Ursprung wie bei (fast) allen Menschen, bei Ungleichheit aller anderen Qualitäten. Wenn die Athleten-Körper etwas enthalten, was wir nicht haben, wenn in ihnen Substanzen und Computerchips oder genetische Anomalitäten wirken, hat das Ungewöhnliche, das sie hervorbringen, keinen großen Wert mehr für uns. Wenn sie sich wegschließen müssen, um sich physisch aufzupäppeln, ruft ihr Anblick eine ähnliche Erregung hervor wie die Erscheinung von Lara Croft in den Phantasien einer Jungenklasse.

Ebenso wie das Verstehen des Alltagshandelns, der Sprache, des Anderen auf dem *common sense* beruht, braucht man für das Verstehen der Kultur den *common body*, der von einem Vater und einer Mutter leiblich abstammt und seine physischen Qualitäten aus den seinem Körper zur Verfügung gestellten Mitteln ausbildet. An seiner Erhaltung und Würde haben auch viele außereuropäische Kulturen großes Interesse. In der japanischen Kultur wird beispielsweise das Leben des Menschen als in die Natur eingebettet vorgestellt. Am Naturwesen wird die zivilisierende Hand sichtbar gemacht, ob es ein Garten, ein Reisfeld, ein Bambuswald, ein Tier oder ein Mensch ist. In umgekehrter Richtung werden die Kulturwesen in ihrer Beziehung zu ihrem natürlichen Ursprung beurteilt und ihre neuen, durch Zivilisierung gewonnenen Gestalten, Qualitäten und Fähigkeiten gewürdigt. Angesichts der totalen Technologisierung des Körpers im Doping und in den sich nahtlos daran anschließenden Manipulationen des Menschen müßten sich auch die Japaner für die Erhaltung des *common body* einsetzen.

Man kann das Dopingverbot als einen Testfall dafür ansehen, ob es gelingt, die Manipulation des menschlichen Körpers innerhalb der Grenzen der menschlichen Natur und Kultur zu halten. Ebenso wie der Sport sind die anderen kulturellen Aktivitäten auf die Bewegungen, Wahrnehmungen, Empfindungen, Fähigkeiten, Erinnerungen, Vorlieben des *common body* bezogen. Malerei hat es mit dem Sehen unserer Augen, Musik mit dem Hören unserer Ohren, Dichtung mit unseren Gefühlen, Erinnerungen, Vorstellungen, Empfindungen für Sprache, Rhythmus, Klänge zu tun, die bis an die Grenze gehen können, aber niemals darüber hinaus. Selbst Computergraphik und Internet-Poesie sollen nicht Computer oder künstliche Menschen erfreuen. Wenn es nicht gelingt, die Grenze zu bewahren, könnte dies ein Anzeichen dafür sein, daß die neue Welle der Technologie fähig sein wird, die körperliche Natur und damit die Kultur insgesamt zu entwerten und letzten Endes zu zerstören.

Die Dopingdiskussion stellt eine ernste Gelegenheit dar, die Grenzen von Natur und Kultur auf der Grundlage des *common body* zu definieren. Wie dies formulierungstechnisch geschehen kann, ist in Kooperation von Kulturwissenschaftlern mit Biologen, Medizinern, Genetikern, Juristen etc. herauszufinden. Es ist die Notwendigkeit entstanden, über die Unterschiede der Kulturen und akademischen Fächer hinweg, das zu suchen, was den *common body* gegenüber allen seinen technikerzeugten potentiellen Nachfolgern auszeichnet, die für die menschliche Existenz so wertlos sind. Welchen Sinn hätte es, wenn alles, was uns das Leben lebenswert macht, in der nächsten Generation zu Gerümpel würde?

(Literatur beim Verfasser)

Anmerkung

[1] Für diesen Vortrag habe ich zwei Texte verwendet, die früher geschrieben wurden. Sie sind in meinem Band *Sport in der Gesellschaft des Spektakels*, St. Augustin 2002 veröffentlicht, unter folgenden Titeln: „Das Fortschrittsprinzip im Sport und Probleme einer Sportethik" (227-236) und „Der Angriff des Dopings auf die europäische Sportauffassung. Überlegungen zu ihrer Verteidigung, in Japan niedergeschrieben" (243-257).

Die Produktion des „Unproduktiven"

Henning Eichberg, Slagelse (Dänemark)

Zusammenfassung

Der künstliche Mensch der Moderne ist Produzent. Seine Kunst ist das Herstellen von Leistungen. Die Leistungen, die er produziert, haben die Gestalt von Dingen, von Dienstleistungen, von (Sport-)Resultaten – an ihnen bemisst sich seine Produktivität. „Produktiv" heißt so viel wie gut und nützlich, unproduktiv ist unnütz und nahe beim Asozialen. Aber was ist das eigentlich, das Produzieren? Produktion ist nicht „natürlich", sondern ein gesellschaftliches Konstrukt. Das wird hier an drei Bereichen thematisiert. Der moderne Sport als ein Ritual des Produktivismus zeigt, wie sehr das moderne Produzieren zur Selbstverständlichkeit unserer körperlichen Praxis geworden ist. Die Geschichte der ökonomischen Theorie zeigt, wie die Produktivität sich der Definition entzieht – und als grundlegender Mythos dennoch lebendig ist. Und an der Rückseite der modernen Produktivierung erscheint die Konstruktion der „Unproduktiven" und „Parasiten" – Produktion ist nicht harmlos, sondern fordert Opfer. Über Körperlichkeit, Bewegung und Sport eröffnet sich ein materialistischer Zugang zur Produktion als einer rätselhaften „dunklen Kraft" (Foucault), die die moderne Geschichte mit ihren inneren Widersprüchen erfüllt hat.

Summary

The artificial human being of modernity is a producer. His art is the production of achievements. Whether these have the form of things (artefacts), or of services or (in sport) results, they can be used to measure his or her productivity. To be productive means being useful and good, while the unproductive is useless and is tantamount to him or her. But what is production? Production is not „natural", but a creation of society. This is discussed in three fields. Modern sport as a ritual of producing shows to what extent modern productivity is taken for granted in our bodily practice. The history of economic theory shows how productivity defies any exact definition – and has nevertheless survived as a fundamental myth. As the reverse of modern productivity, we see the construction of the „non-productive" or „parasitic" – production is not harmless, but has its victims. By body culture, movement and sport a materialistic access is gained to productivity, a mysterious „dark power" (according to Foucault) leading to the inner contradictions of modern history.

1. „Du bist unproduktiv"

Ein Gedankenexperiment: Ein Kollege begegnet mir und sagt mir auf den Kopf zu: „Du bist unproduktiv." Was löst das bei mir aus?

Zum einen, ich bin eingeschnappt. Mein Gefühl kommt ins Spiel, ich spüre subjektive Betroffenheit. Produktivität ist offenbar emotional besetzt, und der Mangel an Produktivität ein Reizwort.

Zum anderen, ich reagiere zur Sache. Ich mache eine Gegenrechnung auf und weise auf meine Texte hin, auf Bücher und Literaturproduktion. Produktivität ist etwas Messbares, es gibt objektive Indikatoren. Und Produktivität hat einen Praxisbezug, zum Beispiel das Schreiben des Forschers.

Zum dritten, ich reagiere zur Person: Wieso sagst das gerade du? Bist du etwa produktiver? Ein Vergleich von Mensch zu Mensch zeichnet sich ab, eine Art Wettkampf. Die Produktivitätsfrage enthält Interpersonales und Relationales, sie enthält „Sport".

Übergeordnet zeigt sich ein allgemeiner Weltbezug: Produktion ist etwas Gutes, das uns alle am Leben erhält. Werte sind im Spiel, Gütemaßstäbe. Alles in allem treffen wir in der „Produktivität" auf Elemente, die den Mythos kennzeichnen.

Der künstliche Mensch der Moderne ist Produzent. Seine Kunst ist das Herstellen von Leistungen. Die Leistungen, die er produziert, haben die Gestalt von Dingen, von Dienstleistungen, von Resultaten – an ihnen bemisst sich seine Produktivität. „Produktiv" heißt so viel wie gut und nützlich, unproduktiv ist unnütz und nahe beim Asozialen. So weit der moderne Mythos.

Eine Maschine, um was zu produzieren? – Problemaufriss

Bei genauerer Betrachtung erheben sich Fragen analytischer Art: Was ist das eigentlich, das Produzieren?

Es gab einmal eine Zeit, da erschienen dem modernen Bewusstsein die existentiellen und ökonomischen Verhältnisse des Menschen klar durchschaubar: Der Mensch produziere und konsumiere – das sei der Hauptprozess im Stoffwechsel des Lebens. Das Produzieren sei naturgegeben und zugleich der Weg zu Selbstbefreiung und Mündigkeit des Menschen. Die eine Seite in diesem Modell war die Produktion: Der arbeitende Mensch investiere Energie und Kräfte und erhalte dafür einen Lohn oder (Markt-)Preis. Die andere Seite war die Konsumtion, d.h. der Genuss von Produkten, für die der Mensch aus dem Gewinn seiner Arbeit bezahlt. Die Konsumtion lag im Wesentlichen in der

Sphäre der Reproduktion der Arbeitskraft, im Bereich der Freizeit, und zu dieser gehörte der Sport. Aber da war auch ein Ungleichgewicht: Das basal Lebensnotwendige und damit Gute ist die Produktion – und wer nicht arbeitet, soll auch nicht genießen.

Im dualen Bild von Produktion und Konsum war die Technik eine Unterabteilung der Produktion. Technik gehörte zur Produktivkraftentwicklung. Und die Maschine war – als ein höherentwickeltes Arbeitswerkzeug, das Energie in Waren und andere Ergebnisse verwandelte – ein charakteristisches Produktionsmittel. Mit der Maschine kann der Mensch sich befreien, indem er sich zur Freiheit produziert.

Die Fitnessmaschine, wie sie sich seit den 1980er Jahren in den industriegesellschaftlichen Metropolen verbreitet hat, wirft die klassisch-modernen Vorannahmen hinsichtlich Produktion und Konsumtion über den Haufen. An der Maschine sieht man Menschen, die bei harter körperlicher Arbeit schwitzen, aber für diesen Einsatz keinerlei Lohn erhalten. Im Gegenteil, sie bezahlen dafür, dass sie arbeiten dürfen, und zwar an den Betreiber des Fitnesszentrums. Das Verhältnis zwischen Produktion und Konsumtion bzw. Reproduktion wirkt wie auf den Kopf gestellt. Die Arbeit – an der Maschine als einem Produktionsmittel – ist Konsumtion, für die man andere entlohnt. Sie spielt sich zwar in der Sphäre der Reproduktion – der Freizeit – ab, ist aber selbst nicht unmittelbar reproduktiv. Wer produziert hier eigentlich was?

Mit der Fitnessmaschine werden jedenfalls keine Produkte hergestellt. Der Körperarbeiter produziert mithilfe der Maschine allenfalls bestimmte physiologische Daten, die auf Skalen ablesbar sind. Diese Daten erscheinen als persönliche Leistungen, die es zu verbessern gilt. Aber man erarbeitet diese Daten nicht zum Zwecke des Trainings, also als Vorstufe für „eigentliche" Leistungen wie zum Beispiel sportive Rekorde. An der Fitnessmaschine ertüchtigt man sich nicht für etwas anderes, sondern der Prozess steht für die Sache selbst – aber für welche Sache? Mit der Maschine arbeitet man, den Aussagen einiger Nutzer zufolge, an der eigenen Gesundheit; am realen gesundheitsmässigen Effekt darf man jedoch zweifeln. Produziert die Maschine also eher bestimmte Erlebnisse, deren Wert in Vergnügen, Lust und Unterhaltung liegt? Auch das legen die Aussagen mancher Fitnessarbeiter nahe; andere weisen es zurück. In jedem Fall produziert man mit der Maschine eine neue Form für den eigenen Körper. Indem man den Körper produziert, produziert man sich selbst.

Sich selbst produzieren – dieser Begriff führt zurück zum Sprachgebrauch des 18. Jahrhunderts. Der vormoderne Begriff des Produzierens hatte nämlich nichts mit Fortschritt, Wachstum und Technologieentwicklung zu tun, nichts mit Befreiung und mit der Hervorbringung von immer mehr Waren. Sondern „produzieren" bedeutete damals: etwas vorlegen und sich selbst vorführen. Man „produzierte" Beweise vor Gericht. Oder man „produzierte sich", und zwar durch vornehmen Gang und zierlichen Tanz, indem man bestimmten Regeln für Kleidung, Haltung, Mimik, Sprachweise u.a. folgte. „*Ein Cavalier soll sich produciren*", hieß es 1727 in Wolff Bernhard von Tschirnhaus' „*Getreuem Hofmeister*". Das Produzieren war dem Inszenieren nahe. Aus industriegesellschaftlicher Sicht hat dieser Produktionsbegriff aproduktive Züge, denn er bringt nichts Neues hervor, er setzt in Szene. Sollte also die Fitnessmaschine darauf angelegt sein, dass man sich selbst produziere, obgleich heute in anderen Formen als im 18. Jahrhundert, so mag man darin ein Wiedererscheinen vormoderner Aproduktivität ahnen. Oder, da wir als Betrachter unseren historischen Ort *nach* dem modernen Produktivismus haben, erscheint es als eine Art Antiproduktion, die menschliche Energie sinnvoll vernichtet (Und das wäre zugleich eine Definition des nachmodernen Sports.).

Während der Mensch sich in seiner Arbeitswelt durch den Produktionsroboter und die maschinelle Datenbearbeitung von der produktiven Maschinenarbeit befreit, konstruiert er sich somit die Maschine als ein Gerät der Antiproduktion. Es führt demnach ein widerspruchsvoller historischer Weg von vormodernen Festen und Spielen zunächst zur Ertüchtigung und Selbstbefreiung des Menschen durch den Sport im Kontext der – maschinellen – „Produktivität" und dann weiter zur Antiproduktion des „nichtsportlichen Sports" (Dietrich/Heinemann 1989). Wie auch immer, die Fitnessmaschine stiftet dazu an, moderne Begrifflichkeit „produktiv" zu verwirren.

Die Produktion ist jedenfalls nicht „natürlich", sondern ein Konstrukt, ein Teil der modernen Künstlichkeit. Sie gibt Anlass zur Nachdenklichkeit. Wir wollen im Folgenden drei Blicke werfen: auf den Sport als Ritual des Produktivismus, auf die ökonomische Theorie der Produktivität und auf die Rückseite der modernen Produktivierung, die Konstruktion der „Unproduktiven".

Durch Springen produzieren – aus Widersprüchen lernen

Der Übergang von den vormodernen Spielen und Festen zur modernen Körperkultur lässt sich als die Genese des Produzierens beschreiben. An die Stelle des Tanzens und Spielens, des Kämpfens oder Wetteiferns hier und jetzt trat die Herstellung von Ergebnissen durch den Sport. Bewegung wurde im Sport übersetzt in Daten, die jenseits der konkreten Situation einen Wert hatten, ausgedrückt in Zentimetern, Gramm, Sekunden oder Punkten. Diese Produkte konnten gemessen, verglichen, als Rekorde berichtet, durch die Jahre überliefert und auf dem Markt gehandelt werden. Im Sport schuf sich die Gesellschaft ein Ritual neuen Typs. Indem sie rituell aus der Bewegung das Ergebnis konstruierte, stellte die Gesellschaft sich selbst als eine Hervorbringende dar, als produktivistische Kultur, als Leistungsgesellschaft. An der Dominanz des Resultats gegenüber dem Situativen der Bewegung wurde die Genese des industriellen Verhaltens ablesbar (Eichberg 1978, 1983b, 1984).

Dieser Prozess der Moderne als Produktivierung lief nicht ohne innere Widersprüche ab. Es sind diese Widersprüche, die unsere gesellschaftliche Einsicht bereichern.

Gegen Ende des 19. Jahrhunderts reiste ein dänischer Gymnastiklehrer, K.A. Knudsen, nach England, um die dortige Praxis von Leibesübungen und Sport zu studieren. Dabei wurde er Zeuge eines Hochsprungwettkampfes zwischen einer englischen und einer finnischen Mannschaft. Den Engländern – so berichtete er später in Dänemark – lag allein daran,

„über die Schnur zu kommen, ganz gleich auf welche Weise. Sie zeigten nur allzu deutlich die Anstrengung, die der Sprung sie kostete, und sie vermittelten den Eindruck, es gebe bestimmte Tricks, um so hoch wie möglich zu kommen. Sie stellten sich schräg vor die Schnur, liefen in Kurven, krümmten sich während des Sprunges zusammen und ließen sich danach auf Hände und Füße fallen. Die Finnen hingegen nahmen ihren Anlauf in der Mitte der Schnur, richteten sich sofort auf, sobald sie über die Schnur gekommen waren, fielen in einem schönen Niedersprung und standen danach, als ob es sie keine Anstrengung gekostet hätte, die etwa drei Ellen zu springen." (Knudsen 1895, 46)

Knudsen, der später als Leiter des Staatlichen Gymnastikinstituts – heute das Sportinstitut der Universität Kopenhagen – große Bedeutung für den Aufbau der dänischen pädagogischen Leibesübungen bekam, beschrieb damit zwei sehr unterschiedliche Bewegungsweisen – und ihren Zusammenstoß. Der Widerspruch zwischen den Prinzipien von Gymnastik – in Deutschland Turnen – und Sport prägte in Dänemark, ähnlich wie in anderen Ländern, die frühe Moderne der Körperkultur im 19. Jahrhundert, bis er in den 1920/30er Jahren zum expliziten Konflikt wurde. Knudsen beschrieb, als Gymnastiker, den Zusammenstoß parteiisch von derjenigen Position her, die historisch – zunächst – unterliegen sollte.

Im einen Falle war die Bewegung vom Streben nach Effektivität bestimmt, im anderen vom Streben nach Schönheit. Beim Hochsprung der Engländer ging es um das Resultat, bei den Finnen um die Qualität der Bewegung. Knudsen selbst ging von einer pädagogisch und ästhetisch gesehenen Ganzheit der Bewegung aus. In ihr zählte also nicht nur das Detail der erreichten Höhe allein, sondern der ganze Verlauf von der Grundstellung des Starts bis zum Abschluss. Darum warf er den Engländern ihre Krümmung und den „Trick" vor, also die Technik, die sich auf Dauer durchsetzen sollte. Wenn er die Finnen wegen ihres schönen Niedersprungs lobte, so wird uns das heute ein Lächeln abnötigen – obwohl wir vom olympischen Turnen die ästhetische Form des Bewegungsabschlusses als Leistungskriterium, in Punkte übersetzt, durchaus noch kennen. Aber beim Hochsprung geht es letztlich um Zentimeter und Millimeter, sonst nichts.

Der Sport verkörperte also das Bewegungsprinzip der Industriegesellschaft als ein Produktionsprinzip: Citius, altius, fortius – Schneller, höher/weiter, stärker. Durch zielgerichtete Bewegung ging es darum, *Ergebnisse* in Zentimetern, Gramm, Sekunden oder Punkten herzustellen, eine neue *Messbarkeit*. Die Rekorde ordneten sich auf einer aufsteigenden Linie des *Fortschritts* an – Rekorde können nicht fallen. Die Jagd um das Resultat erforderte rationelles *Training*, und dies im Rahmen fachlicher *Spezialisierung*. Damit führten zum Beispiel Hochsprung und Tennis, Gewichtheben und Kricket in ganz unterschiedliche Richtungen, die sich sukzessiv als Sportarten verselbständigten. Die Produktion von Sportleistungen zieht notwendigerweise das System abgesonderter, spezialisierter *Sportdisziplinen* nach sich. Die Ergebnisorientierung zog ferner die *Standardisierung* von Regeln, Ausrüstung und Anlagen nach sich. Und wo es bei der Gymnastik um die relative Gleichheit aller Übenden auf möglichst hohem Niveau ging, baute sich im Sport eine *Hierarchisierung* des Leistens auf, an deren Spitze der beste Einzelne in Weltmeisterschaften und Olympischen Spielen die Goldmedaille errang.

Damit entstand eine neuartige Spaltung innerhalb der Bewegungs- und Spielkultur. Der Sportler produziert, der Gymnast hingegen produziert irgendwie nicht. Er absolviert Bewegungsabläufe ohne „Resultat", er reproduziert eher. Mindestens ebenso auffällig ist die Abspaltung des Tanzens vom Sport, im Kontrast zu älteren Bewegungskulturen. Sowohl die mittelalterliche Volkskultur als auch die adelsmäßigen Exerzitien wiesen dem Tanz eine zentrale Stelle zu. Nun aber konnte die neue Frage auftauchen: Was produziert der Tänzer? Bzw. mit charakteristischer geschlechtspolitischer Abfälligkeit: Was produziert eigentlich die Tänzerin?

Die „Produktivität" des Sports ist insofern vielschichtig und widersprüchlich. (1.) Eng ökonomisch betrachtet, ist Sport „unproduktiv", da er ein Teil des freizeitlichen Vergnügens jenseits der nützlichen Arbeit ist. Er ist so unproduktiv wie der Tanz. Zugleich (1.a) schreibt man ihm „reproduktive" Züge zu – als gesundheitsförderlich, psychisch erfrischend, gemeinschaftsbildend. (2.) Als Konfiguration – indem durch Bewegung Resultate produziert werden – ist der Sport hingegen schlechthin produktiv und bietet sich gerade darum der produktivistischen Industriegesellschaft als Ritual an. Dies im Gegensatz zum Tanz. Und (3.) auf einer übergeordneten ökonomischen Ebene wird Sport zu einem Geschäft, zu einem hochproduktiven Zweig der Unterhaltungsindustrie.

Im Folgenden soll der konfigurale Aspekt das Erkenntnisinteresse leiten. Der Sport als Ritual des modernen Produktivismus ist aber nur schwerlich von der Warengesellschaft einfach herzuleiten. Historisch gesehen, ging der moderne Sport der industriellen Warenproduktion nämlich um eine oder zwei Generationen voraus (Eichberg 1978). Die ökonomistische Deutung des Sports bzw. der Kultur ist bei näherer Betrachtung selbst vom produktivistischen Mythos abgeleitet – „erst kommt das Fressen, dann die Moral", in anderen Worten: erst die Erarbeitung der Ernährungsbasis, dann die Kultur, oder: erst das Produzieren, dann der Sport. Bei einer konsequent materialistischen Betrachtung von Körper und Bewegung sieht das Bild anders aus.

2. „Produktion" in der ökonomischen Theorie

Damit ist die Frage, was das eigentlich heißt – Produzieren und Produktivität – noch nicht beantwortet. Man kann versuchen, die Frage weiterzureichen an den „Überbau" der intellektuellen Begriffsbildung. Kann die ökonomische Theorie, die Mutterdisziplin des Produktivitätsdiskurses, zu einem Verständnis weiterhelfen?

Die Ökonomie hat in der Tat ein Jahrhundert lang versucht, die Kategorien der „Produktivität" und des „Unproduktiven" in ihrem Gegenüber zu bestimmen. Sie musste dieses Vorhaben jedoch bereits um 1900 herum aufgeben (Foucault 1966, Burkhardt 1974 und 1975, Hentschel 1984).

Der historische Sprung in der Wirtschaftstheorie von der Ökonomie als Haushaltslehre zur Produktionslehre geschah von der Mitte des 18. Jahrhunderts an. Der Merkantilismus kannte zwar die Produktion als Phänomen, aber eine zentrale Bedeutung hatte dieses Phänomen für sein ökonomisches Denken nicht. Stattdessen ging es den Merkantilisten um die Zirkulation der Reichtümer, um das Auf und Ab in der Relation zwischen Gütern und Geld, um die Handelsbilanz zwischen Ausfuhr und Einfuhr sowie um die Proportion der Gewerbezweige hinsichtlich ihres Beitrags zur „Nahrung". All das waren zirkulierende, umkehrbare, positionelle Bewegungen der ökonomischen Elemente in einem Raum mit fixem Gesamtbestand. Der Haushalt bildete ein Tableau, ein statisches Bild der „richtigen" Verhältnisse.

Der Übergang zum Neuen, zur Ökonomie als Produktionslehre, deutete sich bei David Hume 1741 an. Das neue Bild wurde klarer bei den französischen Physiokraten, die sich auf die Suche machten nach der *classe productive* – im Kontrast zur *classe stérile*. Der analytische Erkenntnisgewinn war verbunden mit politischen Bewertungen, denn die „produktive Klasse" sollte gesellschaftlich-politisch gefördert werden. Adam Smith erklärte 1776 dann die *productive powers of labour* zu einem Zentralbegriff der ökonomischen Theorie. David Ricardo richtete 1817 die ganze Theorie nach der neuen Konfiguration der Produktion und Produktivität aus. Und Friedrich List verdoppelte 1841 die Produktion zur „Produktion der produktiven Kraft".

An all dieses konnten Wilhelm Schulz (1841) und Karl Marx (1845, 17, 22ff.; 1857/59) anknüpfen mit ihrem Versuch, die ganze Menschheitsgeschichte und die Philosophie von der „Basis" der Produktion her neu zu schreiben. Von der Produktion abgeleitet wurde nun der Überbau der Institutionen und der Ideen, mit Religion, Staat, Kultur etc. Einen Höhepunkt erreichte das produktivistische Denken, als Marx die drei *productive agents* der englischen Theorie einer grundlegenden Kritik unterwarf. Von Arbeit, Boden und Kapital blieb bei näherer Betrachtung nur die Produktivität der Arbeit übrig, und damit letztlich die Produktivität des Arbeiters. Die Produktion war zum entscheidenden Faktor des ökonomischen Prozesses geworden, der laufend und dynamisch die – bislang statisch als Tableau gedachten – Verhältnisse umwälzte.

Der Produktivitätsstreit

Die neue ökonomische Lehre erhielt ihre gesellschaftliche Durchschlagskraft durch den Produktivitätsstreit. Der Versuch, „unproduktive" Klassen oder Gruppen zu bestimmen, löste heftige Kontroversen aus. Das hatte mehr als nur theoretische Bedeutung, es enthielt politische Sprengkraft. Plötzlich war es wichtig, zu den „Produktiven" zu gehören.

Die ersten, denen dieses positive Attribut zugeschrieben wurden, waren die Landwirte; sie allein galten den Physiokraten als die produktive Klasse. Demgegenüber wertete Adam Smith die industrielle Arbeit auf und leitete davon die Produktivität der Unternehmer ab. Das enthielt eine gesellschaftliche Provokation. Könige, Beamte und Geistliche stellte Smith als „unproduktiv" auf eine Stufe mit Opernsängern. Später wurde das zugespitzt zum Vergleich von Monarchen, Soldaten und anderen unnützen staatstragenden Gruppen mit Prostituierten. Mit Karl Marx wurde dann der Arbeiter zu dem produktiven Menschen *par excellence*. Die Begriffsfrage erwies sich als Teil der modernen Revolution.

Die Begriffsrevolution wurde am Bild des Theaters anschaulich. Der Schauspieler war vor der industriellen Moderne der Inbegriff des (Sich-)-Produzierenden als eines Sich-Inszenierenden gewesen. Er lieferte ein Modell für den Adligen als den Experten zeremonieller Inszenierung auf der Bühne des *Theatrum Mundi*. Die Zeremonialwissenschaft wies die Techniken des Sich-Produzierens im Einzelnen an (Rohr 1728, 1733, Eichberg 1994). Aber nun, ab 1800, war das Sich-Produzieren plötzlich kein Produzieren mehr – im Gegenteil, es war unproduktiv. Der Schauspieler gab neben dem Adligen und der Hure plötzlich ein negatives Bild ab. In dieser Begriffsverschiebung kam eine grundlegende Ummythologisierung zum Ausdruck.

Die Problematik der neuen Kategorie, nämlich Produktivität zu operationalisieren, wurde allerdings an der Frage des Lehrers sichtbar. Was bringt der Lehrer eigentlich hervor, das den gegenständlichen Produkten der Arbeiter und Bauern vergleichbar wäre? Nichts, meinte die klassische englische Theorie. Dem trat Friedrich List entgegen und pointierte ironisch: *„Wer Schweine aufzieht, ist ein produktives, wer Menschen erzieht ein unproduktives Mitglied der Gesellschaft"* (1841). Es war also notwendig, so etwas wie unkörperliche Produkte einzuführen, und damit wurden die Dienstleistungen produktiv umdefiniert. Das geschah durch Jean-Baptist Say und seine Annahme des *produit réel, mais immatériel* (1803/1828). Und wenn bei List die Lehrer und andere als „Produzenten der produktiven Kraft" erschienen, so zeichnete sich damit eine Art Produktion zweiten Grades ab. Aber auch Hausdiener und Schuhputzer fanden nun Befürworter ihrer „produktiven" Arbeit. Und sogar für die Soldaten konstatierte man – so General Moltke 1867 – eine indirekte produktive Bedeutung, insofern die Sicherheit des Staates produktive Arbeit sichere (Der Anspruch, den die Bundeswehr in unserer Zeit in Reklameanzeigen erhebt, „*Sicherheit zu produzieren*", steht in dieser Tradition.). Nur über die Unproduktivität der „Hetäre" war man sich auffällig einig.

In der Produktivitätsdebatte überschnitten sich durchaus verschiedene Grundvorstellungen, oft auch bei demselben Autor. Zum einen war eine *Wachstumsvorstellung* tragend: Produktive Arbeit erzeugt ein Mehr. Zum anderen gab es eine auf Rentabilität bezogene Variante, der es um Ergiebigkeit, Effizienz und *Intensivierung* im Verhältnis von Aufwand und Ertrag ging. Und drittens war eine auf *Innovation* ausgerichtete Variante grundlegend: Durch Produktion erscheint ein neues Drittes. Wachstum, Intensivierung, Innovation – gemeinsam war diesen drei Grundvorstellungen, dass die Produktivität die Ausgangslage des wirtschaftlichen Handelns bleibend verändert. Das grenzte sie gegen den älteren Merkantilismus ab. Im Produzieren als Verändern erschien die Zeitdynamik der modernen industriellen Konfiguration (Burkhardt

1974). *Mehr, intensiver, neuer* – das war die ökonomische Ausgabe des sportiven *schneller, höher/weiter, stärker*.

Auch die neue Begrifflichkeit der Ökonomen, die nun von „Erzeugen", „Entstehen", „fruchtbar sein" und „Hervorbringen" sprachen, verwies auf außerökonomische Zusammenhänge. Vom „Sturm und Drang" in der deutschen Literatur her hatten sich Bilder des schöpferischen Hervorbringens verbreitet, für die Goethe die Figuren des Prometheus und des Faust erfand. Die Natur war nicht mehr nur ein universales Uhrwerk wie in der klassischen *Nova Scientia* des 17. Jahrhunderts bei Kepler, Galilei und Newton, sondern sie wurde zur *tätigen Natur* bei Schelling, Oken und Steffens. Und die Vernunft wurde vom statischen Tableau zur *produktiven Vernunft* bei Kant, Fichte und Hegel. Überall zeigte sich das neue Syndrom moderner Produktivität, das mit Zeiterlebnis, Bildungs- und Leistungsbegriff emotional hoch besetzt war.

Von da ab konnte das Produzieren als eine anthropologische Grundbestimmung naturalisiert werden, und es wurde möglich, die Produktion oder Produktivität bei den „Primitiven" und durch die Weltgeschichte hindurch zu registrieren, zu messen und zu vergleichen. Das Produzieren war „natürlich" geworden, ein Stück menschlicher Natur. Der Mensch wurde als Produzent schlechthin vorgestellt.

An der Rückseite des Produktivitätsbegriffs entwickelte sich jedoch auch die Vorstellung von den „Unproduktiven" weiter, also der Diskurs über diejenigen, die nicht oder nicht genügend produzieren und deshalb parasitisch leben. Der Antiparasitismus war gerade auch unter Sozialisten zuhause. In der Zeit der Bismarckschen Sozialistenunterdrückung wehrte die verbotene Sozialdemokratie sich mit Erfolg durch die populären Wanzenflugblätter – *„Tod allem Ungeziefer! – Keine Schmarotzer mehr!!"* Diese Flugschriften von 1890 versprachen auf der Vorderseite *„Gebrauchs-Anweisung zur gänzlichen Vernichtung von Flöhen, Wanzen, Motten und anderem Ungeziefer"*. Das war ein Einstieg, um zum Angriff gegen die Ausbeuterklassen im wilhelminischen Deutschland überzugehen, *„gegen menschliches Ungeziefer, gegen Wucherer, Fabrikanten, Großgrundbesitzer und Staatsgewaltige"* (Brune 1981, 15).

In solche Konfrontation konnten sich auch antijüdische Töne einschleichen, und die gleichzeitig sich formierenden Antisemiten setzten dem unproduktiven Ausbeuter, der „Wanze", die Judennase auf. Später wurde die antiparasitäre Logik des Produktivismus in den „Kampf gegen das Schmarotzertum" innerhalb der Sowjetunion überführt. Die des „Parasitismus" Angeklagten trugen auffällig oft jüdische Namen. Das Recht auf Arbeit wurde als „Pflicht zur produktiven Arbeit" staatstragend – und terroristisch.

Grenzen der Berechnung und das Leben des Mythos

Bei alledem konnte die ökonomische Wissenschaft jedoch weiterhin keine Einigkeit darüber erzielen, welche Art von Tätigkeit denn eigentlich produktiv sei und welche nicht. Der Produktivitätsstreit der ökonomischen Theorie führte nie zu einer operationalen Bestimmung der Kriterien für Produktivität.

Solche Vergeblichkeit führte schließlich zum Abbruch des Produktivitätsstreits in der ökonomischen Theorie. 1909 stand das Thema noch einmal auf dem Programm der Generalversammlung des *„Vereins für Socialpolitik"* in Wien. *„Wir haben kein Mass der Produktivität der Volkswirtschaft"*, räumte der Hauptreferent, Eugen von Philippovich, ein, wollte aber den Begriff dennoch als Wertbegriff retten (Hentschel 1984, 23-26). Die Kritik jedoch – von der Seite Max Webers, Werner Sombarts und der Neoklassiker – hatte auf Dauer ein größeres Gewicht. In der Folgezeit wurde der Produktivitätsbegriff als eigenständige theoretische Kategorie aufgegeben. Stattdessen lebte der Begriff fort als eine technische Kategorie, die die quantitative Relation zwischen Mitteleinsatz und *output* definiert. „Produktivität" bezeichnete nun ein effizientes Handeln – oder aber einfach ein Handeln, das einen Marktpreis erzielte; aber den hat die Prostituierte mit ihrer erotischen Dienstleistung auch.

Der Produktionsbegriff erwies sich also bei genauerer Betrachtung als inhaltsleer, oder richtiger: er ermangelte eines spezifischen Inhalts. Sein ökonomischer Inhalt ließ sich entweder auf den Verdienst (in Marktpreisen) oder auf Rentabilität (Nutzen-Kosten-Relation) zurückführen. Ohne Bezug auf die wertbesetzte Konfiguration des „produktiven Hervorbringens" war die Produktivitätskategorie eigentlich überflüssig.

Die intellektuelle Unmöglichkeit, den substantiellen Inhalt des Produzierens zu erfassen, tat allerdings weder dem Mythos von der Produktion, noch der Dynamik seines (sportiven) Rituals einen Abbruch. Auch weiterhin hat das Nationalprodukt oder Bruttosozialprodukt einen hohen Argumentationswert hinsichtlich der Vergleichbarkeit und „Leistungsfähigkeit" von Gesellschaften, obwohl es nach Marktpreisen berechnet wird, mit allen damit verbundenen Willkürlichkeiten und Zufälligkeiten. Und obwohl das Nationalprodukt Paradoxien enthält wie diejenige der Fabrikation militärischer Waffen, die als „produktiv" zu Buche schlägt, obwohl sie auf Destruktion hinausläuft. Oder die Paradoxie des Krankheitswesens: Ein Mehr an Krankheit und Behandlungsbedarf erhöht die Produktivität der Gesellschaft.

Seit den 1970er Jahren machte man sich daher auf die Suche nach alternativen Berechnungsmöglichkeiten des Bruttosozialprodukts.

Insbesondere sollten nun auch Umweltwerte, also die Umweltverträglichkeit und ökologische Nachhaltigkeit des Produzierens mit berücksichtigt werden. Die Vorstellung von der gesellschaftlichen Produktivität wurde jedoch dadurch zwar nuanciert, aber – wie sich auf Dauer zeigte – nicht wesentlich beeinträchtigt.

Noch mehrere Generationen nach dem offiziellen Ende des Produktivitätsstreits zeigte sich das ungebrochene Fortleben des Produktivitätsmythos an der Auseinandersetzung um das Immobilienmakeln in den 1970er Jahren. Eine breite gesellschaftliche Diskussion entfaltete sich darüber, ob der Wohnungsmarkt dem Einfluss der Makler entzogen werden solle, indem man ihn kommunalisierte. Makler, so hieß es, „schaffen keinen Wohnraum", sie beuten nur eine bestehende Knappheit aus. Städtische Gemeinden richteten darum kommunale Wohnungsvermittlungen ein. Der SPD-Parteitag von 1973 beschloss einen Antrag zum Verbot der Tätigkeit des Immobilienmaklers. Makler – so lautete es in der Debatte – produzieren nicht, es gebe keinen „*parasitäreren Bereich in unserer Gesellschaft*" (zit. Burkhardt 1974, 277). Die Kampagne verlief zwar später im Sande, und die Profession des Maklers besteht ungestört weiter. Aber der produktivistische Mythos blieb unbeschädigt, auf der Linken wie auf der Rechten (Kaltenbrunner 1981).

Ist demnach alles wirtschaftliche Handeln letztlich Produktion? Aber warum muss man es dann „Produktion" nennen?

Vielleicht bezog aber das Produktivitätsdenken seine Dynamik gar nicht primär aus der Positivität des Produzierens, sondern aus der Abgrenzung gegen das „Unproduktive"? Jedenfalls erscheint im historischen Verlauf der Moderne das Denken des Unproduktiven oft als machtvoller denn das theoretische Wissen – oder Nicht-Wissen – um die Produktivität. War es etwa die Angst vor der „Unproduktivität", die den Ausschlag gab für das Leben und Fortleben des Mythos?

3. Unproduktive, Reproduktive, Parasiten

Die Kunst des Produzierens – oder dessen künstliche Konstruktion – im Durchbruch zur industriellen Moderne hatte jedenfalls von Anfang an eine Kehrseite: die Konstruktion des „Unproduktiven". Im Rücken des „Produktiven" erschienen der „Verlierer" oder „Versager", der „Unproduktive" und der „Parasit". Der Mythos vom Produzieren hatte nicht nur eine „aufbauende" Kraft, er zielte auch auf Abwertung, in der Konsequenz sogar auf Vernichtung.

Das traf keineswegs nur oder primär Adlige, Makler, Wucherer, Großgrundbesitzer und andere machtvolle „Ausbeuter". Es traf in besonderem Masse gesellschaftliche Minderheiten und Fremde. Erst unter der Vorgabe des Produktionsmythos war es möglich, vom „parasitischen Juden", vom „unproduktiven" Zigeuner und vom „faulen Wilden" zu sprechen (Eichberg 1981). Ein vergleichender Blick auf die negativen Bilder, die die Gesellschaft sich von „den anderen" machte, zeigt die mörderische Dynamik der modernen Produktivierung.

„Der jüdische Parasit"

Die Juden in Europa lebten vor 1800 als Stand und als Religionsfremde ein nicht selten abgesondertes Leben, oft misstrauisch beobachtet oder gar verfolgt. Sie waren Gegenstand von nicht nur positiven, sondern auch negativen Stereotypen – als das Volk, das am Tod Jesu schuldig sei, als schuldig an Pest und anderen Epidemien, als rituelle Kindermörder, als Brunnenvergifter. Obwohl nur eine Minderheit der Juden im Geldverleih tätig war, konnten sie auch als ökonomische Konkurrenten aufgefasst werden. Aber gegen Ende des 18. Jahrhunderts tauchte plötzlich eine neue Vorstellung auf und verbreitete sich mit rasanter Geschwindigkeit.

Johann Gottfried Herder, obwohl selbst keineswegs antijüdisch eingestellt, sprach 1784 wohl erstmals von den Juden als „*einer parasitischen Pflanze an den Stämmen anderer Nationen*" (*Ideen zur Philosophie der Geschichte der Menschheit*, 1784). Frühsozialisten wandten sich in der Folgezeit gegen die Juden als „*unproduktive Parasiten, die von der Substanz und Arbeit anderer leben*", wie Alphonse Toussenel es 1845 in „*Les juifs, rois de l'époque*" ausdrückte (zit. Bein 1965, 128). Ähnlich wie Karl Marx (*Zur Judenfrage*, 1844) fand auch Pierre Proudhon scharfe Worte über den „*Antiproduzenten*": „*Der Jude bleibt Jude, Parasitenrasse, arbeitsscheu, mit allen Wassern des anarchischen Lügenhandels, der Aktienspekulation, des Bankwuchers gewaschen*" (*De la justice dans la révolution et dans l'église*, 1858, zit. Silberner 1962, 59).

An dieses Bild knüpfte der Rassenantisemitismus des 19. Jahrhunderts an. Der NS-Faschismus machte daraus ein dichotomisch-paranoisches Weltbild vom Gegeneinander des „produktiven Ariers" und des „unproduktiven Juden". In den Worten von Hitler 1928:

> „Das jüdische Volk kann mangels eigener produktiver Fähigkeiten einen Staatsbau räumlich empfundener Art nicht durchführen, sondern braucht als Unterlage seiner eigenen Existenz die Arbeit und die schöpferischen Tätigkeiten anderer Nationen. Die Existenz des Juden selbst wird damit zu einer parasitären innerhalb des Lebens anderer Völker. Das letzte Ziel des jüdischen Lebenskampfes ist dabei die Versklavung produktiv tätiger Völker." (Weinberg 1961, 220-221)

Die Problematik des Kapitalismus wurde damit produktivistisch aufgespalten. Indem man dem „schaffenden Kapital" das „raffende" gegenüberstellte, wurde der „jüdische" Kapitalismus zum eigentlichen Problem erklärt, während das deutsche Kapital nicht nur aus der Kritik herausgehalten, sondern als angeblich „produktiv" sogar mit besonderem Wert belegt wurde.

In der I.G. Auschwitz nahm dieses Produktionsbild mörderische Formen an. I.G. Auschwitz war eine Fabrik, die Sachen produzierte und Menschen vernichtete. Die Firma, die das Gift für die Massenvernichtung lieferte, war die *„Deutsche Gesellschaft für Schädlingsbekämpfung"*.

Die Soziologie hat erst spät die Judenvernichtung als ein Kernthema für die Erforschung der Moderne entdeckt: Der Holocaust brachte grundlegende industriegesellschaftliche Muster auf einen makabren Höhepunkt – Ordnung und Rationalität, wissenschaftliche Distanz und Gefühlskälte, administrative Reifizierung (Müller-Hill 1984, Dressen 1986, Bauman 1989). Allerdings blieb dabei offen, was jenseits der rationalen Verfahren der eigentliche Inhalt der Ausgrenzung und Ausmerzung war. Auf diesen Inhalt hin führt es, wenn wir die Aufmerksamkeit auf die Produktivität und ihre Rückseite des „Unproduktiven" richten (auch Adorno/Horkheimer 1971, 155-157, Berman 1973).

Ob der Bezug von Produktivitätssyndrom und Vernichtung allerdings einen umfassenderen Erklärungswert hat oder punktuell bleibt, kann nur über komparative Verfahren abgesichert werden. Der Vergleich mit anderen Genoziden derselben Moderne hilft hier weiter.

„Der unproduktive Zigeuner"

Im Kontrast zu den Juden lebten die Roma und Sinti nicht als städtisch-gewerblicher Stand, sondern als Wandervolk mit ganz eigener Lebensweise unter europäischen Völkern. Dennoch erlebten sie zu Beginn der industriellen Moderne eine vergleichbare Zäsur.

Auch die Sinti waren bereits vor der Moderne Verfolgungen ausgesetzt. In der frühen Neuzeit wurden sie von Land zu Land vertrieben, verdächtigt als „Zauberer", „Heiden" und „Räuber". So beschrieb sie auch noch der Artikel „Zigeuner" in Zedlers Universallexikon 1749. Aber in der zweiten Hälfte des 18. Jahrhunderts zeichneten sich neue Beschreibungsmuster ab – und neue gesellschaftliche Praktiken in der Behandlung dieser Minderheit.

Erstmals im Österreich Maria Theresias und Josephs II. versuchte man, dieses wandernde Volk zu „produktivieren". Das geschah durchaus gewaltsam, wenngleich in aufklärerischer und humanitärer Absicht. Das Nomadisieren und der Bettel wurde den Zigeunern verboten, aber auch ihre eigene Gerichtsbarkeit und innerzigeunerische Heiraten, ihre Sprache und ihr Musizieren. Sie erhielten Boden zur Landwirtschaft, ihre Kinder wurden den Familien weggenommen und in Schulen zwangseingewiesen. Auf Dauer scheiterte die Produktivierung. Die Roma warfen die aufgezwungene Lebensform ab, sobald die Repression nachließ.

Damit hatte sich jedoch das neue gesellschaftliche Bewertungssystem auch für die Sinti und Roma etabliert. Im 19. Jahrhundert entwickelte sich eine antizigeunerische Literatur unter den Begriffen des Arbeitsscheuen und Asozialen oder gar des *„blutsaugenden Parasiten"* (so Max Ferdinand Sebaldt in *Die arische Sexual-Religion,* 1897). Aber auch abseits so extremer Äußerungen, in gutbürgerlichem Kontext, wurde das wandernde Volk „auffällig" und zum Gegenstand polizeilicher Maßnahmen. 1926 fiel es in Bayern unter das *„Gesetz zur Bekämpfung von Zigeunern, Landfahrern und Arbeitsscheuen".* Zu solchen Polizeimaßnahmen gehörte auch die „Säuberung" Berlins für die Olympischen Spiele 1936 und die Einrichtung des Zigeunerlagers Marzahn (Gilsenbach 1986). Die polizeiliche Erfassung „unproduktiver Asozialer" ging der „rassischen" Verfolgung voraus, die schließlich zur Massenvernichtung der Sinti in den KZs des NS-Staates führte.

Während sich für Israelis und Juden nach 1945 das Bild von „produktiven" Menschen in weiten Kreisen verbreitete, sprach man hinsichtlich der Roma weiterhin von deren *„parasitärer Existenz"* und *„unproduktiver Lebensweise",* und zwar auch seitens wohlwollender Forscher (Steinmetz 1966, 44). Das begründete man damit, dass die Zigeuner ihr Einkommen aus Hausierhandel und

Wahrsagerei bezögen – so als ob die Erstellung von Horoskopen für die Medienindustrie und der Handel der Supermärkte einen anderen Status an Produktivität hätten. Man forderte die Integration der Roma in die europäische Produktionsgesellschaft, und sei es mit Gewalt. In Osteuropa geschah solche Sesshaftmachung zunächst im Zeichen des sowjetischen Systems und seiner expliziten Produktivitätslogik. Sie wurde jedoch von westlicher Seite mit Zustimmung verfolgt (Clébert 1964, 257), und nach dem Systemwechsel um 1989/91 verschärften sich vielfach die Konflikte eher (laufende Berichte in der Zeitschrift *Pogrom*).

Insgesamt bildet der Widerspruch zwischen dem „unproduktiven" Zigeuner und dem „produktiven" Wirtsvolk eine durchgehende Gedankenfigur von 1800 bis zur Gegenwart (auch Zülch 1979, Klein 1981, Müller-Hill 1984, Dressen 1986 und Rakelmann 1988, 135).

„Der faule Wilde"

Thomas Jefferson, der Autor der amerikanischen Unabhängigkeits- (und Menschenrechts-)Erklärung und späterer Präsident der Vereinigten Staaten, schrieb in einem Brief 1824:

> „Lassen wir einen philosophierenden Beobachter vom Gebiet der Wilden der Rocky Mountains nach Osten bis zu unserer Küste reisen. Er wird feststellen, daß die Wilden im ältesten Stadium der Gemeinschaft leben, von keinem anderen Gesetz wissen als von dem der Natur und nur das Fleisch und die Haut der wilden Tiere kennen, um sich zu nähren und zu bekleiden. Die Indianer an unseren Grenzen jedoch sind mit Landwirtschaft und der Zucht von Haustieren beschäftigt, die ihre Jagdbeute ergänzen. Danach kommen unsere eigenen Bürger, die Pioniere des Fortschritts der Zivilisation, und so wird er auf seiner Wanderung alle Schattierungen des Fortschritts antreffen, bis er schließlich in unseren Hafenstädten auf das am weitesten fortgeschrittene Stadium trifft. Das entspricht einer Reise durch die Zeit, dem Fortschritt des Menschen vom Beginn der Schöpfung bis zum heutigen Tage." (Pearce 1953, 155)

Diese Beschreibung gibt ein klassisches Bild des industriellen Mythos vom Fortschritt und vom Produzieren, wie er sich um 1800 entfaltete. Zum einen wurden die Gesellschaften der Welt nun eingeteilt in „fortgeschrittene" und „rückständige" (Leclerc 1973). Ungeachtet dessen, dass alle existierenden Kulturen der Welt zur gleichen Zeit mit gleichem Erfolg ihr Überleben – bislang – gesichert hatten, sprach man von nun an von „Primitiven" oder „Unterentwickelten". Man spricht bis heute von „mittelalterlichem Feudalismus in Afghanistan" und „Steinzeitmenschen in Sumatra". Diese imaginäre Zeitachse bezog sich – zum anderen – auf das Substrat des Produzierens. Das Hervorbringen von Sachen und Leistungen wurde zu dem basalen Wert schlechthin, auf dessen Grundlage die Völker eingeteilt werden konnten. Als Gegenüber zu dem eigenen als dem „Produktiven" entwarf man das Stereotyp vom „unfähigen" oder „faulen Wilden", der keine Sachen produzierte und darum zur Produktion umzuziehen war – oder es verdiente ausgerottet zu werden.

Frühere Gesellschaften waren den Indianern keineswegs auf diese Weise begegnet. Wenn man sie früher verfolgte, so vor allem wegen ihrer „Gottlosigkeit", wegen ihres Heidentums. Auch war man sich darüber im Zweifel, ob die „Wilden" eigentlich Menschen seien, oder vielmehr so etwas wie „Wundertiere". Hatten Indianer überhaupt eine Seele? Typisch sind Beschreibungen aus dem 16./18. Jahrhundert über die *nackte Ungestalt* der Indianer, ihre Körperbemalung, ihren Nasenschmuck, ihre Physiognomie. Man registrierte also die körperliche Fremdheit des anderen, aber man erlebte ihn eben nicht als „noch nackt" oder „noch ungestaltet" im Sinne eines Noch-Schon-Zeitkontinuums. Das galt auch umgekehrt, in der Hochachtung: Ferdinand Cortez (1520/24, 1, 52-63) beschrieb in seinem Bericht an Kaiser Karl V. bewundernd die Hauptstadt von Mexiko, die er vernichtete, mit ihrer Baukunst und Technologie, ohne sie als „schon modern" oder ihre Wasserleitungen als „schon fortschrittlich" zu kennzeichnen.

Die Veränderung trat auch hier seit dem späten 18. Jahrhundert ein. Sie war nicht nur ein Wandel der Worte und Begründungen, sondern eine neue Praxis – mit mörderischen Konsequenzen.

> „Wenn wir bedenken, daß die Ausrottung der indianischen Rasse und der Fortschritt der Künste, der diese bestürzende Folge zeitigt, zur Vermehrung der Menschheit und zur Förderung des Glücks und des Ruhmes in der Welt beitragen, wenn wir bedenken, daß fünfhundert Vernunftwesen sich eines Lebens in Hülle und Fülle erfreuen können, wo nur ein einzelner Wilder sein kärgliches Leben fristete, dann werden wir mit dieser Zukunftsaussicht zufrieden sein,"

so kommentierte 1795 der Historiker James Sullivan die Ausrottung der Indianer (Pearce 1953, 67).

Die „Produktivität" war die Grundlage, auf der bestimmten Völkern von nun an prinzipiell und grundlegend ihre Existenzberechtigung abgesprochen werden konnte. Das war das epochal Neue, das die industrielle Moderne brachte (Bitterli 1982, 322). Auch wenn es zuvor bereits Ausrottungen in größerem Maßstab gegeben hatte – gegen westindische und nordamerikanische Indianer, gegen Buschmänner, Hottentotten und Maoris – erst aus der neuartigen produktivistischen Handlungslogik heraus ergab der systematische und planmäßige Massenmord einen historischen Sinn.

In Nordamerika hatte die britische Kolonialregierung 1763 eine Indianergrenze festgelegt, jenseits derer die Weißen nicht siedeln durften. Bodenspekulanten mit Landbesitz im Indianerland – darunter George Washington (Mississippi Company) und Benjamin Franklin (Walpole Company) – beseitigten die Grenze durch den Aufstand der weißen Siedler (Biegert 1976, 44-47). Neue Indianergrenzen wurden festgelegt, aber auch diese wurden nach und nach überschritten – als nächstes die Mississippigrenze 1830, dann die „ewige Grenze" am 95. Meridian 1834. Und schließlich begann 1848, nun ohne Begrenzung, der offene und totale Krieg gegen die Indianervölker. Bis 1886 waren sie ausnahmslos vernichtet oder unterworfen und in Reservationen eingesperrt.

Die „Produktiven" hatten gesiegt. Bis in die Gegenwart wird der Genozid an den amerikanischen Ureinwohnern so entschuldigt: *„Die Indianer haben ihr Land nicht genutzt"* (Deloria 1977, 9).

Noch in den 1960/70er Jahren entwickelten westliche Forscher „humanitäre" Pläne zur Deportation der Inuit in Nordamerika (Eichberg 1983a, 1999). Die Inuit in Kanada und Alaska, so hieß es, seien arm, ungebildet und ohne geregelte Lohnarbeit. *„Sich selbst überlassen"*, könnten sie nicht überleben. Sie brächten dem Staat durch ihr Leben im Norden keinerlei Nutzen, weder bei der Ausbeute mineralischer Rohstoffe, noch bei der militärischen Verteidigung, noch bei der Aufrechterhaltung staatlicher Souveränität, und sollten daher sinnvollerweise nach Süden deportiert werden. Ihre Kultur solle man gern in Büchern und Museen festhalten, *„aber die Rasse selbst wird verschwinden"*. Das sei ein *„Naturgesetz"* beim gegenwärtigen *„Sprung vom Steinzeitalter ins elektronische"* (Jenness 1968).

Das war zwar inhaltlich unhaltbar angesichts dessen, dass die Inuit über Jahrtausende in ihrer polaren Umwelt erfolgreich überlebt hatten, aber es entsprach der exterministischen Produktivitätslogik. Allerdings wurde die Politik des Verschwindens in diesem Fall nicht verwirklicht. Stattdessen errangen die Inuit in Grönland in den 1970er Jahren ihre (begrenzte) Selbständigkeit innerhalb von Dänemark, und in Nunavut erhielten sie 1999 ihren eigenen Staat innerhalb von Kanada. Dies geschah im Widerspruch zu jener industriellen Mythologie, die die Menschenrechte von der Produktivität abhängig macht. Anderen Orts hingegen schreitet der Ethno- und Genozid weiter fort (Baumann/Uhlig 1980, Ziegler 1988).

Sportive Rangordnung des Leistens

Auf dem Weg von der vorindustriellen Ständegesellschaft zum industriellen Produktivismus nahm die Menschenabwertung und Menschenvernichtung also eine neue Qualität an. Sie war nicht nur in einem „falschen Denken" verankert, mit dem die ideengeschichtliche Forschung bislang die genozidalen Tendenzen zu erklären versucht, indem sie den Antisemitismus von einer biologistischen Semantik (Bein 1965) und den Indianermord von „Befangenheiten" unaufgeklärten Denkens herleitet (Bitterli 1976). Die Genozide standen auch im Zusammenhang mit körperlicher Praxis. Der Produktivismus war nicht zuletzt mit einem sportiven Verhältnis zur menschlichen Körperlichkeit verbunden.

Francois Peron, ein französischer Naturwissenschaftler, stellte in den Jahren 1800-1804 Untersuchungen an Völkern des Südseebereichs an. Mit dem Dynamometer, einem Instrument zur Messung von Kraft-Leistung, begann er die Körperkräfte bei einer Reihe von Tasmaniern, australischen Aborigines und Malaien auf Timor zu ermitteln. Aus den Tabellen errechnete er eine exakte Übereinstimmung der durchschnittlichen Körperkraft bei diesen Völkern mit dem, was er ihre „Zivilisationsstufe" nannte – und verglich dies mit Daten von Franzosen und Engländern. Perons Ergebnis war, dass je „wilder" ein Volk war, desto schwächer waren seine körperlichen Kräfte. Und umgekehrt, je höher die Kraftleistungen, um so mehr entspreche dem die „*Vollendung der Zivilisation*". Berichte von anderen Völkern aus Amerika und dem Pazifikbereich gaben ihm Anlass zu der Verallgemeinerung, dass „*es keinen Teil der Welt gibt, der nicht mehr oder weniger wilde Völker beherbergt, die in der doppelten Beziehung der körperlichen Vollkommenheit und der Entwicklung der Kräfte den großen europäischen Nationen weit unterlegen sind*" (Peron 1807, 1, 475).

Einhundert Jahre später entfaltete und spezifizierte sich dieses Bild anlässlich der *Anthropology Days*, die im Zusammenhang mit den Olympischen Spielen 1904 in St. Louis veranstaltet wurden (Stanaland 1981). Auf der gleichzeitig stattfindenden Weltausstellung wurden afrikanische Pygmäen, argentinische Patagonier, japanische Ainu und Eskimos, vor allem aber zahlreiche Indianerstämme der USA sowie Völker der unlängst eroberten Philippinen „ausgestellt". 13 von diesen Stämmen wurden nun im Rahmen der Olympischen Spiele auf die Laufbahn geschickt, um in 18 verschiedenen Wettkämpfen ihre Leistungen zu zeigen, in sieben Läufen, zwei Sprungarten, verschiedenen Wurfarten, Bogenschießen, Tauziehen, Stangenklettern und Schlammkampf. „*Barbarians Meet in Athletic Games*", meldeten die Zeitungen. Die gemessenen Ergebnisse dieser Wettkämpfe waren kläglich. Der offizielle Olympiabericht ließ die Gelegenheit nicht aus, dies als Unterlegenheit der Eingeborenen zu tadeln und lächerlich zu machen. Man wies darauf hin, dass einzelne der „Rekorde" – im Wurf – von Schulkindern leicht zu überholen seien und dass ein Ergebnis im Weitsprung mit Anlauf von amerikanischen Athleten aus dem Stand übertroffen werde.

Die produktivistische Sportpraxis – Kraftmessung, Leistungsvergleich – lieferte somit das Modell, Völker in einer Rangordnung zu plazieren. Erst vor dem Hintergrund dieser modern-sportiven Rangordnung ist der Schock zu verstehen, den der sportive Erfolg „schwarzer" Athleten im 20. Jahrhundert im Bewusstsein der westlichen Welt und insbesondere Amerikas auslöste (Hoberman 1997).

„Die reproduktive Frau", „der unproduktive Homosexuelle" und die Angst

Der produktivistischen Abgrenzung nach außen – von Ethnos zu Ethnos – die zugleich auch eine „innerstaatliche Feinderklärung" war (Dressen 1986), entsprach noch eine weitere Abgrenzung im innergesellschaftlichen Bereich. Aus dem Mythos der Produktion erwuchs nämlich die Vorstellung von der „reproduktiven Funktion" – und damit erschien das Weibliche als die Rückseite der männlichen Produktivität.

Der Landwirt, der Unternehmer, der Arbeiter, der Lehrer – die neuartigen Produktivitätszuschreibungen der Moderne waren durchgehend geschlechtsspezifisch. Der Mann galt als der Produktive schlechthin. Die Hausfrau und

Mutter stand außerhalb der gesellschaftlichen Produktivitätsrechnung, wie sie im Bruttosozialprodukt ihren Ausdruck fand. Aber sie war doch nicht „unnütz", und an dieser Stelle kam der Begriff der Reproduktion ins Spiel, die Reproduktivität als Rückseite der Produktivität. Während der Mann im eigentlichen Sinne produziere – so das Bild der klassischen Moderne – widme die Frau sich den Aufgaben des familialen Reproduzierens, der Küche und der Kinderaufzucht. Diese Vorstellung korrespondierte mit der realen Verdrängung von Frauen aus Arbeitsprozessen im Zuge der industriellen Modernität – auf die später dann die Eingliederung der Frau in den neuartigen „produktiven" Arbeitsmarkt folgte.

Wie im Falle des industriellen Rassismus hat man die moderne geschlechtspolitische Differenzierung häufig auf vormoderne Denkweisen zurückgeführt, hier also auf „Überreste des archaischen Patriarchalismus". Sozialgeschichtliche Untersuchungen haben jedoch im Einzelnen belegt, dass es sich dabei nicht um Nachwirkungen von Uraltem, sondern um einen spezifisch modernen Prozess handelte (Ehrenreich/English 1973, Wolf-Graaf 1983). Erst in der Neuzeit wurden zum Beispiel, oft im Zusammenhang der Hexenverfolgungen, Frauen in großem Maßstab aus den Heilberufen verdrängt. Daran schloss die Akademisierung dieses Tätigkeitsbereiches im 19. Jahrhundert an, die die klassische Ausschließung und Deklassierung der Frau in diesem Feld mit sich brachte. Die Zentralisierung der Produktionsstätten durch Manufaktur und Industrie und die Auslagerung zahlreicher Tätigkeiten aus dem komplexen Haushalt des „ganzen Hauses" führten im Übergang vom 18. zum 19. Jahrhundert zur neuartigen Isolation der Frau in der Küche der Kleinfamilie, und im Übrigen zur Genese des Kinderzimmers. Diese Verengung des weiblichen Handelns und Wirtschaftens war es, die der Begriff von der Reproduktion beschrieb. Dabei blieb der Reproduktionsbegriff ebenso kryptowissenschaftlich wie seine Vorderseite, der Produktionsbegriff, also in der Schwebe zwischen wissenschaftlichem Anspruch und mythologischem Weltinhalt.

Indem das Bruttosozialprodukt dieses hegemoniale Muster der Produktivität über Marktpreise festschrieb, wurde zugleich die neuartige Stellung der Frau deutlich: Sie verschwand aus der ökonomischen Gesamtrechnung – zusammen mit jeder Art von Tätigkeit, die sich nicht auf den „produktiven" Bereich männlichen Handelns zurückführen ließ. Die Mutter und Hausfrau kommt im Bruttosozialprodukt nicht vor.

Diese moderne Berechnungsweise und die damit verbundene (Ab-)-Wertung hatte nicht nur, wie sich inzwischen zeigt, langfristige bevölkerungspolitische Konsequenzen zuungunsten der Kinderfamilie. Sie stellte in gewisser Weise auch die logischen Verhältnisse auf den Kopf. Denn wenn Produktivität als ein Hervorbringen von Neuem und als Fruchtbarkeit verstanden wird, dann ist die Frau, insofern sie – potentiell – Kinder hervorbringt, produktiv *par excellence*. Der Mann hingegen erwirtschaftet auf der Rückseite dieser Fruchtbarkeit deren Rahmenbedingungen und ist damit re-produktiv (Prokop 1976, 65-82; Wartmann 1982). Aber so sieht es der industrielle Produktivitätsmythos eben nicht.

Die geschlechtspolitische Komplexität des modernen Produktivitätssyndroms zeigt sich einmal mehr an der gesellschaftlichen Einschätzung der Homosexualität, insbesondere der männlichen. Jenseits der Dialektik von produktivem Mann und reproduktiver Frau erscheint der „unproduktive" Homosexuelle. Das brachte Heinrich Himmler in einer internen Rede von 1937 zum Ausdruck und stellte dabei folgende Rechnung über den „Geschlechtshaushalt" in Deutschland an: Gehe man aus von einer Zahl von 7 bis 10% homosexueller Männer, so fehlten in Deutschland etwa zwei Millionen Männer für die Fortpflanzung des Volkes. Wenn man die Verluste des Krieges hinzurechne, so werde die Verlustrechnung noch dramatischer. In letzter Konsequenz führe die Homosexualität zum Ausbluten der Rasse. Darum sei sie zu bekämpfen. Das könne allerdings – „leider" – nicht dadurch gelingen, dass man die Homosexuellen inhaftiere oder ausrotte, sondern es erfordere vor allem, die homophile Männlichkeitspraxis im gesellschaftlichen Alltag, nicht zuletzt in der Nazi-Bewegung selbst, zu reduzieren (Stümke/Finkler 1981, 217-221, 433-442; Bech 1988, 278-279).

Himmlers Rede enthielt neben der Selbsterkenntnis faschistischer Homophilie zugleich eine bemerkenswerte Produktivitätsrechnung geschlechtspolitisch-demographischer Art. Sie schrieb den Männern die Produktion von Kindern zu. Das war in gewisser Weise eine Umkehrung der klassisch-modernen (Re-)Produktionsvorstellungen, wonach die Fortpflanzung reproduktiv und also keine produktive Tätigkeit sei. Aber die NS-Rechnung lag zugleich in der Verlängerung des modernen Mythos, insofern es der Mann sei, der Kinder produziere (während die Frau reproduziere). Produktivität zeigte sich erneut als Männerphantasie.

Und auch hier führte der Produktivismus – entgegen den zunächst moderateren Folgerungen Himmlers – in den vierziger Jahren zu umfassenden Ausrottungsversuchen.

Der Produzent, der Schrott und die Angst

Die Männerphantasie des Produzierens war verbunden mit Angst – Angst nicht nur vor dem „Ausbluten der Art", sondern eine Angst durchaus persönlicher Art. Das wird an der Gestalt Reinhard Heydrichs deutlich (Deschner 1989).

Den Chef des SD und „Endlöser der Judenfrage" hat man nicht zufällig als „Schlüsselfigur des Dritten Reiches" (Edouard Calic) und als dessen „Todesgott" (Carl Jacob Burckhardt) bezeichnet. Heydrich war einer der wenigen Naziführer, die habitusmäßig dem nazistischen Idealtyp entsprachen, mit seinem straffen, „nordischen" Erscheinungsbild, mit metallischer Stimme und abgehackter Sprechweise, mit zackiger Körpersprache und herrischen Gesten, mit Kälte und Intelligenz. „Härte" war Heydrichs Lieblingswort. Entsprechend war er ein leidenschaftlicher Sportler. Er betrieb Zehnkampf, Schießen und Fechten, und flog als Jagdflieger seine Fronteinsätze als sportliche Erholung im Urlaub. Auch bei der Auswahl seiner Mitarbeiter machte er den sportlichen Einsatz zum Kriterium. In seinem Arbeitszusammenhang war Heydrich der Inbegriff des Technokraten, der die ausufernde Informationssammlung des

Reichssicherheitshauptamts antrieb. Seine „Produktivität" lag im paranoiden Datenfetischismus dieser Behörde sowie in der bewussten und gefühlskalten Administration der Tötungsarbeit – von der Liquidierung Ernst Röhms, des einzigen Mannes, dem Heydrich in der Partei Freundschaft entgegengebracht hatte, über die Morde der Einsatzgruppen in Osteuropa bis zur industriellen „Endlösung".

In Heydrichs Umkreis unternahm man entsprechende Versuche, einen „unsentimentalen" und „rücksichtslosen" Nationalsozialismus auf wissenschaftlicher Basis zu entwickeln. Der „wissenschaftliche Nationalsozialismus" kreiste um die Produktivität als Verschrottung des Menschen durch Arbeit. Das Reich erschien dabei als eine gigantische Produktionsanlage, die über die „Mobilmachung des Willens" Waren und über die Waren Macht erzeuge – und Menschen „verschrotte". Die Verschrottung der deutschen Arbeiter war aber unterschieden vom Zum-Verschwinden-Bringen von Gegnern und „Parasiten". Und dennoch waren beide Prozesse miteinander verbunden, nämlich durch die kalte Rationalität der Effektivität, durch die Sozialökologie der „Anstalt" und durch die Produktion des einzelnen. Der Produktion diente die Welt der Fabriken und Kasernen, der Vernichtung die Welt der Gefängnisse und Lager. Zusammen bildeten sie den Archipel der Anstalten. In diesen Anstalten wurde der Mensch als einzelner erst hervorgebracht, indem ihm eine exakte Aufgabe zugeteilt wurde – als Soldat, als Gefolgschaftsarbeiter, als Führer, als Häftling. Die Rollen und Aufgaben des einzelnen waren messbar, zum Beispiel nach verbrauchten Kalorien je nach geleisteter Arbeit, so dass sich quasisportive Ranglisten ergaben (nach Madloch: Kluge 2000, Bd. 2, 286-291).

Heydrich selbst war jedoch bei alledem nicht nur Macht-Haber, Organisator und Chefplaner, sondern zugleich von tiefgehender Lebensangst getrieben. Der eigentliche Gegenstand dieser Angst, falls ein solcher existiert haben sollte, blieb unklar und gab zu Spekulationen Anlass. Zu diesen gehörte die Annahme, Heydrich sei eigentlich jüdischer Abstammung und habe Angst vor deren Enthüllung. Das war wahrscheinlich eine Legende. Aber wie auch immer, die Produktivität der Destruktion, die Sportivität und die Angst bildeten in seiner Gestalt ein Syndrom hochgestylter Gewalttätigkeit.

Vom persönlichen Heydrich-Syndrom her ergeben sich umfassendere Fragen an die Modernität, in der der sportive „Produzent" gegen die „Parasiten" steht – und gegen seine eigene Angst. Gegen die Angst, „unproduktiv" zu sein? Der Mensch als Produzent, als Schrott und als zu vernichtender Parasit – diesen Zusammenhang streng modern zu denken, ist für sich genommen eine Angstgeschichte. Eine solche Umkehrung des frohen Fortschritts und die darin enthaltene Psychoanalyse der Entfremdung hatte schon Karl Marx in seinen „Ökonomisch-philosophischen Manuskripten" (1844) angedeutet: *„Die Produktion produziert den Menschen als ein ebenso geistig wie körperlich entmenschtes Wesen"* (zit. Hentschel, 1984, 19).

Das moderne Verhalten mit seinem Leitbild der Produktion war jedenfalls nicht harmlos. Das gilt auch für den Sport als dessen Ritual.

4. Konfigurationen des Nicht-Leistens im Spiel

Ein Problem des modernen Sports liegt also nicht nur im „Missbrauch" des Sports durch faschistische Sportführer – Carl Diem, Niels Bukh, Antonio Samaranch –, den kritische Historiker wie Hajo Bernett und mutige Enthüllungsjournalisten wie Andrew Jennings zum Gegenstand gemacht haben, sondern es liegt tiefer, im Leistungsverhalten selbst. Andererseits wäre die Folgerung überzogen, der Sport als solcher sei das Ritual einer juden-, zigeuner- und indianervernichtenden Gesellschaft. So einfach sind die Verhältnisse nicht. Wohl aber wird ein beunruhigender Zusammenhang sichtbar zwischen dem Ritual des Produktivismus und der Rückseite des „Produzierens", der Produktion der „Unproduktiven".

Das erfordert eine neue Aufmerksamkeit für die Mechanismen, mit denen der Sport das Nicht-Leisten produziert. Wenn man bislang versucht hat, sich am Sport dem Positiven der Leistung zu nähern, so gilt es, in Zukunft genauer hinzuschauen auf die Negativbilder zum „richtigen" Leisten und Produzieren in Sport und Spiel.

In der klassischen Konfiguration des sportiven Wettkampfs stehen *Sieger und Verlierer* einander gegenüber. Das lässt sich anthropologisch herleiten als ein Grundmuster agonalen Spiels, mit antiken Wurzeln (Ränsch-Trill 1999). Man kann die Konfiguration aber auch – wie in der neueren Systemtheorie in Anlehnung an Niklas Luhmann – als Ausdruck eines spezifisch modernen Codes beschreiben. Sport basiere als ein „ausdifferenziertes System" auf einer binären Codierung von Sieg vs. Niederlage bzw. von überlegener vs. unterlegener Leistung oder von Erfolg vs. Misserfolg (Bette 1989, 171 ff; Tangen 1997, 38, 49-52).

Die Symmetrie von Sieg/Niederlage täuscht allerdings, und insofern bildet der systemtheoretisch hergeleitete Code die empirische Wirklichkeit nicht angemessen ab. Die These vom binären Code hält sich allzu dicht an die Medieninszenierung des Sports in Gestalt eines agonalen Dramas, als dass sie die gerichtete Produktionslogik des sportiven Prozesses erfassen könnte. Diese ist eben nicht binär, sondern *„progressiv" asymmetrisch* – schneller, höher/weiter, stärker. Rekorde können nicht fallen.

Aber zutreffend ist, dass der Sport nicht nur den Sieger produziert, sondern gerade auch den Verlierer, den Versager, den der nichts oder weniger leistet, den Unsportlichen. „Man gewinnt nicht die Silbermedaille, sondern verliert die goldene." Der erste „distanziert" den zweiten wie alle anderen Wettkämpfer. Leisten im Sport heißt distanzieren – Sport ist eine *Produktion der Distanz.*

Mit diesen beiden Modellen – mit dem Code von Sieg/Niederlage und der progressiven, distanzierenden Produktion des Versagers – sind jedoch die Möglichkeiten des Spiels, wie sie sich kulturell-anthropologisch realisiert haben, keineswegs ausgeschöpft. In der vormodernen Volkskultur wie auch im Kinderspiel unserer Tage begegnen wir dem „du-bist"-Spiel, das nicht auf einen Ersten, sondern einen „Letzten" hinausläuft. Bei Fang- und Laufspielen zum Beispiel geht es nicht darum, wer der schnellste ist, sondern wer übrigbleibt. Es wird nicht der Sieg „produziert", sondern die Niederlage inszeniert. In verschiedenen kulturellen Zusammenhängen wird das durch Verhöhnungsrituale unterstrichen, durch rituelle Strafen, Demütigungen und Schmähgesänge (Eichberg 1978, 223-228). Das kann man als Konfiguration des *Sündenbocks* verstehen, bei der schließlich alle auf dem armen Letzten herunterhakken, und man kann sich davon mit der Überheblichkeit der Moderne distanzieren. So als hätten wir die „primitive" Kultur der Niederlage überwunden und seien bei der Kultur des Siegens angelangt – „der moderne Sport demütigt nicht".

Bei genauerer Betrachtung jedoch hat das Verliererprinzip in der traditionellen Spielwelt keineswegs so eindeutig „strafende" oder „schmähliche" Seiten – vielleicht gar im Gegenteil. Wenn Kinder beim Fangen-Spielen wettkampfmäßig konsequent wären und also das Prinzip der Niederlage folgerichtig anwenden würden, wäre der langsamste Läufer als „Sündenbock" in Kürze ausgesondert – und damit das Spiel beendet. Das aber wäre dem Sinne des Spiels entgegengesetzt, das ja davon lebt, dass die Bewegung weitergeht. Um den Fluss des Spiels nicht zum Stehen zu bringen, muss anders verfahren werden – und das ist es, was das Spiel einübt. Die schnelleren Läufer werden sich dem langsamen Letzten in riskanter Weise nähern und ihn herausfordern: „Bä bä – du kannst mich nicht fangen." Der Schnelle wird sich letztlich vom Langsamen fangen lassen. Nur unter dieser Voraussetzung ist der Fluss des Bewegungsspiels überhaupt gewährleistet. Die Pointe des Spiels ist es also, das Prinzip von Leistung und Regel – „renne weg, so schnell du kannst; lass dich nicht fangen" – gerade aufzuheben. Das „Verhöhnen" des Letzten ist insofern eine Form der Zuneigung – in buchstäblichem Sinne der bewegungsmäßigen Zu-Neigung und *Annäherung*. Es wird nicht etwa abfällig geschmäht und gestraft, sondern das Spiel übt bewegungspraktische Fürsorglichkeit – Fürsorge für den Letzten, der nicht hilflos in Tränen hinterlassen werden darf, und Fürsorge für den Gesamtverlauf des Spiels. Wo die konsequente Befolgung der Regel und also das sportive Wetteifern asoziale Folgen hätte, da übt das Fangen-Spiel die soziale Interaktion und die Solidarität. Und zwar nicht durch hohe moralische Belehrung, sondern durch unreflektierte körperliche Bewegungspraxis. Annäherung und Zu-Neigung als „muskuläre Hermeneutik" (Møller 1992, 5:31).

Das Spiel um das Verlieren ist also eine Übung der *Nähe*. Es bildet insofern einen Kontrast zur Konfiguration des modernen Sports als Produktion durch Distanzierung.

Die Sozialität des Verlierens und im Spiel der Annäherung kommt nicht zuletzt im *Gelächter* zum Ausdruck. Die Herausforderung des Langsamen durch den Schnellen und das Fangen des Schnellen durch den Langsamen sind von Lachen begleitet. Die Spiele des Werfens, Rennens, Springens und Ziehens, die historisch der modernen Resultatproduktion vorausgingen, zielen zu großen, vielleicht zu überwiegenden Teilen auf Gelächter. Darum wird in zahlreichen Volkskulturen der Zielwurf dem Weitwurf und das Fangen dem Wettlauf vorgezogen. Die Annäherung an das Ziel oder an den zu Fangenden und das Verfehlen dieses Ziels bringt Situationen des Gelächters hervor. Es macht einen Unterschied, ob man in abgetrennten Bahnen parallel zueinander um die Wette rudert um die gemessene Leistung (wie in der Moderne), oder ob man rudernd einander ins Wasser stößt (wie im Volksspiel). Über das Verlieren im Spiel kann man lachen, über einen Rückstand von 0,xxx Sekunden nicht.

Die Kultur des Lachens thematisiert jedoch nicht nur den Verlierer, sondern sie kann sich gerade auch auf den Sieger richten. Beim Tauziehen fallen die Sieger im Augenblick der Entscheidung auf den Hintern. Tauziehen ist zum Lachen. Das trug wesentlich dazu bei, dass die urspüngliche Verankerung dieses Spiels im olympischen Programm (1900-1920) schließlich rückgängig gemacht wurde. Der Versuch olympischer Produktivierung des Tauziehens ist vorerst gescheitert. Wie denn Ziehübungen überhaupt im olympischen Programm abwesend sind, während sie in volkstümlichen Spielkulturen weltweit eine wichtige Rolle spielen (Eichberg 2001a). Der moderne Sport lässt sich nicht gern an das Groteske des Sieges, an den grotesken Körper des Siegers erinnern.

Das erfordert einen nuancierteren Blick auf jene Hurenläufe, Bettlerkämpfe etc., die im Rahmen der mittelalterlichen und frühneuzeitlichen Volkskulturen, aber noch im frühen englischen *Pedestrianism* eine Rolle spielten. In Schützenfesten konnte der Narr als Ordnungshüter und „Polizist" bis zum 18. Jahrhundert eine wichtige Rolle spielen, er überreichte Spottpreise und hielt Spottreden. Und noch im 20. Jahrhundert konnte der Behinderte als „Leiter" beim dänischen Dorffest eine wichtige Rolle ausfüllen. Das (Aus-)Lachen, das im modernen Kontext diskriminiert, kann auch integrieren. Spiel und Sport im Kontext des Karnevalismus heben das Oben und Unten des Alltags auf. Sie kommentieren die Normalität der Rollen, indem sie sie im *Fest* auf den Kopf stellen. Der „Fehler" im traditionellen Spiel – zum Beispiel: „Wenn der Ball über die Friedhofsmauer fliegt, ist eine Strafe zu zahlen" – ist nicht sanktioniert, um vermieden zu werden, im Gegenteil. Der Fehler bereichert das Fest: Irgendwer muss ja am Schluss die Rechnung für das Fest begleichen. Ohne Fehler kein Fest.

Wenn man die Kultur der Niederlage als „strafend" im modernen Sinne versteht, weist das also zurück auf den sportiven Blick des modern voreingenommenen Beobachters. Sein Blick ist geprägt vom Verlust des Festes, von der Ausschließung des Narren und vom Verdrängen des Lachens im Sport. Die karnevalistische Substanz des Spiels verdunstete. Über das Verlieren im Spiel kann man lachen, den Verlierer im Sport kann man nicht auslachen. Sport ist ernst, der Unproduktive als Parasit ist nicht lächerlich – gegen ihn kann sich die moderne Aggressivität entfalten.

Eine Zwischenrechnung

Solche Betrachtungen relativieren die Thematik des Symposiums vom „künstlichen Menschen". Es ist nicht der binäre Widerspruch von natürlich vs. künstlich, der hier hervortritt, sondern die Frage: Von welcher Künstlichkeit reden wir? Die moderne Künstlichkeit als eine produktionsbezogene tritt in ihrer Besonderheit hervor.

Produktion und Produktion sind allerdings nicht dasselbe. Auch das moderne Produzieren ist eine Welt von Widersprüchen, die jeweils und auf unterschiedliche Weise dasjenige nuancieren, was Produktivität sei. Die Produktion, die der *Reproduktion* gegenübersteht, ist nicht ganz dieselbe wie diejenige, die der *Destruktion* (z.B. militärischer Art, widersprüchlich verbunden in der Produktion der Bombe) gegensteht. Und beide unterscheiden sich von derjenigen Produktion, die dem „*Unproduktiven*" gegenübersteht. Produktion als Gegenüber zu *Konsumtion und Distribution* unterscheidet sich wiederum von derjenigen Produktionsvorstellung, wie sie sich als spezifisch industriell vom Denken der Zirkulation, der Nahrung und des Tableaus abgrenzte, also von der *Aproduktion* des 18. Jahrhunderts. Darüber hinaus sind weitere Widersprüche mitzudenken. Die Produktion von Sachen mit ihrer paradoxen Hervorbringung der *Zeitknappheit* lässt sich der „ursprünglichen Überflussgesellschaft" gegenüberstellen, in der man weniger Dinge und dafür einen Überfluss an Zeit hat, sie führt also zum Widerspruch von Sachen vs. Zeit (Burenstam Linder 1969, Sahlins 1972). Der Widerspruch zwischen der Produktion von *Waren* und der Hervorbringung des *Werks* führt abermals zu anderen Einsichten (Scheier 2000). Leistung wird als produktive Aktion beleuchtet, wenn man sie der Leistung als *Repräsentation oder Präsentation* gegenüberstellt (Gebauer 1972). Produktion als produktive Arbeit vs. Spiel lässt sich ferner im Widerspruch zwischen *Produkt und Prozess* verstehen (Møller 2002). Und wieder anderes tritt hervor in der trialektischen – und im Übrigen aristotelischen – Gegenüberstellung von Produktion als Arbeit einerseits, Spiel als Erholung andererseits und *Muße* als Kontemplation dritterseits (Schürmann 2001).

Und doch erhellen alle diese Nuancierungen *einen* Zusammenhang: Produktion erscheint als (1.) ein Bewegungsbegriff, das *Produzieren*, das (2.) verbunden ist mit einer Objektivierung oder Reifizierung, dem *Produkt*, und dabei (3.) eine Wertung enthält, die *Produktivität*. Zwar hat niemand vermocht, den Inhalt des Produzierens – in Abgrenzung zum Handeln allgemein, zum wirtschaftlichen Handeln, zum Verdienen, zum rentablen Arbeiten etc. – schlüssig zu definieren. Aber dennoch möchte niemand selbst „unproduktiv" genannt werden.

Der Mythos der Produktion ist keineswegs universal oder überhistorisch, sondern entfaltete sich in einer spezifischen gesellschaftlichen Situation. Die Produktion – mit ihren Spezifizierungen des Produzierens, des Produkts und der Produktivität – ist eine zentrale Kategorie der industriellen Moderne. Sie entstand zusammen mit dem Ritual des ergebnisproduzierenden Sports und im Zuge des industriös-rationalen Verhaltens und brachte innovative Überbauten hervor, darunter die Literatur des Sturm und Drang und der Romantik, die Politökonomie und den industriellen Kapitalismus, das Bruttosozialprodukt als Planungsgrundlage und das Basis-Überbau-Modell als analytisches Modell.

Die Genese des Produzierens führte in eine Reihe von eigentümlichen Paradoxien hinein: Der Sieger produziert den Verlierer. Der Rekord produziert die Fälschung (Enquist 1971) und bringt das Doping hervor (Hoberman 1992). Der „Fortschritt" bringt den „Primitiven" hervor. Die „Produktion" produziert die „Reproduktivität" der Frau. Der „Arier" produziert den „Juden", der „produktive Übermensch" den „parasitären Untermenschen". Der soziale „Produzent" produziert den „asozialen" Zigeuner. Oder aber psychoanalytisch umgekehrt: Ist es vielleicht die Angst vor der eigenen „Unproduktivität", die den Produktivismus produziert?

Mit dem Widerspruch zwischen dem objektiven Es und dem subjektiven Ich im Sinne Martin Bubers (1923) zu sprechen, stellt sich das Spannungsverhältnis so dar: „Es" wird produziert, das ist die eigentliche Welt des Produzierens. „Ich" produziere mich, das ist das Gespenst an der Rückseite des modernen Es. Wo der *Golem* Resultate erbringt und nichts als das, da flattert das *Ego* als psychisches Seelengespinst durch die Fabrik oder über die Laufbahn. Aber dann folgt als ein drittes die Frage, die für die menschliche Existenz als eine grundlegend zwischenmenschliche entscheidend ist: Wo ist das „Du" des Produzierens?

Wie auch immer, es führt analytisch weiter, in Widersprüchen zu denken (Eichberg 2001b). Es sind die inneren Widersprüche, über die wir der Produktion näherkommen, jener rätselhaften „dunklen Kraft" (Foucault) in der modernen Geschichte, zu der sich über Körperlichkeit, Bewegung und Sport ein materialistischer Zugang eröffnet.

Andere Sprünge – aproduktive Bewegungen?

Das schärft zugleich die Frage an den konkreten historischen Ort der Gegenwart. Leben wir noch in den produktivistischen Selbstverständlichkeiten der industriellen Moderne? Seit zwei oder drei Jahrzehnten haben sich Zweifel daran verbreitet, und die Fitnessmaschine verwies uns eingangs auf die Denkbarkeit einer neuartigen Anti- oder Aproduktion. Die Widersprüche des modernen Springens können körperlich konkret an die Frage heranführen: Wie springen wir heute? Offenbar stehen wir nicht mehr ohne weiteres „mit beiden Beinen" in der Tradition des leichtathletischen Sprungs. Die Faszination des Distanzierens nach Millimetern hält sich in engen Grenzen. Um die Stadien zu füllen, muss das sportive Springen als *„Springen mit Musik"* mit Pop- und Showeinlagen aufgepeppt werden. Und neben dem Sportsprung entfalten sich andere Arten des Springens, die möglicherweise näher bei den aktuellen rituellen Bedürfnissen liegen.

In der Fitnessbewegung erscheint der Sprung nicht als Produktion von Höhenrekorden, sondern als eine Modellierung der Schenkel und anderer Muskeln, gern in Reih und Glied mit anderen Übenden – Typus Aerobics – oder in langen Serien über eine bestimmte Höhe zu begleitender rhythmischer Musik – Sprung auf, Sprung ab und Stepp und Steh... Auch wenn die Bewegung in manchem wieder an den klassischen Gymnastiksprung erinnert, wendet sie sich nicht zurück in die Geschichte, sondern bringt etwas Neues zum Ausdruck. Gesundheit – Besorgtheit – aber auch: Lust. Lust am Rhythmus und Lust am Schmerz in einer kollektiven Tanzmaschine.

Das Neuartige tritt deutlicher hervor im Vergleich mit dem *Bungee jump*. Man lässt sich an einem 30 Meter hohen Kran emporziehen, erhält ein elastisches Band um die Fußgelenke und springt hinab in der Hoffnung, dass das Band durch seine Elastizität den Körper vor dem Aufschlag auf dem Boden bewahre. Der Sprung ist Mutprobe und Spiel mit der Schwerkraft in einem, eine Art umgekehrter Hochsprung. Während das systematische Training des Leistungssprungs unter „normalen" Sporttreibenden an den Rand gerückt ist, bringt der *Bungee jump* neue Signale in unserer Kultur zum Ausdruck: Der Körper agiert und reagiert „irrational". Menschen suchen – wie in anderen sogenannten Extremsportarten auch – die Konfrontation mit Angst und Schmerz. Sie suchen die Grenze.

Ganz neu ist das nicht. Über den Rausch, der beim *Bungee jump* im Spiele ist, wird eine Brücke geschlagen zu einer Bewegungswelt, die man im Zeichen des modernen Sports aus der dominierenden Übungspraxis ausgeschlossen hatte, zum Schwingen und Schaukeln. Während die philanthropischen Gymnastiker des 18. Jahrhunderts noch verschiedentlich das Schaukeln empfahlen, wurde dieser Bewegungskomplex unter der Hegemonie von Gymnastik und Sport ins Kinderspiel und in die Volksbelustigung abgedrängt. Der Rausch, *ilinx*, der zu einer der Grundsäulen des menschlichen Spielens gerechnet werden kann (Caillois 1958), hatte in der Welt des pädagogischen und industriell-sportiven Leistens keinen besonderen Status. Das Schaukeln erwies sich als zum Produzieren ungeeignet. Aber im *Bungee jump* kehrt der Rausch wieder – und in *Rockfestival*, *Techno* und *Love Parade*.

Wenn der Mensch springt und schwingt, so fliegt er. *„Die können ja fliegen!"* sollen Zuschauer überwältigt ausgerufen haben, als schwedische Gymnasten bei den Olympischen Spielen 1912 in Stockholm ihre Künste zeigten. Und die Popularität des *Bungee jump* fällt zusammen mit der Verbreitung von Fallschirmspringen, Drachenfliegen und anderen Formen des Gleitens und Surfens, die in Flugerlebnissen den Kick und das Risiko suchen – Extremsport.

Fitnesssprung und Grenzsprung konstituieren also einen neuen, charakteristischen Widerspruch: die Trance im gemeinsamen, maschinellen Takt – und das Poetische, Akrobatische, Unerwartete. Quer zu den beiden steht das Spannungsverhältnis zwischen Flow und Stress. Wie auch immer, die neuen Widersprüche überlagern den althergebrachten Konflikt von Produktions- und Haltungssprung – oder schieben ihn vielleicht gar in die Geschichte der klassischen Moderne ab.

Bei alledem ist der Clownssprung nicht zu vergessen, als ein drittes. Zirkusmuster, wie sie in der klassischen Moderne des Sports verpönt waren, breiten sich in der Welt von Sport und Gymnastik aus. Der Purzelbaum provoziert das Lachen und bringt damit einen körperlich-praktischen Resonanzraum eigener Art hervor. Trat vielleicht an die Stelle des Widerspruchs der klassischen Modernität – Leistungssprung vs. Regelsprung – nunmehr ein widersprüchlicher Dreiklang von Fitnesssprung, Rauschsprung und Clownssprung? Was historisch geworden ist, kann auch historisch wieder verschwinden.

Zurück zur Eingangsübung. Gegen die Herausforderung „du bist unproduktiv" verteidige ich mich entweder – und bleibe damit im Bezugsrahmen des modernen Mythos. Oder aber ich räume ein, dass ich so unproduktiv bin wie der Narr, und ich lache. Aber es wurmt mich doch. Also wäre ich – wären wir – eben doch noch nicht postmodern?

Und noch ein Grund zur Vorsicht: An dieser Stelle lässt sich das Dosengelächter einschalten. Auch Gelächter ist produzierbar.

Literatur

Bauman, Z. (1992): *Modernity and the Holocaust.* New ed. Cambridge 1989. – Deutsch: *Dialektik der Ordnung. Die Moderne und der Holocaust.* Hamburg.
Baumann, P., Uhlig, H. (1980): *Kein Platz für „wilde" Menschen. Das Schicksal der letzten Naturvölker.* Frankfurt/M.
Bech, H. (1988): *Når mænd mødes. Homoseksualiteten og de homoseksuelle.* Kopenhagen.
Bein, A. (1965): „„Der jüdische Parasit'. Bemerkungen zur Semantik der Judenfrage." In: *Vierteljahreshefte für Zeitgeschichte,* 13. 121-149.
Berman, T. (1973): *Produktivierungsmythen und Antisemitismus. Eine soziologische Studie.* Wien.
Bette, K.-H. (1989): *Körperspuren.* Berlin/New York.
Biegert, C. (Hg.) (1976): *Die Wunden der Freiheit.* München.
Bitterli, U. (1976): *Die „Wilden" und die „Zivilisierten". Grundzüge einer Geistes- und Kulturgeschichte der europäisch-überseeischen Begegnung.* München.
Brune, T. u.a. (1981): *Arbeiterbewegung – Arbeiterkultur. Stuttgart 1890-1933.* Stuttgart.
Buber, M. (1973): *Ich und Du.* Neuausg 1923. In: *Das dialogische Prinzip.* Heidelberg.
Burenstam Linder, S. (1973): *Den ratslösa välfärdsmänniskan. Tidsbrist i overfloden – en ekonomisk studie.* Stockholm 1969. – Deutsch: *Warum wir keine Zeit mehr haben.* Frankfurt/M.
Burkhardt, J. (1974): „Das Verhaltensleitbild ‚Produktivität' und seine historisch-anthropologische Voraussetzung." In: *Saeculum,* 25. 277-289.
Burkhardt, J. (1975): „Der Umbruch der ökonomischen Theorie." In: Nitschke, A. (Hg.): *Verhaltenswandel in der Industriellen Revolution.* Stuttgart. 57-72.
Caillois, R. (1982): *Les jeux et les hommes. Le masque et le vertige.* Paris 1958. – Deutsch: *Die Spiele und die Menschen. Maske und Rausch.* Frankfurt/M.
Clébert, J. P. (1964): *Das Volk der Zigeuner.* Wien.
Cortez, F. (1911): *Erster, zweiter und dritter Bericht an Kaiser Karl V. über die Eroberung von Mexiko.* Köln.
Deloria, V. (1977): *Nur Stämme werden überleben.* 2. Aufl. München.
Deschner, G. (1989): „Reinhard Heydrich – Technokrat der Sicherheit." In: Smelser, R., Zitelmann, R.: *Die braune Elite.* Darmstadt. 98-114.
Dietrich, K., Heinemann, K. (1989): *Der nicht-sportliche Sport.* Schorndorf.
Dressen, W. (1986): „Modernität und innerer Feind." In: Boberg, J., Fichter, T., Gillen, E. (Hg.): *Die Metropole. Industriekultur in Berlin im 20. Jahrhundert.* München. 262-281.
Ehrenreich, B., English, D. (1980): *Witches, Midwives and Nurses. A History of Women Healers.* London 1976. – Deutsch: *Hexen, Hebammen und Krankenschwestern.* München.
Eichberg, H. (1978): *Leistung, Spannung, Geschwindigkeit.* Stuttgart.

Eichberg, H. (1983): „Messen, Steigern, Produzieren. Die historisch-kulturelle Relativität des Leistens am Beispiel des Sports." In: *Beiträge zur historischen Sozialkunde*, Wien. 13, 12-18.
Eichberg, H. (1984): „Sozialgeschichtliche Aspekte des Leistungsbegriffs im Sport." In: Kaeber, H., Tripp, B. (Red.): *Gesellschaftliche Funktionen des Sports*. Bundeszentrale für politische Bildung. Bonn. 85-106.
Eichberg, H. (1987a): „Fremdes und Eigenes." In: *Unter dem Pflaster liegt der Strand*, 9. 1981. 37-54. Dann in: *Abkoppelung*. Koblenz.
Eichberg, H. (1987b): „Die Industrie des Verschwindens. Über Inuit und industriellen Rassismus." In: *Grenzfriedenshefte*. Flensburg, 30. 1983. 103-111. Nachdr. in: *Abkoppelung*. Koblenz.
Eichberg, H. (1994): „Fremd in der Moderne? Anmerkungen zur frühneuzeitlichen Zeremonialwissenschaft." In: *Zeitschrift für Historische Forschung* 21. 522-528.
Eichberg, H. (1996): „,Produktive' und ,Parasiten'. Industriegesellschaftliche Muster des Volksgruppenmordes." In: *Zeitschrift für Kulturaustausch*, 31. 1981. 451-454. Nachdr. In: *Die Geschichte macht Sprünge*. Koblenz.
Eichberg, H. (1999): „Die Ekstase des Körpers im Trommeltanz. Zur Kritik des historischen Produktivismus." In: *Stadion*, 25. 33-67.
Eichberg, H. (2001a): „Es, Ich und Du in Bewegung." In: Moegling, K. (Hg.): *Integrative Bewegungslehre*. Bd.1. Immenhausen. 219-244. – Auf Englisch erweitert: „Three dimensions of playing the game. About mouth pull and other tug." In: Nauright, J., Møller, V. (Hg.): *The Essence of Sport*. Odense, im Druck.
Eichberg, H. (2001b): „Thinking contradictions. Towards a methodology of configurational analysis, or: How to reconstruct the societal signification of movement culture and sport." In: Dietrich, K. (Hg.): *How Societies Create Movement Culture and Sport*. University of Copenhagen. 10-32.
Enquist, P. O. (1981): *Sekonden*. Stockholm 1971. – Deutsch: *Der Sekundant. Roman*. Frankfurt/M.
Foucault, M. (1971): *Les mots et les choses*. Paris 1966. – Deutsch: *Die Ordnung der Dinge*. Frankfurt/M.
Gebauer, G. (1972): „,Leistung' als Aktion und Präsentation." In: *Sportwissenschaft*, 2. 1972. 182-203. Auch in: *Philosophie des Sports*. Schorndorf. 42-66.
Gilsenbach, R. (1986): „Marzahn – Hitlers erstes Lager für ,Fremdrassige'. Ein vergessenes Kapitel der Naziverbrechen." In: *Pogrom*, 17, 122. 15-17.
Hentschel, V. (1984): „Produktion." In: Brunner, O. u.a. (Hg.): *Geschichtliche Grundbegriffe*. Bd. 5. Stuttgart. 1-26.
Hoberman, J. (1992): *Mortal Engines. The Science of Performance and the Dehumanization of Sport*. New York.
Hoberman, J. (1997): *Darwin's Athletes. How Sport has Damaged Black America and Preserved the Myth of Race*. Boston/New York.
Horkheimer, M., Adorno, T. W. (1971): *Dialektik der Aufklärung*. Frankfurt/M.
Jenness, D. (1971): „Krisens time." In: Kaj Birket-Smith: *Eskimoerne*. 3. rev. Aufl. Kopenhagen. Kap. 11.
Kaltenbrunner, G. K. (Hg.) (1981): *Schmarotzer breiten sich aus.* Freiburg.
Klein, N. (Red.) (1981): *Sinti und Roma. Ein Volk auf dem Weg zu sich selbst*. Institut für Auslandsbeziehungen. Stuttgart.
Kluge, A. (2000): *Chronik der Gefühle*. Bd. 1-2. Frankfurt/M.
Knudsen, K. A. (1895): *Om Sport. Indtryk fra en Rejse i England*. Kopenhagen.
Leclerc, G. (1972): *Anthropologie et colonialisme. Essai sur l'histoire de l'africanisme*. Paris.
Marx, K., Engels, F. (1953): *Die deutsche Ideologie (1845)*. Stuttgart.

Marx, K. (1972): *Vorwort und Einleitung von Zur Kritik der politischen Ökonomie.* (1857/59). Peking.
Møller, J. (1990/92): *Gamle idrætslege i Danmark.* Slagelse. Idrætshistorisk Værksted. Spielbücher Bd. 1-4 und Sammenfattende og supplerende betragtninger (Bd. 5).
Møller, J. (2001): „Nærvær. Forsøg på en nem definition af leg." In: *Idrætshistorisk årbog,* Odense 17, im Druck.
Müller-Hill, B. (1984): *Tödliche Wissenschaft. Die Aussonderung von Juden, Zigeunern und Geisteskranken 1933-1945.* Reinbek.
Pearce, R. H. (1953): *Savagism and Civilization. A Study of the Indian and the American Mind.* Berkeley.
Peron, F. (1807): *Voyage de Découvertes aux Terres Australes.* Bd. 1. Paris.
Prokop, U. (1976): *Weiblicher Lebenszusammenhang.* Frankfurt/M.
Ränsch-Trill, B. (1999): „Sieg und Niederlage im menschlichen Antlitz." In: Hogenova, A. (Hg.): *Filosofie sportu.* Prag. 92-117.
Rakelmann, G. A. (1988): *Interethnik. Beziehungen von Zigeunern und Nicht-Zigeunern.* Münster.
Rohr, J. B. von (1990a): *Einleitung zur Ceremoniel-Wissenschafft Der Privat-Personen.* Berlin 1728. Nachdruck Weinheim.
Rohr, J. B. von (1990b): *Einleitung zur Ceremoniel-Wissenschafft der großen Herren.* Berlin 1733. Nachdruck Weinheim.
Sahlins, M. D. (1972): *Stone Age Economics.* Chicago/New York.
Scheier, C.-A. (2000): *Ästhetik der Simulation. Formen des Produktionsdenkens im 19. Jahrhundert.* Hamburg.
Schürmann, V. (2001): *Muße.* (= Bibliothek dialektischer Grundbegriffe. 6). Bielefeld.
Schulz, W. (1974): *Die Bewegung der Produktion. Eine geschichtlich-statistische Abhandlung zur Grundlegung einer neuen Wissenschaft des Staates und der Gesellschaft.* Zürich/Winterthur 1843. Nachdruck Glashütten.
Silberner, E. (1962): *Sozialisten zur Judenfrage. Ein Beitrag zur Geschichte des Sozialismus vom Anfang des 19. Jahrhunderts bis 1914.* Berlin.
Stanaland, P. (1981): „Pre-Olympic ,Anthropology Days', 1904. An aborted effort to bridge some cultural gaps." In: Taylor Cheska, A. (Hg.): *Play as Context.* West Point. 101-106.
Steinmetz, S. (1966): *Österreichs Zigeuner im NS-Staat.* Wien.
Stümke, H.-G., Finkler, R. (1981): *Rosa Winkel, Rosa Listen. Homosexuelle und „Gesundes Volksempfinden" von Auschwitz bis heute.* Reinbek.
Tangen, J. O. (1997): *Samfunnets idrett. En sosiologisk analyse av idrett som sosialt system, dets evolusjion og funksjon fra arkaisk til moderne tid.* Universitetet. Habil. Oslo.
Tschirnhauss, W. B. von (1727): *Getreuer Hofmeister auf Academien und Reisen.* Hannover.
Wartmann, B. et al. (1982): *Weibliche Produktivität.* Themenheft *Ästhetik und Kommunikation,* 13, 47. (o.O.)
Weinberg, G. L. (Hg.) (1961): *Hitlers Zweites Buch. Ein Dokument aus dem Jahr 1928.* Stuttgart.
Wolf-Graaf, A. (1983): *Die verborgene Geschichte der Frauenarbeit. Eine Bildchronik.* Weinheim/Basel.
Ziegler, J. (1989): *La victoire des vaincus.* Paris. – Deutsch: *Der Sieg der Besiegten. Unterdrückung und kultureller Widerstand.* Wuppertal.
Zülch, T. (Hg.) (1979): *In Auschwitz vergast, bis heute verfolgt. Zur Situation der Roma (Zigeuner) in Deutschland und Europa.* Reinbek.

Anthropometrie und Sportwissenschaft

Jürgen Court, Erfurt

Zusammenfassung

Dieser Beitrag analysiert die Beziehung der Anthropometrie zur Sportwissenschaft. Er hat zur Ausgangsthese, daß über Wissenschaftsgeschichte nur sinnvoll nachgedacht werden kann, wenn man Wissenschaft als ein Zusammenspiel von ideellen, personellen und institutionellen Faktoren in ihrer jeweiligen kulturellen Einbettung versteht. Eine in diesem Sinne verstandene Historiographie ist in der Lage, unter einer historischen Perspektive unser Wissen um den Sport und seine Geschichte zu bereichern, und unter einer *systematischen* Perspektive fundamentale Widersprüche im Begründungsprozeß von Wissenschaft aufzudecken. In dieser Absicht wird das Verhältnis von Anthropometrie und Sportwissenschaft an drei Beispielen beleuchtet: der Weimarer Republik, dem Nationalsozialismus und einem Konstitutionstypenmodell der heutigen Bewegungspädagogik.

Summary

This study deals with the relationship between anthropometry and sport science. Its leitmotif is the thesis that reflection on the history of science must understand science as a combination of ideal, individual and social elements in its cultural context. By this way historiography can both enrich our knowledge of sport and its history and discover fundamental contradictions in the justification of science. Three examples serve as a proof: anthropometry and sport science in the Weimarer Republic, in National Socialism and in modern pedagogy of movement.

"Feierlich erkläre ich: Nicht alle, die wider die Physiognomie eifern, sind böse Menschen"
(J.C. Lavater).

Einführung

Dem Generalthema „Der künstliche Mensch" widmet sich dieser Beitrag am Beispiel der Beziehung von Anthropometrie und Sportwissenschaft, Anthropometrie verstanden als systematische „Typenforschung und Konstitutionskritik" (Müller 1922, 122).

Seine Ausführungen folgen der vielleicht wichtigsten Einsicht der gegenwärtigen Konjunktur von Wissenschaftsgeschichte: der Einsicht, daß über sie nur sinnvoll nachgedacht werden kann, wenn man Wissenschaft als ein Zusammenspiel von ideellen, personellen und institutionellen Faktoren in ihrer jeweiligen kulturellen Einbettung versteht (vgl. Franke 1984, 359; Bernett 1987, 30). Zu dieser bewußt vagen Formulierung zwei Bemerkungen. Erstens will sie sagen, daß diese Faktoren nur analytisch unterschieden werden können, was wiederum von der Verfügbarkeit und Aussagekraft der verschiedenen Quellen abhängt. Und zweitens: So berechtigt es ist, Wissenschaft *auch* als „Produkt sozialer Strukturen und Prozesse" (Weingart 1995, 12) zu verstehen, so verkürzt ist eine ausschließliche Übernahme dieses Ansatzes, der die Gefahr birgt, individuelle Verantwortlichkeiten strukturell aufzulösen (vgl. Burleigh 2000, 949). Eine im obigen Sinne verstandene Historiographie ist dagegen nicht nur in der Lage, unter einer *historischen* Perspektive unser Wissen um den Sport und seine Geschichte zu bereichern (was schon ein hinreichender Grund für sie wäre), sondern sie vermag unter einer *systematischen* Perspektive auch fundamentale Widersprüche im Begründungsprozeß von Wissenschaft aufzudecken. Zum Beweis dieser Behauptung wird das Verhältnis von Anthropometrie und Sportwissenschaft an drei Beispielen beleuchtet: der Weimarer Republik, dem Nationalsozialismus und einem Konstitutionstypenmodell der heutigen Bewegungspädagogik.

Eine persönliche Vorbemerkung sei mir gestattet: Da Teile dieses Beitrags inzwischen in der Zeitschrift *Sportwissenschaft* (Court 2002) erschienen sind und ich üblicherweise Doppelpublikationen zu vermeiden suche, habe ich ernsthaft einen Verzicht auf diesen Abdruck erwogen. Der Grund dafür, weshalb ich mich nun doch für ein *imprimatur* entschieden habe, ist folgender. Um die Anschaulichkeit meiner Studie zu erhöhen, habe ich mich darum bemüht, eine Abdruckerlaubnis der bei Schimmel/Treutlein (1992, 41) wiedergegebenen Zeichnung von Carl Huters Primärnaturellen zu erhalten. Nach zahlreichen Nachfragen meinerseits und des Academia-Verlages teilte Kollege Treutlein Hans Richarz und mir brieflich am 18. November 2002 seine Bitte mit, wir mögen seinen Namen nicht im Zusammenhang mit Huter verwenden. Seine Sorge sei, daß man ihn angesichts der aktuellen Diskussion um Huter möglicherweise „in der rechtsradikalen Ecke" ansiedeln oder ihm „einen unreflektierten Umgang mit Geschichte" vorwerfen werde. Huters Ansatz sei „im Dritten Reich kriminell missbraucht" und „gerade in den letzten Jahren sehr sinnvoll weiter entwickelt" worden.

Wenn ich vor diesem Hintergrund diese Studie veröffentliche, betone ich mit allem Nachdruck, daß ich hinsichtlich der Bewegungspädagogik – wie Kollege Treutlein zu befürchten scheint – keineswegs *ideologische* Absichten verfolge, sondern lediglich die *wissenschaftliche* Unzulänglichkeit Huters und seiner Nachfolger aufzeigen möchte. Angesichts des Umstandes, daß Huter der „Renaissance abstruser Naturell-Lehren" (Goldner 1998, 15f.) zugerechnet wird und sein eifrigster Apologet Fritz Aerni inzwischen eine mindestens ebenso abstruse Verteidigungsschrift vorgelegt hat (Aerni 2001)[1], rechtfertige ich die Veröffentlichung meiner Überlegungen durch folgende Fragen:

1. Kann sich die Bewegungspädagogik im Sinne ihrer wissenschaftlichen Seriosität eine Fundierung durch Huters Naturallehre leisten?
2. Kann sich die Bewegungspädagogik im Sinne ihrer wissenschaftlichen Seriosität einen *Verzicht* auf die Diskussion dieser ersten Frage leisten?

1. Weimarer Republik

Obgleich zur Geschichte der Sportanthropometrie im weitesten Sinne des Wortes bereits GutsMuths' Konstitutionsmessungen (vgl. Krümmel 1927, 216) oder die 1860 in Coburg beschlossenen Turnstatistiken gehören (vgl. Krüger 2000, 204), soll von einer eigentlichen Wissenschaft des Sports erst im Zusammenhang mit der Deutschen Hochschule für Leibesübungen in Berlin, kurz: DHfL, gesprochen werden. Der Grund für diese Festlegung ist schlicht: Die DHfL beruht zwar ideell, personell und institutionell auf bedeutenden Vorgängerinstitutionen wie der Sportabteilung der Dresdner Hygiene-Ausstellung 1911 oder der Forschungsstätte im 1913 eingeweihten Charlottenburger Stadion (vgl. Quanz 1990, 295ff.), aber erst seit ihrer Gründung darf von einer eigenständigen, auf *Hochschulebene* institutionalisierten Disziplin „Sportwissenschaft" mit ihren jeweiligen Teildisziplinen geredet werden.

Die DHfL wurde am 15. Mai 1920 in Anwesenheit des Reichspräsidenten Friedrich Ebert in Charlottenburg feierlich eröffnet. Obgleich die Universität Berlin personell und räumlich eng mit der DHfL zusammenarbeitete, war die DHfL eine private Einrichtung des DRA, des Deutschen Reichsausschusses für Leibesübungen, der Dachorganisation der bürgerlichen Turn- und Sportverbände. Während der ständige Generalsekretär des DRA, Carl Diem, Prorektor der DHfL wurde, übernahm das Rektorat der berühmte Chirurg der Berliner Universität, August Bier. Das staatliche Gegenstück der DHfL, die Preußische

Landesturnanstalt in Spandau, wurde erst im September 1922 zur Hochschule befördert; die erste universitäre Professur für Turnwissenschaft in Deutschland wurde 1925 in Leipzig errichtet und das wissenschaftliche Studium der Leibesübungen in Preußen erst per Erlaß vom 1. August 1929 geregelt (vgl. Bernett 1986/87, 231ff.).

In der Anthropometrie spiegeln sich sämtliche Motive, die die aufblühende Sportwissenschaft der Weimarer Zeit geleitet haben. Zwar kann die Tradition universitärer Anthropometrie auf Kontakte Diems zu amerikanischen Universitäten um 1912 zurückgeführt werden, für die ca. 1880 Dudley A. Sargent anthropometrische Tests entwickelte (vgl. Borgers/Quanz 1998, 80). Jedoch ist die Sportanthropometrie der Weimarer Zeit nur vor dem Hintergrund des Weltkriegs zu verstehen, der für Diem (1982, Bd. 2, 113) „unser Gebiet wie mit einer Fackel erhellt" hatte. Das bis auf die Antike zurückreichende ästhetische Motiv des harmonisch zu bildenden Körpers wird nun in der Forderung nach anthropometrischen Messungen deutschnational aufgeladen[2]:
– erstens im Gedanken, daß der im Vertrag von Versailles enthaltene Wegfall der Wehrpflicht die Volksgesundheit schädige und daher im Pflichtsport Ersatz zu suchen sei,
– zweitens in der Frage der Volks- und Kulturerneuerung nach dem Weltkrieg,
– drittens in der Sorge um die körperliche und geistige Gesundheit vor allem der Großstadtbevölkerung, die mit der lebensphilosophischen Zivilisationskritik an rationalistischen und mechanistischen Tendenzen zusammenfällt
– und viertens im Motiv des Ausgleichs zwischen Sport und Turnen durch den gemeinsamen Zweck der Erhöhung der allgemeinen Leistungsfähigkeit, zu der auch Training und Wettkämpfe gehören.

Zusammengefaßt: Die Anthropometrie erscheint zu Beginn der Weimarer Republik als eine sportwissenschaftliche Methode, die ihre Legitimation aus dem pädagogischen Zweck der Leibesübungen schöpft, „eine neue Kultur von ungeahnter Blüte zu entwickeln, deren Träger der neue deutsche Mensch voll Wissen und Bildung, aber auch voll Kraft und Gesundheit, voll sportlicher Kampfesfreude und ritterlicher Gesinnung sein wird" (Diem 1982, Bd. 1, 52).

Die Anthropometrie an der DHfL[3] war institutionell der Abteilung für Gesundheitslehre zugeordnet. Die anthropometrischen Untersuchungen wurden seit dem Wintersemester 1921/22 von Wolfgang Kohlrausch geleitet, später Privatdozent und Professor für Sporthygiene an der Universität Berlin. Das Laboratorium befand sich im Kellergeschoß des Laboratoriumbaues und bestand aus einem langgestreckten Meßraum und einem abgeschlossenen ärztlichen Arbeitszimmer. Beide Räume waren durch einen Lichtschacht beleuchtet, und der Meßraum hatte außerdem Fenster nach der Turnhalle. Ausgestattet war das Laboratorium mit einer Meßwand, mehreren Anthropometern, Tasterzirkel, Bandmaßen, Kopfmeßgeräten, einer Laufgewichtswaage, einem Stephani-Meßstuhl, Spirometer, Muskelhärteprüfer und einer Reihe von weiteren Instrumenten zu Spezialuntersuchungen. Als photographische Ausrüstung diente eine Görlitzer Tropenreisekamera 3/18 mit einem Multiplikator, der drei Aufnahmen auf je ein Drittel der gleichen Platte hintereinander aufzunehmen gestattete. Das Objektiv war ein Dogma 1:4,5, das sich für Zwecke der vergleichenden Photographie von Muskeltypen besonders gut eignete. Die Meßergebnisse wurden in Meßblätter eingetragen und in Archivform geordnet.

Für die Untersuchungen wurde die männliche und weibliche Studentenschaft zu Anfang und am Schluß des Semesters gemessen, gewogen und zu Anfang und am Schluß des Studiums photographiert. Die Teilnehmer der Stadionlehrgänge sowie leistungsfähige Turner und Sportsleute, die an Wettkämpfen im Stadion teilnahmen, wurden gleichfalls zu Untersuchungen herangezogen. Während der *Deutschen Kampfspiele* von 1922 in Berlin konnte auf die besten deutschen Athleten zurückgegriffen werden.

Die Modernität und Interdisziplinarität der Anthropometrie an der DHfL zeigte sich in ihrer Anwendung der Sporttypenforschung auf die klinische Konstitutionstypenforschung, für die das 1921 veröffentlichte Werk von Ernst Kretschmer *Körperbau und Charakter* bahnbrechend war. Gemeinsame Grundlage von Kretschmer und Kohlrausch waren die Arbeiten des Münchener Anthropologen Rudolf Martin, dessen *Lehrbuch der Anthropologie* 1914 erschienen war. Aus der Sicht der Sporttypenforschung litt die klinische Konstitutionstypenforschung darunter, daß ihre Typen zum großen Teil an kranken Menschen gefunden wurden. Die Sportanthropometrie betonte hingegen, daß es für die ärztliche Praxis von praktischem Werte sein müsse, die Leistungsfähigkeit und Form auch aus einer nichtklinischen Perspektive zu betrachten.

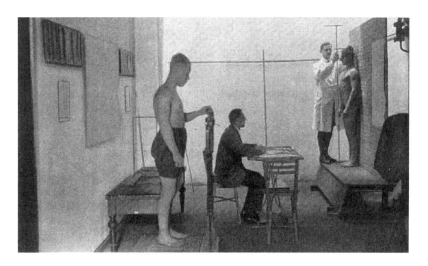

Abb. 1: Dr. Kohlrausch vermißt einen Studenten im anthropometrischen Laboratorium der DHfL (aus: Carl Diem: Die deutsche Hochschule für Leibesübungen. O.O. 1924, Bild 11).

Während die von Kohlrausch untersuchten Läufergruppen dem schlanken Typ mit geringer Umfangsentwicklung angehörten, waren untersuchte Kraftsportler ausgesprochen massig. Obgleich für diese Formentwicklung im allgemeinen der Funktionsreiz der athletischen Schwerarbeit verantwortlich gemacht wurde, war aber nach einer wissenschaftlichen Antwort auf die Frage zu suchen, ob nicht auch hier eine konstitutionelle Begabung vorlag. Wäre der Funktionsreiz nämlich der einzige Faktor bei der körperlichen Entwicklung, so müßte eine gleiche Arbeit bei den verschiedenen Konstitutionstypen einen gleichen Erfolg hervorrufen. In ihren Hochschülern besaß das anthropometrische Laboratorium ein günstiges Untersuchungsmaterial, da alle etwa die gleiche und sehr vielseitige Ausbildung genossen. Da sich bei ihnen zeigte, daß die dünnen Leute in ihrer Umfangsentwicklung und auch im Gewicht nur viel weniger zunahmen als die von vornherein schweren Leute, von denen vor allem die mittelschweren Gruppen den mächtigen Wachstumsanreiz ausnutzten, lautete das Ergebnis, daß die einzelnen Konstitutionstypen verschieden auf den funktionellen Reiz antworten.

Ferner ergab sich als Resultat, daß die dünnen Leute auch weniger als die mit mittlerem Gewicht an Brusttiefe zunahmen. Da die Brusttiefe von der Ruhespannung (Tonus) der Brustmuskulatur abhängig ist, so ging daraus hervor, daß die schlanke Muskulatur nur schwer ihren Tonus verändert, was auch bei asthenischen Kindern festgestellt werden konnte. Dem Tonus der Muskulatur wurde daher besondere Aufmerksamkeit geschenkt und an einer großen Zahl von Vertretern der einzelnen Sportzweige sein Unterschied geprüft. Kohlrausch schloß seine Untersuchung mit der These, daß der Begabungsunterschied für die einzelnen Sportarten ebensosehr in der Verschiedenheit der Muskelspannung wie in der Verschiedenheit der Muskeldicke lag.

Worin bestand nun der Wert dieser Sporttypenforschung für den sportpädagogischen Zweck? Diem (1924, 29) erblickte ihren praktischen Nutzen in der Feststellung, daß die Mehrkampfgruppen, die vielseitig Begabten, dem

„deutschen mittleren Typ am nächsten kommen [...]. In den Körpermessungen steht uns die Möglichkeit zur Verfügung, uns ein Bild von der körperlichen Entwicklung zu machen und sofort zu sehen, an welchen Stellen Unterwertigkeiten vorhanden sind. Hier haben dann die Hebel der praktischen Arbeit einzusetzen. Werden erst einmal diese Ideen in die Sportvereine eingedrungen sein, so läßt sich erwarten, daß auch auf Gebieten wie dem der individuellen Ausgleichsarbeit eine für die Volksgesundheit ungeheuer wichtige Arbeit geleistet wird."

2. Nationalsozialismus

Um die wissenschaftstheoretische Bedeutung der Anthropometrie in der Weimarer Republik angemessen zu würdigen und mit der im Nationalsozialismus vergleichen zu können, ist zunächst ein Blick auf ihre Kritik durch Edmund Neuendorff (o.J., 683) zu werfen:

> „Einen besonderen Anstoß empfing die Sportwissenschaft durch die von Martin in München geschaffene Anthropometrie, die Krümmel und Kohlrausch ausbauten. [...] Als Ergebnis der Messungen entstand die Sporttypenforschung, die ganz besonders Kohlrausch entwickelte. Manche gingen so weit, daß sie nach den Messungen dem einzelnen Jugendlichen seinen Sondersport zuweisen wollten, weil sie bloß auf seinen Körperbau hin ihm vorauszusagen zu können glaubten, daß er sich in ihm am erfolgreichsten entfalten würde. Man maß, beobachtete, prüfte, verglich, wog, zählte, beschrieb und registrierte die Teile des Körpers in ihrem Befund und ihren Veränderungen. Durch Summation der Teilergebnisse schloß man auf den ganzen Körper. Und von ihm aus wagte man nicht selten den großen Sprung des Schlusses auf den ganzen Menschen. Wobei man freilich sehr oft ins Leere oder danebensprang."

Dieses Zitat ist von doppeltem Interesse. Neuendorff wendet – zum einen – den prinzipiellen Einwand der Turn- gegen die Sportbewegung, sie erziehe zur Einseitigkeit, auf die Anthropometrie an, insofern sie den Sprung vom „ganzen Körper" auf den „ganzen Menschen" wage. Dieses Argument stützt sich auf ein wissenschaftstheoretisches Paradigma, das Neuendorff (a.a.O., 687ff.) in der Berufung auf Goethe, Carus, Nietzsche und Spranger als „Biologisierung der Leibesübungen" bezeichnet. Dieses Paradigma setzt der „einseitigen Physiologie und Anatomie" der Sportwissenschaft einen lebensphilosophischen Grundgedanken entgegen: „Lebendiges läßt sich nur schauen, erleben und künstlerisch adäquat, aber nicht wissenschaftlich erfassen."

Während nach Neuendorff (ebd.) jene vorgeblich rein naturwissenschaftliche Sportwissenschaft den „Menschenleib schlechthin als Maschine betrachtet hatte", integriere die „Biologie der Leibesübungen" Anatomie, Physiologie und Strukturpsychologie im Verweis auf einen

> „grundlegenden Unterschied: die Maschine verschleißt durch Arbeit, der Leib vervollkommnet sich durch sie; die Maschine braucht konstante Nahrungszufuhr und bricht die Arbeit ab, sobald sie aufhört, der Leib braucht sie nicht stetig, weil er Energien aufzuspeichern vermag. Das, was Maschine und Leib so grundlegend unterscheidet, ist das Biologische. [...] Man sprach [...] mit bewußter Betonung und gewollter Absicht vom Leibe und nicht vom Körper [...]. Denn der Körper ist immer die Summe seiner Teile, deren jeder anatomisch und physiologisch zerlegt, untersucht und beschrieben werden kann. Der Leib aber ist immer ein Ganzes und ist immer nur lebendig und beseelt zu denken. Es gibt einen toten Körper, und es gibt Glieder des Körpers. Aber es gibt keine Leibesglieder, und eine Seele kann nicht verwesen."

Für unsere Frage nach dem Verhältnis zwischen der Anthropometrie der Weimarer Republik und der im Nationalsozialismus ist nun – zum anderen – ausschlaggebend, daß Neuendorff (a.a.O., 690) die Anthropometrie nicht schlechthin verurteilt, sondern nur als „Ausfluß einer naturwissenschaftlichen Arbeits- und Denkweise, die zur Veräußerlichung in der Auffassung vom Menschen führte". Neuendorff betont mit allem Nachdruck, daß diese Kritik nicht für die Anthropometrie gelte, die zwar derselben Schule entspringe wie die Kohlrauschs, jedoch genau von jenem Geist einer „Biologie der Leibesübungen" gespeist sei: diejenige nämlich von Carl Krümmel, den er zustimmend

147

zitiert: „Es ist auch möglich, daß die letzten Dinge, die mit der Sporteignung verbunden sind, eine restlose Erscheinung nicht gestatten" (ebd.). In der Tat kritisiert Krümmel (1927, 222f.) an der Sportypenforschung nicht die Methode, sondern ihre „unbiologische Fragestellung", so daß sie „vielleicht einen wissenschaftlich interessanten Spezialfall darstellt, aber praktisch bedeutungslos ist."

Carl Krümmel kommt unter den Turn- und Sportführern im Nationalsozialismus „eine besondere Bedeutung" (Ueberhorst 1976, 7)[4] zu. 1895 in Hamburg geboren, legte er 1914 die Reifeprüfung ab und meldete sich als Kriegsfreiwilliger. Nach einer Verletzung und Lazarettaufenthalt 1918 zog der spätere Freicorpskämpfer nach München. Seine Weimarer Jahre sind durch vielfältige Tätigkeiten gekennzeichnet: 1922 schloß Krümmel auf einer unbezahlten Assistentenstelle bei Rudolf Martin sein Studium der Staatswissenschaften und der Anthropologie mit einer Dissertation ab, deren Titel lautete: *Arbeitsfähigkeit und Körpererziehung. Ein Beitrag zum qualitativen Bevölkerungsproblem und ein Versuch über die Mitarbeit biologischer Disziplinen an der Sozialwissenschaft*. Von 1920 bis 1923 war der erfolgreiche Langstreckler und Trainer Krümmel leitender Sportlehrer der Infanterieschule München. Ab 1924 arbeitete er als Sportlehrer und wissenschaftlicher Unterrichtsleiter an der Heeressportschule Wünsdorf und entwickelte dort Leistungsprüfungen und Sportvorschriften; ferner bereitete er die Olympiateilnehmer der Reichswehr auf die Spiele von 1928 und 1932 vor. Lehraufträge an der DHfL, der Vorsitz im *Verband Deutscher Sportlehrer* und sein 1930 erschienenes Standardwerk *Athletik* bezeugen Krümmels immensen Fleiß. Im Dritten Reich ist neben Krümmels Leitung des SA-Sportabzeichenamtes und der Leitung der Führerschule Neustrelitz vor allem seine Funktion als Chef des Amtes „K" im Reichsministerium für Wissenschaft, Erziehung und Volksbildung zu erwähnen. In seine Amtszeit fallen die Neugliederung der Institute für Leibesübungen, die Ablösung der DHfL durch die *Reichsakademie für Leibesübungen* (RfL), die Hochschulsportordnung von 1934 und die Richtlinien für die Leibeserziehung in Jungenschulen 1937. Am 21. August 1942 kam Krümmel bei einem Flugzeugabsturz ums Leben.

Krümmels Anthropometrie spiegelt auf der Seite der *Kontinuität* die Verbindung von militärischem und wissenschaftlichem Denken und auf der Seite der *Diskontinuität* den Einfluß dreier unterschiedlicher gesellschaftlicher Systeme. Krümmels Dissertation, für die er Messungen an 4000 bayrischen Schulkindern vornahm, ist – wie bereits der Titel verrät – durchaus ein „frühes Beispiel interdisziplinärer Forschung" (Ueberhorst 1976, 11)[5], und auch als Vertreter einer „Heeresanthropologie" (a.a.O., 138) zeigt sich sein starkes Interesse, in ersten anthropometrischen Massenuntersuchungen in der Reichswehr die Arbeitslehre Taylors mit biologischen und sozialwissenschaftlichen Argumenten zu verbinden (a.a.O., 123; vgl. Eisenberg 1999, 326). Obgleich Krümmel sowohl unter dem Einfluß seiner Kriegs- als auch seiner sportlichen Erfahrungen bereits in seiner Dissertation die Leibesübungen als wichtiges Mittel der „aktiven Volkshygiene" (zit. n. Ueberhorst, a.a.O., 21) ansieht, steht dies nicht im Gegensatz zu einer Aussage 1929, daß sich die „wissenschaftliche Anthropologie stets davon ferngehalten hat, politischen Theorien durch

Herbeizitieren irgendwelcher anthropologischer Erscheinungen eine Stütze zu sein" (a.a.O., 128).

Abb. 2: Umschlagabbildung von Edmund Neuendorff (Hg.): Die deutschen Leibesübungen. Berlin/Leipzig 1927.

Diese dezidiert unpolitische Sicht ändert sich jedoch mit Krümmels Funktionen im Nationalsozialismus. Zwar fußte auch seine Anthropometrie in der Weimarer Zeit auf dem Grundgedanken der „natürlichen Auslese im sportlichen Kampf" (Krümmel 1927, 222), er steht jedoch in seiner Ausrichtung seines „naturwissenschaftlichen *und* pädagogischen Denkens" (a.a.O, 229) nach 1933 auf dem Leitbild des „politischen Soldaten" und die pädagogischen Vorstellungen aus Hitlers *Mein Kampf* im politischen Dienst eines „rassistisch-darwinistischen Ziels" (Ueberhorst 1976, 7, 139, 143). Burleigh (2000, 28, 125, 700) hat die Folgen einer solchen „Remystifizierung der Naturwissenschaft" für die Leibeserziehung beschrieben: An SS-Greueln waren auffallend viele Sportler beteiligt, die „sich einen Sport daraus machten, jüdische Frauen zu vergewaltigen und jüdische Einwohner zu terrorisieren."

Im Lichte dieser Erkenntnisse kann nun die verhängnisvolle wirkungsgeschichtliche Dimension von Krümmels und Neuendorffs Kritik an Kohlrausch verdeutlicht werden. Beide, Krümmel und Neuendorff, werfen Kohlrauschs Anthropometrie vor, sie unterschlage die „biologistisch-pädagogische Seite" (Krümmel 1927, 218) zugunsten einer mechanistisch-rationalistischen Reduktion auf den Körper. Indem Krümmel und Neuendorff jedoch ihr Ideal der

Ganzheitlichkeit[6] an ein in letzter Hinsicht „irrationales" Leben binden, führt eine solche Verbindung von ahistorischem und biologistischem Denken[7] zum lebensphilosophischem Problem des *Dezisionismus* (vgl. Lieber 1974, 117, 122ff.). Das Kriterium der „bestimmten Gestalt" bei Krümmel (1927, 218) und das Kriterium der „Seele" bei Neuendorff sind daher vor der Folie des Dezisionismus programmatische Leerstellen, die gerade aufgrund ihrer irrationalistischen Abstraktheit die Tendenz besitzen, sich an die gesellschaftlichen Bewegungen anzuschließen, von denen sie sich „die Zeit der Erfüllung" versprechen – so Neuendorff (1936, 244) über den Nationalsozialismus.

Wenn aber schließlich „Blut und Boden" (Krümmel zit. n. Ueberhorst 1976, 129) oder das „Volkstum aus Blut und Erde" (Neuendorff o.J., 729) schließlich jenen irrationalen Rest des Ideals der Ganzheit bestimmen, verkommt die zu seiner Verwirklichung gedachte Methode der Anthropometrie zum Vehikel einer „Wissenschaft", die nicht mehr dem Leben, sondern seiner Vernichtung dient. Damit steht die Sportwissenschaft in der Linie des „Kriegseinsatzes" der deutschen Geisteswissenschaft, dessen Ideologie gemäß der Gegner „auf dem Schlachtfeld *und* in der Studierstube geschlagen werden sollte" (Hausmann 1998, 29).

3. Konstitutionstypen bei Schimmel/Treutlein (1992)

Die abschließenden Bemerkungen zur Anthropometrie in der heutigen Sportwissenschaft sind eingebettet in die Auseinandersetzung zwischen den Vertretern der Bewegungspädagogik einerseits und denen der Sportpädagogik andererseits. Diesen Streit kann man an der Frage festmachen, ob das *pädagogisch* Wertvolle menschlicher Bewegung sich auf den Sport im Sinne des traditionellen Sportartenlernens beschränkt oder nicht, wobei sich beide Seiten – Sport und Bewegungspädagogik – zur Stützung ihrer Argumente auf die *Geschichte* berufen.[8]

Im programmatischen Sammelband der Bewegungspädagogik *Körpererfahrung im Sport* von 1992 binden Schimmel/Treutlein (40ff.) die „richtige Weise" des Bewegens an drei „primäre Naturelle" und ihre Mischtypen: das Empfindungs-, Bewegungs- und Ernährungsnaturell, das leicht von jedermann an der „Gesichtsform" zu erkennen sei. Sie berufen sich in ihrer Argumentation auf Huters Konstitutionslehre von 1904, der die „entwicklungsgeschichtlich veranlagte Entstehung unserer Gewebe aus drei verschiedenen Keimblättern" zugrunde liegt.

Gissel (2000, 16) hat diese Einteilung als „sehr gefährlich" bezeichnet, aber vorgezogen, sie nicht weiter zu kommentieren.[9] Gerade angesichts des Verdachtes, den eine Einteilung in Menschentypen aufgrund unserer Kenntnisse der nationalsozialistischen Anthropometrie hervorruft[10], erscheint ein solcher Verzicht auf eine wissenschaftliche Untersuchung einer möglichen Parallele der nationalsozialistischen und der modernen Anthropometrie nicht gerade hilfreich. Zu prüfen ist vielmehr mit *wissenschaftlichen* Mitteln, wie auf dem Fundament der bisherigen Überlegungen eine Einordnung von Schimmel/Treutlein aussieht. Mit der an der DHfL betriebenen Anthropometrie teilen sie in der Tat den Glauben, pädagogisch wünschenswerte Bewegungen auf einen biologisch bestimmten und bestimmbaren Konstitutionstypus zurückführen zu können. Trifft auch eine solche *Bewegungspädagogik* der Vorwurf von Neuendorff und Krümmel, sie sei einseitig und nicht ganzheitlich?

Zwar binden Krümmel und Neuendorff die richtige Bewegung nicht an das Kriterium des Muskeltonus, sondern an den „Geist". Indem sie aber diesen „Geist" letztlich auf das „Blut" zurückführen, liegt die Differenz zwischen Kohlrausch einerseits und Krümmel/Neuendorff andererseits nur darin, daß Kohlrausch einen Biologismus des Körpers, Krümmel/Neuendorff hingegen einen Biologismus des Geistes vertreten: „ganzheitlich" sind beide Positionen nicht. Da die heutige *Bewegungspädagogik* sich aber explizit als „ganzheitliche Bewegungserziehung" (Moegling 1999) begreift, bedeutet ihre anthropometrische Fundierung letztlich die Renaissance eines ahistorischen und biologistischen Denkens im Gewande des Ideals der Ganzheitlichkeit.[11] Natürlich sind Ahistorizismus und Biologismus weder auf eine bestimmte Epoche noch eine bestimmte Disziplin eingeschränkt. Entscheidend jedoch ist, daß eine wissenschaftliche Richtung wie die *Bewegungspädagogik*, die ihren eigenen Selbstbegriff gerade aus der Einsicht in die Notwendigkeit geschichtlicher Argumente entwickelt, auf einem fundamentalen Selbstwiderspruch beruht, wenn sie Geschichte auf die Entwicklungsgeschichte von Keimblättern reduziert.[12]

Anmerkungen

[1] Aernis Apologie folgt zwei Grundmotiven: erstens, daß die Verbrechen von Lenin, Stalin und ihren Anhängern „größtenteils" die des Nationalsozialismus noch „übertreffen", und zweitens, daß man Huters Psychophysiognomik nur verstehen und erlernen könne, wenn man eine vom Carl-Huter-Bund anerkannte Ausbildung absolviert habe: die Kenntnis der Lehren Huters hätte helfen können, den Nationalsozialismus zu verhindern (Aerni 2001, 8, 24, 162). Ich persönlich finde es auch peinlich, wenn man – wenn auch in bester Absicht! – nicht nur vom „Erzjudenhasser Julius Sreicher", sondern auch ohne jede Distanzierung vom „Erzjuden Martin Buber" (Aerni 2001, 124) schreibt.

[2] Die folgenden Motive finden sich verstreut bei Berger (1922).

³ Die folgenden Ausführungen beziehen sich auf die Zusammenfassungen bei Diem (1924, 26ff.) und Kohlrausch (1930). Die Diktion zeigt, daß Kohlrausch die genuin anthropometrischen Ausführungen bei Diem (1924) selbst verfaßt hat.
⁴ Die folgenden Angaben zu Krümmel nach Ueberhorst (1976, passim).
⁵ Den interdisziplinären Charakter der Anthropometrie zwischen Biologie und experimenteller Psychologie betont auch Schwarze (1918, 57).
⁶ Vgl. Krümmel (1927, 218): „Zweifellos besitzt die Leistung begrifflich drei Merkmale: die Einmaligkeit, die Einzigartigkeit und die Ganzheit (Totalität)."
⁷ Philosophiehistorisch kann die Ahistorizität auf Diltheys Strukturpsychologie zurückgeführt werden (vgl. Lieber 1974, 46), auf die sich sowohl Neuendorff (o.J., 691) in seiner Berufung auf Spranger und Sippel als auch Krümmel (1927, 218f.) in seiner Berufung auf die Differenz von Erklären und Verstehen explizit stützen. Nobis' (1971, Sp. 944f.) Hinweis, daß Biologismus weder mit „Lebensphilosophie" noch mit „Vitalismus" in Verbindung gebracht werden dürfe, ist hier wenig hilfreich, denn sowohl für Krümmel als auch Neuendorff ist ein Eklektizismus lebensphilosophischer, vitalistischer und biologistischer Elemente charakteristisch.
⁸ Eine gute Übersicht dieser Diskussion geben die Hefte 4/2000 und 1/2001 der *dvs-Informationen*. Dort findet sich auch die entsprechende Literatur.
⁹ Auch Kolb (1995, 306f.) hat kritisch auf die Sonderstellung des Aufsatzes von Schimmel/Treutlein in dieser Anthologie verwiesen.
¹⁰ Man vgl. die Tafel der Mischtypen bei Huter und Schimmel/Treutlein (1992, 41) bspw. mit der Tafel bei Jaensch (o.J. [1936], IX). Huters Bewegungsnaturell entspricht Jaenschs „Tetanoid-Typus". Zur Weiterentwicklung Huters bei den Nazi-Rassehygienikern Hans Smolik und Werner Altpetet siehe Goldner (1998, 15f.). – Obgleich Aerni (2001, 7ff.) überzeugende Belege dafür liefert, daß Huter jeder Rassismus fremd war und seine Bücher im Nationalsozialismus vernichtet wurden, ist dies kein Beweis für die *wissenschaftliche* Qualität seiner Lehre, sondern nur für seine persönliche Integrität. Eine vorurteilslose Analyse der *geschichtlichen* Implikationen dieser Zusammenhänge ist auch deswegen unabdingbar, damit sie auch als *begriffliche* Einwände gegen das Ganzheitlichkeitsideal der NS-Ideologie verwendet werden können. Vgl. zum Beispiel die *Richtlinien für die Leibeserziehung in Jungenschulen* (1937, 7. Hervorh. J. C.): „Die nationalsozialistische Erziehung [...] erfaßt den Menschen in seiner *Ganzheit*, um ihn durch Entwicklung aller Kräfte – des Körpers, der Seele und des Geistes – fähig und bereit zu machen zum Dienst in der Gemeinschaft des Volkes."
¹¹ Hier handelt es sich also um den *historischen* Beweis von Thiele (1997, 15), der eine solcherart legitimierte Bewegungspädagogik als Spielart „eines pädagogischen Fundamentalismus und Traditionalismus" bezeichnet. Diese Verkürzung fällt um so mehr auf, wenn man sie an die Einwände hält, die aus einer dezidiert bewegungspädagogischen Perspektive im selben Sammelband Leist/Loibl (1992, 244) einseitig anatomisch-physiologischen Theorien entgegenhalten. Es zeugt daher aus der Summe der Kritik nicht eben von wissenschaftlicher Souveränität, wenn Moegling (2001, 48) die Vorwürfe an Schimmel/Treutlein „viel zu weitgehend" findet.
¹² Moderne (und wissenschaftsmethodisch solide!) anthropometrische Forschungen folgen vielmehr einer „kombiniert humangenetisch-sozialen Theorie der Verbreitung von Körpereigenschaften" (Bäumler 1984, 553); vgl. Tittel/Wutscherk (1972, 10).

Literatur

Aerni, F. (2001): *Adolf Hitler und die Physiognomik*. O.O. [Zürich].
Bäumler, G. (1984): Unterschiede im Auftreten der Familiennamen „Schmied" und „Schneider" bei Spitzensportlern der Leichtathletik: Ein Beitrag zur epidemiologischen Humangenetik. In: *Psychologische Beiträge*, 26. 552-560.
Berger, L. (Hg.) (1922): *Leibesübungen an deutschen Hochschulen*. Göttingen.
Bernett, H. (1986/87): Zur Entwicklungsgeschichte der deutschen Sportwissenschaft. In: Stadion XII/XIII. 225-240.
Bernett, H. (1987): Carl Diem und sein Werk als Gegenstand der sportgeschichtlichen Forschung. In: *Sozial- und Zeitgeschichte des Sport*, 1. 7-41.
Borgers, W., Quanz, D. R. (Hg.) (1998): *Bildbuch Deutsche Sporthochschule Köln*. St. Augustin.
Burleigh, M. (2000): *Die Zeit des Nationalsozialismus*. Frankfurt/M.
Court, J. (2002): Sportanthropometrie und Sportpsychologie in der Weimarer Republik. In: *Sportwissenschaft*, 32. 401-414.
Diem, C. (1924): *Die Deutsche Hochschule für Leibesübungen*. O.O.
Diem, C. (1982): *Ausgewählte Schriften*. 3 Bd. St. Augustin.
Eisenberg, C. (1999): *„English sports" und deutsche Bürger: Eine Gesellschaftsgeschichte 1800-1939*. Paderborn.
Franke, E. (1984): *Der Sport nach 1933: Äußere Gleichschaltung oder innere Anpassung?* In: Fachbereich 3 der Universität Osnabrück (Hg.). Osnabrück. 341-361.
Gissel, N. (2000): Sport oder Bewegung – Die Instrumentalisierung der Geschichte. In: *dvs-Informationen* 15, 4. 15-16.
Goldner, C. (1998): Renaissance abstruser Naturell-Lehren. In: *Psychologie heute* 25, 5. 15-16.
Hausmann, F.-R. (1998): *„Deutsche Geisteswissenschaft" im Zweiten Weltkrieg. Die „Aktion Ritterbusch" (1940-1945)*. Dresden/München.
Kohlrausch, W. (1930): Körperbau und Wachstum. In: Schiff, A. (Hg.): *Die Deutsche Hochschule für Leibesübungen 1920-1930*. Berlin. 49-54.
Kolb, M. (1995): Besprechung von: G. Treutlein u.a. (Hg.): Körpererfahrung im Sport. In: *Sportwissenschaft* 25. 305-307.
Krüger, M. (2000): Turnen und Turnphilologie des 19. Jahrhunderts als Vorläufer moderner Sportwissenschaft. In: *Sportwissenschaft* 30. 197-210.
Krümmel, K. (1927): Maß und Zahl in der Körpererziehung. In: Neuendorff, E. (Hg.): *Die deutschen Leibesübungen*. Berlin/Leipzig. 215-229.
Leist, K. H., Loibl, J. (1992): Basketball – grundsätzliche Überlegungen und erste praktische Schritte. In: Treutlein, G. u.a. (Hg.): *Körpererfahrung im Sport*. Aachen. 239-254.
Moegling, K. (1999): *Ganzheitliche Bewegungserziehung*. Butzbach.
Moegling, K. (2001): Stellungnahme zu Norbert Gissel: Sport oder Bewegung – Die Instrumentalisierung der Geschichte (in: *dvs-Informationen* 15 (2000) 4, 15-16). In: *dvs-Informationen* 16. 1, 48-49.
Müller (1922): „Sportärzte". In: Berger, L. (Hg.): *Leibesübungen an deutschen Hochschulen*. Göttingen. 116-124.

Neuendorff, E. (1936): *Die deutsche Turnerschaft 1860-1936*. Berlin.
Neuendorff, E. (o. J.): *Geschichte der neueren deutschen Leibesübung vom Beginn des 18. Jahrhunderts bis zur Gegenwart*. Bd. 4. Dresden.
Nobis, H. M. (1971): Biologismus. In: Ritter, J. (Hg.): *Historisches Wörterbuch der Philosophie*. Bd. 1. Basel. Sp. 944-945.
Quanz, D. R. (1990): Die Sportwissenschaft in Deutschland und ihre olympischen Wurzeln. In: Gabler, H. u.a. (Hg.): *Für einen besseren Sport... Themen, Entwicklungen und Perspektiven aus Sport und Sportwissenschaft*. Schorndorf. 290-307.
Richtlinien für die Leibeserziehung an Jungenschulen (1937). Berlin.
Schimmel, J., Treutlein, G. (1992): Körpererfahrung, Bewegung, Sport, Spiel und Gesundheit – Gesundheit bewahren und fördern, Gesunde belehren und sensibilisieren. In: Treutlein, G. u.a. (Hg.): *Körpererfahrung im Sport*. Aachen. 29-56.
Schwarze, M. (1918): Die Massenleistung als Grundlage der Leistungswertung. In: *Körper und Geist* 16, Nr. 5/6. 57-66.
Thiele, J. (1997): Skeptische Sportpädagogik – Überlegungen zu den pädagogischen Herausforderungen der „Postmoderne". In: *Spectrum der Sportwissenschaften* 7, 1. 6-21.
Tittel, K., Wutscherk, H. (1972): *Sportanthropometrie*. Leipzig.
Ueberhorst, H. (1976): *Carl Krümmel*. Berlin.
Weingart, P. (1995): Einheit der Wissenschaft – Mythos und Wunder. In: Weingart, P. (Hg.): *Grenzüberschreitungen in der Wissenschaft*. Baden-Baden. 11-28.

Der *Hightech-Gladiator* – noch Fiktion oder schon Wirklichkeit?

Arnd Krüger, Göttingen

Zusammenfassung

Ausgehend von der Geschichte des antiken Gladiatorenwesens, werden die Arbeitsbedingungen der heutigen Leistungssportler unter dem Gesichtspunkt der Anwendung von Hightech, Lowtech und Naturprodukten in Training und Wettkampf analysiert. Während die Bereitschaft der Verwendung von Hightech-Substanzen sehr groß ist, ist zum gegenwärtigen Zeitpunkt noch nicht mit dem/der gen-manipulierten Sportler/in zu rechnen. Das Prinzip der Anthropomaximologie liegt zwar dem gesamten Leistungssport zu Grunde, die Grenze zwischen dem Akzeptierten und dem Nicht-Akzeptierten ist jedoch kulturspezifisch, so dass die internationalen Gremien mit erheblichen Problemen bei der Anwendung von Ethik-Regeln zu tun haben. Die verwendeten Mittel werden in zunehmendem Maße in den Gesellschaften im Allgemeinen eingesetzt, so dass es offen bleibt, ob der Leistungssport eine andere Form der Vorbildwirkung für die Gesellschaft bekommen hat – oder ob eine medikamentenabhängige Gesellschaft den Sport entwickelt hat, der ihr entspricht.

Summary

With gladiatorial history as a point of reference, working conditions of present day elite athletes and their use of high tech, low tech and natural products in training and competition are analysed. While there is a considerable readiness to use high tech substances, there do not seem to be gene-manipulated athletes at present. Although the principles of *anthropo-maximology* are the basis for elite sport as a whole, the borderline between what is accepted practice and what is not depends on the different cultures concerned. International agencies and federations are therefore confronted with significant problems in the application of a unified code of ethics. Since substances and methods used in elite sport are also used in society as a whole, the question is whether elite sport is in this respect a role model for society or whether a drug taking society has developed a sport conforming with it.

Einleitung

Das Grundproblem der Athletik ist noch nicht der „künstliche Mensch", der gen-manipulierte oder geklonte Golem, sondern der/die durch extreme Begabung begünstigte, durch Trainer, Umwelt und Fleiß (was selbst wieder eine Begabung sein kann) geförderte, durch unterstützende Massnahmen Grenzbereiche auslotende Athlet oder Athletin. Dies mag im Einzelfall, z.B. im Hinblick auf Körpergröße oder -gewicht, ein „Monster" sein, das man bis ins 19. Jahrhundert im Kuriositätenkabinett ausgestellt hätte, in der Regel haben solche extremen körperlichen Möglichkeiten jedoch durchaus eine Vorbildwirkung. Das Grundprinzip des Leistungssports ist die *Anthropomaximologie,* die sich logisch aus der Funktion des Sports ergibt.[1]

Will man die Frage ernsthaft beantworten, ob wir es heute im Spitzensport mit Hightech-Gladiatoren zu tun haben, vielleicht sogar noch eine Aussage von der Art treffen, ob dies gut, nicht so gut oder gar verwerflich sei, so müssen wir zunächst einmal klären, was man sich eigentlich unter einem Gladiator vorzustellen hat, zu was wir Hightech abgrenzen (Lowtech oder vielleicht „Natur"), und schließlich müssen wir uns mit der Frage befassen, mit welcher Form von Realität wir es zu tun haben.

Gladiatoren[2] waren im alten Rom Zweikämpfer, die in speziellen Schulen (ludi) trainiert haben, und zur öffentlichen Unterhaltung bereit waren, in verschiedenen Formen des Fechtens ihr Leben aufs Spiel zu setzen. Heute wird der Begriff des Gladiators auch für solche Athleten verwendet, die als Berufsathleten ihr Leben einsetzen und – weit entfernt vom Amateurideal, oder was man gemeinhin dafür hält – von der Wettkampftätigkeit leben. Da ich selbst in dieser Branche sieben Jahre lang meinen Lebensunterhalt verdient und – wie sie sehen – überlebt habe, möchte ich Sie mit ein paar Unwägbarkeiten des ehrenwerten Berufes auf Zeit des Gladiators vertraut machen. Die 1960er und der Anfang der 1970er Jahre waren in der Leichtathletik noch „Amateur"-Zeiten, so dass die Athletik für mich eine Erwerbs- aber keine Versorgungschance war.[3]

Am 1.7.1794 schrieb der damals 70jährige Kant an den Mathematiker Jacob Sigismund Beck: „Wir können [...] nur das verstehen [...], was wir selbst machen können." Auch in einem Brief an Johann Pflücker (26.1.1796) wiederholt Kant diese Grundeinsicht.[4] Sehen Sie es mir also bitte nach, wenn ich vom Standpunkt des Gladiators aus argumentiere. Ich möchte Ihnen am Anfang kurz die Funktion der Gladiatur in der römischen Antike ins Gedächtnis rufen.[5]

Die Gladiatur in der Antike

Die Kämpfe in den Arenen der Antike werden heute von der Geschichtswissenschaft nicht mehr einfach als sadistischer Zeitvertreib der *Plebs* abgetan, sondern die paradoxe Bedeutung der Gladiatur wird heute problematisiert. War die Grausamkeit in der Arena inkonsistent oder zentral im Verhältnis zur römischen Gesellschaft? Warum hatten die Römer eine solche ambivalente Haltung zu ihren Gladiatoren? Sie wurden in der Gesellschaft, in der Literatur und auch in der Gesetzgebung stigmatisiert – und doch waren die Amphitheater bei den Kämpfen bis auf den letzten Platz besetzt, sie wären ausverkauft gewesen, wenn Eintrittsgeld verlangt worden wäre; die berühmten Kämpfer hatten ihre eigenen Fan-Gemeinden und auch Freiwillige aus den besten Familien beteiligten sich manchmal an den Kämpfen.

Autoren der Stoa kritisierten zwar die Emotionalität der Zuschauer, priesen aber das disziplinierte Training und den Todesmut der Gladiatoren. Die Arena war ein herausgehobener Ort, an dem symbolische Kämpfe ausgetragen wurden, der sozialen Ordnung im Kampf gegen die Natur, gegen Barbarei und Kriminalität.

Ich will hier nicht auf die Geschichte der Gladiatur eingehen, die den Weg von der Campania über die Etrusker nach Rom angetreten hatte und sich von privaten Totenspielen über private Schauspiele zu Kämpfen unter der Aufsicht der Praetoren entwickelte. Die ersten Gladiatorenkämpfe in Rom fanden 264 v. Christus statt und wurden von den Söhnen von Junius Brutus Pera zu Ehren ihres Vaters veranstaltet.[6] Während am Anfang nur drei Kämpfe an einem Tage stattfanden, ein Jahrhundert später Titus Flamininus 74 Gladiatoren aufbot, stellte Julius Caesar (65 v. Chr.) innerhalb von drei Tagen 320 Kampfpaare.

Rom brauchte den Freiraum der Arenen, um ein Gegengewicht gegen die formalen Strukturen zu haben, den symbolischen Kampf gegen wilde Tiere und Monster. In einer Zeit, da die Römer keinen Kriegsdienst mehr leisteten, zeigte der Gladiator die *virtus*, die den römischen Soldaten früherer Generationen eigen war.[7]

Die Gladiatur bot sozial sanktionierte Gewalt und integrierte so die soziale Unordnung in einen gesellschaftlich akzeptablen Kontext. Sie galt als „politisches Theater". Passend hierzu war dann auch, dass in der späteren Zeit in der Mittagspause der Kämpfer (und der besser gestellten Zuschauer) Hinrichtungen in der Arena stattfanden, denen dann ebenfalls vor allem die Unterschicht beiwohnte. Ohne die Kämpfe kann man die römische Kultur wohl nicht verstehen, da in der Arena wesentliche kulturelle Akte stattfanden.[8] Alle wesentlichen Elemente der Machtausübung des Staates fanden sich in der Arena wieder.[9]

Vielleicht ist diese Kultur am ehesten mit der Vorstellung von der offenen Grenze im Wilden Westen und dem dort häufig vertreten *shoot-out* vergleichbar. Jeder konnte mit einigem Training daran teilnehmen. Die Duellkultur in den europäischen Oberschichten des 18. Jahrhunderts beschränkte bereits die Teilnahme auf bestimmte Stände. Der wesentliche Unterschied zwischen diesen Duellen und der Gladiatur ist vor allem der, dass es sich hier in der Römischen Antike um rituelle Kämpfe handelte, in denen die Geschichte der Menschheit im Kampf gegen wilde Tiere, aber auch der Siegeszug der Römer gegen die verschiedensten Stämme mit höchst unterschiedlichen Waffen symbolisiert wurden.

Es ist darüber spekuliert worden, wie hoch die Überlebenschance der Gladiatoren war, wie viele Kämpfe sie eigentlich bestritten, ehe sie sich in den Ruhestand zurückzogen oder starben. Statistisch war die Überlebenschance in jedem Kampf ca. 50%, da einerseits auch dem Unterlegenen durch Veranstalter oder Zuschauer das Leben geschenkt werden konnte – und auf der anderen Seite auch der Sieger an den Folgen von Verletzungen, in einer Zeit, die ohne Antibiotika auskommen musste – noch sterben konnte.

Gladiatoren heute

Ich frage mich, was die Rolle der Spitzensportler, ihrer Trainer, Mannschaftsärzte und Funktionäre in der Gesellschaft heute ist? Ich habe auch schon in anderem Zusammenhang Allen Guttmanns *Vom Ritual zum Rekord* widersprochen, in dem ich mit anderen gezeigt habe, dass es auch schon früher Rekorde gegeben hat, als die, die Guttmann im 19. Jahrhundert ansetzt – aber es gibt heute eben auch noch immer eine Vielzahl von Ritualen im Sport – wenn man nicht den gesamten Spitzensport als eine Form von Ritual der Industriegesellschaft ansehen will.[10]

Natürlich fährt ein Michael Schumacher oder läuft ein Nils Schumann oder Dieter Baumann nicht im Kreise, damit es regnet oder wir eine bessere Ernte haben. Aber auf dem Umweg über die *Diplomaten im Trainingsanzug* hat die DDR eine öffentliche Sichtbarkeit durch den Sport erlangt, mit dem Olympiaboykott 1980 wollten die USA der UdSSR zumindest symbolisch die Ablehnung ihres militärischen Handelns in Afghanistan seitens der internationalen Staatengemeinschaft verdeutlichen. Der rituelle Symbolcharakter der Sportarten soll hier jedoch nicht vertieft werden, auch wenn der Vater der modernen Olympischen Spiele sie mit der *religio athletae* ins quasi-Religiöse versetzte.[11]

Wie in der Antike muss man sich das ganze soziale Phänomen ansehen und nicht die Athleten allein. Ich stimme Eichberg völlig zu, dass die Veränderung des Sports gesellschaftlich ist, wobei man es hier zunächst offen lassen kann, ob der Sport und die Sportler vorangehen oder sie den anderen gesellschaftlichen Instanzen folgen.[12] Immerhin ist es aber vorstellbar, dass in der Subkultur der Athletik gesellschaftliche Unterströmungen zu Tage treten, die erst wesentlich später den *mainstream* darstellen.

Hightech, Lowtech oder Natur?

Im Zusammenhang mit dem Hightech-Gladiator denkt man heute unwillkürlich an pharmakologische Einflussnahme auf das sportliche Ergebnis, an Doping und die gesundheitlichen Risiken, die damit verbunden sind. Fest steht allerdings, dass die gesundheitlichen Risiken in der Antike größer waren, denn die Chance zu überleben ist heute deutlich besser. Mit schöner Regelmäßigkeit sind bei Olympischen Spielen seit 1972 die Teilnehmer gefragt worden, ob sie bereit seien, für olympischen Ruhm und Ehre ihr Leben aufs Spiel zu setzen, sich mit einer neuen Substanz zu dopen, die ihnen vier Jahre Vorsprung und Siege, dann aber den sicheren Tod bringt. 50% der heutigen Spitzensportler sind hierzu bereit, obwohl die generelle Lebenserwartung deutlich höher als in der Antike ist.[13] Leistungssportler sind für mich heute jedoch keine *dem Tode Geweihten*, da wir es im Sport in der Regel mit einem eher symbolischen Kampf um Leben und Tod zu tun haben – und auch jahrelanges Doping nicht zu der Todesrate der Gladiatoren geführt hat.[14] Die Bereitschaft der Selbstaufopferung für Ruhm und Ehre ist auch nicht unbedingt von den finanziellen Einkommensmöglichkeiten abhängig, die mit der Freigabe der Amateurregeln nach 1981 deutlich angestiegen sind.[15]

Das Phänomen ist natürlich nicht auf Sportler beschränkt. Der sich künstlicher Produkte bedienende Mensch ist längst Realität. Wer sich nicht gerade auf die Naturmedizin verläßt, die in Deutschland zudem durch die Krankenkassen diskriminiert wird, verwendet im Krankheitsfalle regelmässig Hightech-Medikamente. Gen-manipulierte Produkte sollen inzwischen zwar entsprechend gekennzeichnet werden, aber auch dies ist kulturspezifisch. Der „Rinderkrieg" zwischen den USA und der EU wird vor allem auch über die Frage geführt, in wieweit Anabolika und Antibiotika routinemäßig zur Kälber- und Rindermast gehören dürfen. Über diese nimmt der/die Verbraucher/in (und damit auch Athlet/in) Anabolika zwangsläufig auf. Aber selbst der Verzehr des Fleisches vom nicht-kastrierten Eber hinterläßt deutliche Nandrolonspuren, die als Zeichen von Doping interpretiert werden können.[16]

1998 stellte *The Face* fest, dass 50% der Briten vor dem 24. Lebensjahr mit illegalen Drogen Erfahrungen gemacht hatten[17], in den USA sogar bereits mehr als die Hälfte der 17jährigen – und 2% aller 14jährigen Schülerinnen und Schüler (nicht nur der Sportler) nehmen Anabolika.[18] Da der Sport gesellschaftlich ist, braucht man sich daher auch nicht zu wundern, wenn dies im Sport nicht viel anders ist. Warum auch?

Welche Natur ?

Deutschland hat eine über hundertjährige Tradition der Ökologiebewegung. Dass man in Deutschland alles etwas „natürlicher" haben will als bei vielen unserer Nachbarn, ist daher verständlich. Unklar bleibt dabei aber, welche Natur man denn nun eigentlich haben will. In der deutschen Geschichte hat es sowohl eine eher rechte als eine eher linke Ökologiebewegung gegeben, denen eine gewisse Fortschritts- und Industriefeindlichkeit eigen war/ist. Wer von vornherein die Naturheilkunde als ganzheitlich und natürlich, die Schulmedizin für seelenlos, zergliedert und hoch technologisch hält[19], muss zwangsläufig die Ideologie des gesamten Leistungssports ablehnen. *Citius – altius – fortius* heißt im Industriezeitalter eben nicht nur für die Stadienbauer und die Fernsehanstalten, die das Spektakel ermöglichen und übertragen, dass sie sich der besten technologischen Möglichkeiten bedienen, die zur Verfügung stehen. Dieser grenzenlose Fortschrittsglaube ist auch in der Coubertin'schen Ideologie, die die Kultur der *Anthropomaximologie* entspricht, angelegt.[20] Coubertin hat sich über die an gesundheitlichen Vorstellungen des Ebenmaßes orientierten Sportmediziner seiner Zeit lustig gemacht. Dem *ut sit mens sana in corpore sano* hielt er sein *mens fervida in corpore lacertoso* (= der überschäumende Geist im muskulären Körper) entgegen, was der Vorstellung Bert Brechts entspricht, der Leistungssport fange dort an, wo Sport aufhörte, gesund zu sein.[21]

Oder ist der Gegensatz zu Hightech nicht Natur sondern Lowtech? Darf der Leichtathlet zwar auf Asche laufen, nicht aber auf Kunststoff oder muss es immer Rasen sein?

Im Hinblick auf die Frage nach der Grenze zwischen dem, was als „natürlich" und zulässig gelten kann und was als „unnatürlich" und unzulässig gilt, können die Grenzen der Dopingregeln angesehen werden, weil hier der hochtechnologischen Entwicklung im Sport im Interesse der Chancengleichheit in den letzten dreißig Jahren Grenzen gesetzt worden sind. Doch diese sind willkürlich, und die Diskussion über die Sinnhaftigkeit der Verwendung oder des Verbots bestimmter Substanzen ist ideologisch stark belastet.

12 (= 3 x 4) Tassen Kaffee[22] zum falschen Zeitpunkt getrunken und man ist ein Leben lang wegen Dopings gesperrt[23]; einen Sportler beraten, wann er Kaffee trinken darf, oder gar zu einer Tasse Kaffee eingeladen – und von bekannten Potsdamer Sporthistorikern wird man als *Fachdoper* bezeichnet. Oder schlimmer noch: sie werden behaupten, man gehöre „zu den Mittätern der Menschenexperimente und der Abhängigmachung vieler junger Menschen von Drogen"[24]; festgestellt, welche Wirkung Kaffee hat, und Klaus Huhn wird behaupten, daß man Dopingforschung betreibe.[25]

Koffein war 1972 das Mittel der Wahl des Olympiasiegers Frank Shorter, der sich heute darüber beschwert, dass der Olympiasieger von 1976 Waldemar Cierpinski Anabolika verwendet habe, und daher die Goldmedaille zurückfordert.[26] Inzwischen sind beide Substanzen verboten, haben daher beide Unrecht – oder ist dies die Auseinandersetzung zwischen Hightech und Lowtech, weil Kaffee als natürlicher gelten kann als synthetisch hergestellte Anabolika? Müssen wir uns dann nicht über alle diejenigen freuen, die reines Testosteron oder Erythropoietin verwenden, statt synthetische Anabolika oder NESP (Novel Erythropoeisis Stimulating Protein)?[27] Warum gilt endloses Höhentraining als legitimer als die Verwendung von EPO, obwohl es für einen Flachländer viel natürlicher ist, in die Apotheke nebenan zu gehen als in die Alpen?

Die Grenze zu ziehen zwischen „gesund" und „ungesund", ist ebenfalls vom Ansatz her falsch: Wir sind uns wohl darüber einig, dass die Olympische Sportart Boxen ungesunder ist, als Kaffee oder Cola zu trinken.

Was jedoch im Zuge von dem, was international als Doping, als geächtet gilt, wird damit in einem nationalen Kontext noch immer nicht als dasselbe angesehen. Die internationalen Sportverbände müssen aber Regeln finden, die allen wesentlichen Sportländern entsprechen.

Der Kenntnisstand über und die Tolerierung von Doping unterscheidet sich in den Staaten Europas ganz erheblich. So hat Irland erst zum 1.1.1999 Mittel für trainingsbegleitende Dopingkontrollen bereitgestellt, da man bisher der Ansicht war, daß dies im eigenen Lande nicht erforderlich sei, während dies in Deutschland schon seit dem 1.1.1990 in den meisten Sportarten praktiziert wird. Sind die katholischen Iren bessere Menschen oder Sportlerinnen und Sportler als die Deutschen, zumal wenn sie aus der überwiegend atheistischen ex-DDR kommen?

Das Meinungsforschungsinstitut Gallup hat im Auftrag der dänischen Zeitung *Berlingske Tidene* zwischen dem 30.10. und 11.11.1998 in Dänemark (DK), Großbritannien (GB), Deutschland (D), Frankreich (F), Italien (I) und Spanien (ESP) jeweils tausend Erwachsene repräsentativ befragt.[28] Demnach variiert die EPO-Akzeptanz in der Bevölkerung z.B. zwischen 7% in DK, 17% in D und 34% in ESP. Auch die Erwartung, daß in bestimmten Sportarten Doping an der Tagesordnung ist, hängt stark von der jeweiligen Presselandschaft ab und variiert z.B. im Fußball zwischen 90% in F, 31% in D und 28% in DK.

Ein durchgängig sauberes Image hat lediglich Golf (zwischen 3-7% erwarten gedopte Golfspieler). Bodybuilder (europaweit 76%), Leichtathleten (75%) und Radrennfahrer (74%) liegen deutlich vor Schwimmern (56%). Am Beispiel des Dopingskandals bei der *Tour de France* wurde gefragt, ob ein derartiges Vorkommnis Auswirkungen auf das Interesse an dem Konsum einer solchen Sportart habe. Während 3% in D sich durch Dopingskandale besonders angezogen fühlen, mindert dies bei 12% das Interesse an der Sportart, während es bei 58% unverändert positiv bleibt. Der Rest interessiert sich ohnehin nicht für die Sportart bzw. gibt keine Antwort. Die Deutschen liegen damit durchaus im europäischen Durchschnitt – was manchen, der bei jedem Skandal den Zusammenbruch des Interesses am Sport befürchtet, beruhigen könnte. Vielleicht ist es auch der Wettkampf zwischen Dopern und Dopingfahndern. Wir sind Zeuge einer Schlacht, bei der die Doper mit einem erheblichen Maß an Kreativität immer wieder einen Vorsprung vor den Dopingfahndern erringen. Aber noch sind es in Deutschland erst 3%, die diesen Wettkampf als besonders attraktiv ansehen.

Im Radrennsport hatten drei prominente Schweizer Fahrer nach der *Tour de France* eine achtmonatige Dopingsperre bekommen. Im Zusammenhang mit der nun geforderten zweijährigen Mindestsperre ist interessant, daß europaweit diese 8 Monate 47% (D= 57%) für angemessen hielten, 27% (D= 23%) eine längere und 16% (D= 14%) eine noch kürzere wollten. Die Wünsche nach einer längeren kamen besonders aus GB (54%) und nach einer kürzeren aus Spanien (29%).

Die Untersuchung macht die kulturelle Relativität der Erwartungshaltungen deutlich. Wenn die Fußball-Nationalmannschaft, wie gerade bei den beiden Ausscheidungsspielen gegen die Ukraine, innerhalb von vier Tagen voll regeneriert, aggressiv aufspielt (und sich zudem noch Spitzenspieler mit Akne vor die Fernsehkamera stellen), hätte man in Frankreich nicht mehr darüber spekuliert, *dass* Rudi Völler die Nationalmannschaft gedopt habe, sondern nur noch die Frage diskutiert, mit welcher Substanz.[29] Wenn solche Einstellungen in Europa sich schon so weit unterscheiden, wie will man dann eine passende weltweite Basis finden?

Doping?

Doping ist der Bereich, bei dem heute am ehesten an den Hightech-Athleten gedacht wird. Dies hat sicher auch etwas mit den Substanzen zu tun, die auf der Dopingliste stehen. Ihre Verwendung war jedoch bereits in der Antike üblich, ist bei Naturvölkern weit verbreitet und muss nicht zwangsläufig ein Zeichen von Hightech sein.[30] Die Tarahumara, die im Norden Mexikos aus kultischen Anlässen zur Sommer- und Wintersonnenwende je 24 Stunden am Stück (ca. jeweils 200 km) laufen, verwenden hierzu Peyote, ein Halizogen aus einer Kaktee.[31]

Ich möchte im Zusammenhang mit der Verwendung von Hormonen zur Leistungssteigerung auf drei Phänomene hinweisen[32]: Katrin Krabbe wurde wegen der illegalen Verwendung von Clenbuterol gesperrt und aus dem Wettkampfsport gezogen.[33] Hätte sie dieselbe Substanz gesprayt statt gespritzt und sich zudem ein Attest gegen Asthma geben lassen, hätten wir sie alle noch lange erfolgreich auf den Hightech-Kunststoffbahnen laufen sehen. Aber 100% der britischen Schwimmer und mehr als 50% der amerikanischen bei der Schwimm-WM 1998 in Australien waren registrierte Asthmatiker, weil hierdurch die Verwendung von *gespraytem Salbutamol* und von *Terbutalin* (beliebtere beta$_2$-Agonisten als Katrin Krabbes *Clenbuterol*) gestattet ist. Die Armen – jetzt wird Forschung betrieben, ob Schwimmen Asthma begünstigt.[34] Erst 2002 wurde der Rezeptmissbrauch in diesem Bereich eingeschränkt.

Die „Pille" als Hightech-Methode der Schwangerschaftsverhütung für die Frau hat eine leistungssteigernde Wirkung, da durch sie die Regenerationsfähigkeit nach dem Training hoch signifikant gesteigert wird. Östrogen, in Konzentrationen, wie es in vielen Anti-Konzeptiva enthalten ist, hat eine nachgewiesene erheblich leistungssteigernde Wirkung. Durch die entsprechende Östrogenkonzentration wird der Kreatinkinaseanstieg nach intensiver (z.B.

exzentrischer) Muskelarbeit deutlich begrenzt (auf 1/3 des Üblichen in entsprechenden Trainingsversuchen; beim ebenfalls auf intensive Muskelarbeit ansprechendes Serum-Insoenzym CK-MB sogar auf 1/27), wodurch das Trainingsvolumen deutlich gesteigert werden kann.[35] Warum wird die „Pille" dann nicht auch auf den Dopingindex gesetzt? Dies zeigt nur in einem anderen Bereich, wie willkürlich die Grenze zwischen Doping und anderen Medikamenten gezogen ist.

Will man in diesem Fall feministisch argumentieren, warum nämlich Östrogene nicht auf dem Dopingindex stehen, dann fällt auf, dass die Anti-Dopingregeln in erster Linie von Männern gemacht werden – und vielleicht haben diese beim Aufstellen der Regeln in den späten 1970er Jahren – also vor der allgemeinen Angst vor AIDS – diese Form der Schwangerschaftsverhütung der Sportlerinnen auch aus persönlichen Gründen Kondomen vorgezogen.

Warum sind dann aber Anabolika für Männer verboten? Die Weltgesundheitsorganisation (WHO) hat erfolgreich damit experimentieren lassen, hoch dosiertes Testosteron als „Pille" für den Mann einzuführen.[36] Die Dosierungen übersteigen hierbei die beim Doping verwendeten Mengen zum Beispiel im Sprint ganz erheblich.[37] Das viel gescholtene Nandrolon wird als das Anabolicum, das als besonders bekömmlich gilt, in der Aids-Therapie eingesetzt, da es beim Muskelaufbau hilft, ohne die Gesundheit zu beeinträchtigen.[38] Die Dosierungen liegen hier beim 500-fachen der vom IOC genehmigten Grenzwerte für den Mann oder dem ca. 35-fachen von dem, was Dieter Baumann zum Verhängnis wurde.[39]

Hightech-Gladiator?

Ich hatte am Anfang um Nachsicht gebeten, wenn ich vom Standpunkt des Gladiators aus argumentiere. Ich könnte Ihnen an dieser Stelle eine Vielzahl von Geschichten von Personen aus meinem Umfeld erzählen, die sich nach eigenem Bekenntnis gedopt haben, auch von Trainern, mit denen ich die Wirkung von frühem Doping auf die Talentprognose diskutiert habe. Sie werden auf solche Histörchen warten müssen, bis ich meine Autobiographie schreibe. Dies hat nichts mit der *omertà* zu tun, sondern damit, dass ich es für methodisch problematisch halte, aus solchen anekdotischen Fällen auf die Gesamtheit der Spitzensportler und -sportlerinnen zu schliessen, wie es die Überschrift erwarten lässt.[40]

Ich möchte hier auch nicht als Beleg auf die „graue" Literatur zurückgreifen, wie sie etwa die *Steroid Bible* darstellt, oder auf entsprechende Gebrauchsanweisungen aus dem Internet.[41] Doping und die Verwendung von Hightech-Möglichkeiten im Spitzensport ist keine dunkle, geheime Hinterzimmerpraxis von einigen *Freaks*, sondern ein logisches Systemelement, das sich konsequent aus der Geschichte des Spitzensports herleiten lässt, in dem eben immer stärker aufgerüstet worden ist.[42] Die *Anthropomaximologie* fragt nicht danach, ob ein Medikament oder ein Verfahren legal ist – sondern, ob es wirksam ist.

Durch die jahrzehntelange Praxis des Umgehens von Amateurbestimmungen, ohne dass deren Bruch als Rechtsbeugung angesehen wurde, hat sich auch beim Umgang mit den Dopingbestimmungen noch kein Unrechtsbewusstsein eingestellt.[43] So wie früher auch die Verbände die Amateurbestimmungen zwar verbal unterstützt, in der Realität aber umgangen haben, so ist dies bei den Dopingbestimmungen nicht viel anders.[44] Digel unterschiedet in diesem Zusammenhang mit Recht zwischen „talk" und „action".[45]

Ich möchte Ihnen daher im Hinblick auf Anabolika aus einer guten Trainingslehre einmal zeigen, was der Stand der Forschung ist, und „wie man das macht". Krafttraining mit Anabolika ist nun einmal effektiver als ohne. Anabolika beim Tennis sind wie der Unterschied zwischen einem 1. und einem 2. Aufschlag.[46] Nach Berechnungen der DDR-Sportmedizin lassen sich mit entsprechender Verwendung von Anabolika die Leistungen um 2½-4m im Kugelstoßen (Männer), 4½-5m (Frauen), Diskuswurf (Männer) 10-12m, (Frauen) 11-20m, 400m (Frauen) 4-5 Sek., 800m (Frauen) 5-10 Sek., 1500m (Frauen) 7-10 Sek.. verbessern.[47] Wer eine Trainingslehre zum Krafttraining schreibt, ohne auf Anabolika einzugehen, schreibt ein Kochbuch, bei dem er oder sie versäumt, Salz zu verwenden. Aus den verwendeten Verfahren sieht man auch, dass die Trainingslehre der DDR, die im wesentlichen auf *ein Anabolikum für alle* setzte, damit zwar gute Erfahrungen bei solchen Sportlerinnen und Sportlern gemacht hat, aber das Risiko war auf Dauer unnötig hoch. Da es wenigstens 16 verschiedene Arten von Anabolika gibt, diese zwar alle an denselben Rezeptoren ansetzen, aber eben doch in unterschiedlicher Weise weiterwirken, kann man durch den Wechsel der Anabolika die Gesamtmenge reduzieren. Mit der Reduktion der Gesamtmenge reduziert man auch das Risiko der unerwünschten Nebenwirkungen und Spätfolgen. Das DDR-Doping mit Oral-Turinabol kann daher nach heutigem Stand als Lowtech gelten – und die Hightech-Varianten haben die gesundheitlichen Nebenwirkungen besser im Griff.

Die DDR-Trainingslehre hat mit der Einführung der *Meso*-Zyklen die Anabolika-Verabreichungszyklen verschämt in die allgemeine Trainingslehre eingebaut. Die spanische Trainingslehre stellt nun die systematischen Anabolika-Verabreichungszyklen (samt deren Vertuschung bei Wettkampfkontrollen durch Wachstumshormone) anhand der entsprechenden Literaturbelege dar.[48]

Wenn sie mich nun also abschließend nach dem Hightech-Gladiator fragen, so kann ich die Frage nach einer Grenzziehung nicht verbindlich beantworten. Aus der Logik des Spitzensports heraus wird sich dieser jedoch immer der bestmöglichen technologischen Verfahren bedienen. Manche von diesen sind gefährlicher, manche ungefährlicher als die Lowtech-Varianten. Den Öko-Sportler, den Inbegriff des Naturburschen oder der über die Bahn düsenden Heidi gibt es nicht (mehr).

Wenn wir jedoch den Hightech-Gladiator als Vorbild ansehen und ernst nehmen, dann sehen wir, dass in der Gesellschaft nicht dem immensen dynamischen Training nachgeeifert wird, sondern nur dem Erscheinungsbild. Für den Traum von der ewigen Jugend gehen Männer und Frauen unter das Skalpell des Schönheitschirurgen, lassen sich wie Leistungssportlerinnen und Leistungssportler Testosteron spritzen zur Verbesserung des äußeren Erscheinungsbildes. *Viagra* dient daneben zur Leistungssteigerung des alternden Hightech-„Otto Normalverbrauchers". Insofern liegt die anthropomaximologische Ausprägung des Spitzensports auch im Vorfeld der Logik des Umganges des heutigen Menschen mit seinem Körper.

Anmerkungen

[1] Als die Trainer der DDR-Schwimmerinnen 1976 auf die tiefen Stimmen ihrer mit männlichen Hormonen behandelten (später siegreichen) Schwimmerinnen angesprochen wurden, antworteten sie: „Die sind doch auch zum Schwimmen und nicht zum Singen hergekommen." Vgl. Leonard, J. (2001): Doping in Elite Swimming: A Case Study of the Modern Era from 1970 forward. In: Wilson, W., Derse, E. (Hg.): *Doping in Elite Sport. The Politics of Drugs in the Olympic Movement*. Champaign. 228.

[2] Ein Gladiator ist im Sinne der eigentlichen Wortbedeutung ein Schwertkämpfer, von gladius = das Schwert. Die Begrüßung „ave Caesar, morituri te salutant" also „Heil dir, Caesar (womit jeder Kaiser bezeichnet wurde), die Totgeweihten grüßen dich" ist bei Sueton (römischer Kaiserbiograph ca. 70-140 n. Chr.) überliefert und zwar in der Vita des Kaisers Claudius 21,6. Das gesamte Werk Suetons heißt „de vita Caesarum". Für den Nachweis bin ich Frau Reinhild Fuhrmann dankbar.

[3] Fischer, H. (1986): *Sport und Geschäft*. Berlin.

[4] Ohmann, F. (Hg.) (1911): *Kants Briefe*. Leipzig. Der Brief vom 1.7.1794 an Beck steht auf den Seiten 272-274, der vom 26.1.1796 auf den Seiten 288f.

[5] Wiedemann, T. (1992): *Emperors and Gladiators*. London/New York; Barton, C. A. (1993): *The Sorrows of the Ancient Romans. The Gladiator and the Monster*. Princeton; Plass, P. (1995): *The Game of Death in Ancient Rome: Arena Sport and Political Suicide*. Madison; Kyle, D. (1998): *Spectacles of Death in Ancient Rome*. London/New York; Köhne, E., Ewigleben, C. (Hg.) (2000): *The Power of Spectacle in Ancient Rome: Gladiators and Caesars*. Berkeley/Los Angeles.

[6] Wiedemann, T. (1995): Das Ende der römischen Gladiatorenspiele. In: *Nikephoros* 8. 145-159.

[7] Brown, S. (1995): Explaining the Arena: Did the Romans „Need" Gladiators? In: *JRA* 8. 376-384.

[8] Slater, W. J. (Hg.) (1996): *Roman Theater and Society*. Ann Arbor. Hierin J. C. Edmondson: *Dynamic Arenas: Gladiatorial Presentations in the City of Rome and the Construction of Roman Society during the Early Empire*. 69-112. Für Edmondson sind „gladiatorial presentations" „cultural performances", zu denen Kaiser, aber

auch die Teilnehmer „dynamic contributions" machen konnten und so das soziale Leben Roms stärkten.

[9] Vgl. Gunderson, E. (1996): The Ideology of the Arena. In: *Cl. Ant.* 15. 113-151.

[10] Carter, J. M., Krüger, A. (Hg.) (1990): *Ritual and Record. Sports Records and Quantification in Pre-Modern Societies.* Westport; Darin u.a. Krüger, A.: The Ritual in Modern Sport. A Sociobiological Approach, 135-151; Guttmann, A. (1978): *From Ritual to Record. The Nature of Modern Sports.* New York.

[11] Krüger, A. (1993): The Origins of Pierre de Coubertin's Religio Athletae. In: *Olympika. The International Journal of Olympic Studies* 2. 91-102.

[12] Eichberg, H. (1986): *Die Veränderung des Sports ist gesellschaftlich.* Münster.

[13] Den besten Überblick über die wechselhafte Geschichte von Doping und Dopingkontrolle geben J. & T. Todd (2001): Significant Events in the History of Drug Testing and the Olympic Movement. 1960-1999. In: Wilson, W., Derse, E. (Hg.): *Doping in Elite Sport. The Politics of Drugs in the Olympic Movement.* Champaign. 65-128.

[14] Selbst unter den flächendeckenden Dopingbedingungen der ehemaligen DDR, in der zudem das gesundheitliche Risiko durch die Verwendung von im wesentlichen nur einem Anabolikum noch gesteigert wurde (vgl. Anm. 46), erreichte die Todesrate bei weitem nicht die der Gladiatoren – selbst wenn auch nur ein/e toter Athlet/in schon zu viel ist. Vgl. Krüger, A., Kunath, P. (2001): Die Entwicklung der Sportwissenschaft in der SBZ und DDR. In: Buss, W., Becker, C. (Hg.): *Der Sport in der SBZ und frühen DDR. Genese – Strukturen – Bedingungen.* Schorndorf. 351-366.

[15] Zur Selbstaufgabe im Zeichen den Nationalismus vgl. A. Krüger (1999): „Der olympische Gedanke in der modernen Welt hat uns zu einem Symbol des Weltkrieges verholfen". Die internationale Pressekampagne zur Vorbereitung auf die Olympischen Spiele 1916. In: Gissel, N. (Hg.): *Öffentlicher Sport. Die Darstellung des Sports in Kunst, Medien und Literatur* (= Schriften der DVS, Bd. 101). Hamburg. 55-67.

[16] Le Bizec, B., Gaudin, I. (2000): Consequence of Boar Edible Tissue Consumption on Urinary Profiles of Nandrolone Metabolites. In: *Rapid Commun Mass Spectrom 14.* 12. 1058-1065; Zur Dopingtradition und deren Probleme vgl. C. E. Yesalis (Hg.) (2000): *Anabolic Steroids in Sport and Exercise.* 2. Aufl. Champaign.

[17] The Face vom 17. Juni 1998

[18] Yesalis, C. E., Kopstein, A. N., Bahrke, M. S. (2001): Difficulties in Estimating the Prevalence of Drug Use Among Athletes. In: Wilson, W., Derse, E. (Hg.): *Doping in Elite Sport. The Politics of Drugs in the Olympic Movement.* Champaign. 43-62.

[19] Wedemeyer, B. (2001): „Zurück zur deutschen Natur". Theorie und Praxis der völkischen Lebensreformbewegung im Spannungsfeld von „Natur", „Kultur" und „Zivilisation". In: Brednich, R. W., Schneider, A., Werner, U. (Hg.): *Natur – Kultur. Volkskundliche Perspektiven auf Mensch und Umwelt.* Münster. 385-394.

[20] Krüger, A. (1999): Coubertins débrouillardise und der moderne Spitzensport. In: Grupe, O. (Hg.): *Einblicke. Aspekte olympischer Sportentwicklung. Festschrift für Walther Tröger.* Schorndorf. 202-206; Krüger, A. (1980): Neo-Olympismus zwischen Nationalismus und Internationalismus. In: Ueberhorst, H. (Hg.): *Geschichte der Leibesübungen.* Bd. 3/1. Berlin. 522-568.

[21] Krüger, A. (1979): Mens fervida in corpore lacertoso oder Coubertins Ablehnung der schwedischen Gymnastik. In: *HISPA 8th Int. Congress. Proceedings Uppsala 1979.* 145-153.

[22] Bei Koffeinverstößen sind drei Sperren erforderlich, um eine lebenslange Sperre hervorzurufen.

[23] Vorsicht: Es handelt sich hier nicht um eine medizinische Empfehlung. Um auf 12 microgramm Koffein/Milliliter Urin zu kommen, muß man das Körpergewicht berücksichtigen. 10 mg Koffein/kg Körpergewicht erreichen einen Wert, der dem Grenzwert entspricht. Dies entspricht bei einer Langstrecklerin (die von Koffein den größten Nutzen hätte) von 50 kg Körpergewicht ca. 4 Tassen, vgl. Williams, M. H. (1998): *Ergogenics Edge*. Champaign. 149-153. Das USOC geht von 6-8 normalen Tassen Kaffee (aber amerikanischer ist sehr dünn) 2-3 Stunden vor dem Wettkampf aus, vgl. U. S. Olympic Committee. Division of Sports Medicine and Science (1988): Drug Education and Control Policy. Abgedruckt in: Wadler, G. I., Hainline, B. (Hg.) (1989): *Drugs and the Athlete*. Philadelphia. 258.

[24] Zit. aus der Klageschrift von RA Dr. Schulenburg im Fall Dr. Fröhner gegen Dr. Spitzer vor dem Landgericht Berlin vom 15. April 1998.

[25] Vorwort und Veränderung der Überschrift zu M. Steinbach (1968): Über den Einfluß anaboler Wirkstoffe auf Körpergewicht, Muskelkraft und Muskeltraining. In: *Sportarzt und Sportmedizin*. 11. 485-492. In *Beiträge zur Sportgeschichte*, Nr. 4, 102 heißt es stattdessen: „Zu Dopingforschungen in der BRD 1968". In dem Beitrag von Steinbach ging es neben der Leistungssteigerung im Sport u.a. um Tumorkachexie, Untergewicht, Gedeihstörung bei Kindern, Magen-Darm-Krebs mit Ernährungsdefizit, Untergewicht in der Geriatrie, Ausgleich der Eiweißrelationen im Serum Leberkranker osteoporotischer und damit zusammenhängender orthopädischer Störungen (486f.). Ich glaube, man muß es Steinbach 1968 zugute halten, daß er sich von der Euphorie der frühen Verwendung von Anabolika hat anstecken lassen. Noch heute werden Anabolika allerdings legitimerweise für alle diese Krankheiten verwendet.

[26] Hoberman, J. (2001): Listening to Steroids. In: Morgan, W. J., Meier, K. V., Schneider, A. J. (Hg.) (2001): *Ethics in Sport*. Champaign. 107-118.

[27] Vgl. Hoberman, J., Yessalis, C. E. (1995): The History of Synthetic Testosterone. In: *Scientific American* 272, 2. 60-65.

[28] Hansen, M. M., Berg, S. (1999): Dyb europaeisk mistillid til sporten. In: *Idraetsliv*, 19. 4-5.

[29] Wichtig für die Beantwortung ist dann vor allem die Frage, ob nach dem zweiten Spiel eine ernsthafte Dopingkontrolle stattgefunden hat, falls ja, kommt im wesentlichen nur gespritztes reines Testosteron in Frage. Dieses hätte aber eine hinreichende Wirkung im Hinblick auf die Erklärung der beschleunigten Regeneration und der Spielweise der deutschen Mannschaft.

[30] Vgl. Wadler, G. I., Hainline, B. (Hg.): *Drugs and the Athlete*. Philadelphia: Davis, F. A. (1989); Strauss, R. H., Curry, T. J. (1987): Magic, Science and Drugs. In: Strauss, R. H. (Hg.): *Drugs and Performance in Sports*. Philadelphia. (bes. pp. 3-9).

[31] Tamini, N. (1997): *La saga des Pédestrians*. Nîmes. 222-233.

[32] Für einen Erklärungsansatz im Sinne Foucaults, vgl. Krüger, A. (2000): Die Paradoxien des Dopings – ein Überblick. In: Gamper, M., Mühlethaler, J., Reidhaar, F. (Hg.): *Doping – Spitzensport als gesellschaftliches Problem*. Zürich. 11-33.

[33] Dodd, S. L., Powers, S. K. u.a. (1996): Effects of Clenbuterol on Contractile and Biochemical Properties of Skeletal Muscle. In: *Medicine & Science in Sports and Exercise* 28. 669-676.

[34] Krüger, A. (1998): Anmerkungen zur historischen und ethischen Dimension von Doping und Dopingforschung. In: *Beiträge zur Sportgeschichte*. Nr. 7. 45-58.

[35] Vgl. Hayward, R., Dennehy, C. A. u.a. (1998): Serum Creatine Kinase, CK-MB, and Perceived Soreness Following Eccentric Exercise in Oral Contraceptive Users. In: *Sports Med, Training and Rehab* 8, 2. 198-207.

[36] WHO Task Force on Methods for the Regulation of Male Fertility (1990): Contraceptive Efficacy of Testosterone-Induced Azoospermia in Normal Men., In: *Lancet* 366. 955-959; Waites, G., Farley, T. (1996): Contraceptive Efficacy of Hormonal Suppression of Spermatogenesis. In: Bhasin, S. (Hg.): *Pharmacology, Biology, and Clinical Application of Androgens.* New York. 345-353.

[37] Yessalis, C. E., Burke, M. S. (1995): Anabolic-androgenic steroids: Current Issues. In: *Sports Med.* 19. 326-340.

[38] Vgl. Berger, J., Pall, L., Winfield, D. (1993): Effect of Anabolic Steroids on HIV-related Wasting Myopathy In: *Southern Medical Journal* 86. 865-866; Wagner, G., Rabkin, J. (1998): Testosterone Therapy for Clinical Symptoms of Hypogonadism in Eugonadel Men with AIDS. In: *Int. J. of STD & AIDS* 9, 9. 41-44.

[39] Es liegt mir fern, die gesundheitlichen Folgen der langfristigen Verwendung von Anabolika zu verharmlosen. Einen guten Überblick über die Risiken gibt K. E. Friedl (2000): Effects of Anabolic Steroids on Physical Health. In: Yessalis, C. E. (Hg.): *Anabolic Steroids in Sport and Exercise.* 2. Aufl. Champaign. 175-223.

[40] Neben den sportartspezifischen Unterschieden, gibt es auch erhebliche nationale bzw. ethnische. So konnten Xin Liu u.a. (1999): The Steroid Profiles after Oral Administration of Testosterone Undecanoate with Different Doses. In: Schänzer, W., Geyer, H. u.a. (Hg.): *Recent Advances in Doping Analysis.* Köln. 311-315, feststellen, dass bei Han-Chinesen wesentlich mehr Testosteron verabreicht werden kann, ehe bei Weißen oder Afro-Amerikanern übliche Werte der Überschreitung von Doping-Grenzwerten erzielt wurden.

[41] Vgl. Gallaway, S. (1997): *The Steroid Bible.* Golden: CO: Mile High.

[42] Hoberman, J. (1992): *Mortal Engines. The Science of Performance and the Dehumanization of Sport.* New York.

[43] Krüger, A. (1995): Postmoderne Anmerkungen zur Ethik im Spitzensport. In: Hotz, A. (ed): *Handeln im Sport in ethischer Verantwortung.* Magglingen. 292-317.

[44] MacAloon, J. J. (2001): Doping and Moral Authority: Sport Organizations Today. In: Wilson, W., Derse, E. (Hg.): *Doping in Elite Sport. The Politics of Drugs in the Olympic Movement.* Champaign. 205-224, sieht auch noch andere Fälle des Verlusts der moralischen Autorität der Verbände.

[45] Digel, H. (2001): Leistungssportsysteme im internationalen Vergleich. In: ders.: *Spitzensport. Chancen und Probleme.* Schorndorf. 242-258. In Deutschland wird nach Hoberman auf höchster sportpolitischer Ebene ein „effektiver Pro-Doping-Konsensus" aufrechterhalten, der sich hinter einer „Anti-Doping-Rhetorik" versteckt. Vgl. Hoberman, J. M. (1994): *Sterbliche Maschinen. Doping und die Unmenschlichkeit des Hochleistungssports.* Aachen. 279.

[46] Garcia Manso, J. M. (1999): *La Fuerza. Fundamentación, Valoración y Entrenamiento.* Madrid. bes. 111-171.

[47] Zit. n. Berendonk, B., Franke, W. W. (1997): Hormondoping als Regierungsprogramm. Mit Virilisierung von Mädchen und Frauen zum Erfolg. In: Hartmann, G. (Hg.): *Goldkinder. Die DDR im Spiegel ihres Spitzensports.* Leipzig. 166-187. Zit. v. S. 171.

[48] Für die flächendeckende Verbreitung vgl. Krug, J., Carl, K., Starischka, S. (2001): Der Einfluß der Trainingslehre von Harre auf die Trainingswissenschaft. In: *Leistungssport* 31, 6. 4-9.

Der Schöpfungswürfel wird präpariert –
Helfen Recht und Ethik?

Gerd Roellecke, Karlsruhe/Mannheim

Zusammenfassung

Nach einer weit verbreiteten Meinung ist die künstliche Herstellung natürlicher Menschen sittenwidrig. Der Grund kann nicht im Menschen liegen. Künstlich hergestellte Menschen sind Menschen wie alle anderen. Aus ihrer Herkunft darf ihnen kein Nachteil erwachsen (Art. 3 Abs. 3 GG). Als Christ kann man zwar sagen, die Schaffung des Menschen sei Gott vorbehalten. Aber diese Begründung ist in einem säkularen Staat nicht verallgemeinerungsfähig. In der Regel wird das Herstellungsverbot damit begründet, der Mensch müsse „Zufall bleiben". Sein Sosein dürfe nicht vom menschlichen Willen abhängen. Er müsse Zweck an sich selbst sein (Instrumentalisierungsverbot). Ein allgemeines Instrumentalisierungsverbot kann es indessen nicht geben. Die Arbeitsteilung schließt gegenseitige Instrumentalisierung ein. Außerdem folgt aus der biologischen Existenz des Menschen, daß er seine Reproduktion im Sinne der Erhaltung der Art *Homo sapiens* tatsächlich steuert und verbessert. Abstrakt ist der Satz „Der Mensch muß Zufall bleiben" unethisch. Er enthält ein Hinseh-Verbot und be- oder verhindert deshalb die mögliche Abwehr von Gefahren und die mögliche Verhinderung von Schäden bei der Reproduktion des Menschen.

Summary

According to popular opinion the artificial production of a human being is contrary to ethics. The reason for this cannot be found in human beings. Artificially produced human beings are human beings like all others. No disadvantage should arise for them due to their origin. (Art. 3 Abs. 3 GG). As a Christian, one can indeed say that the creation of human beings belongs only to God. But in a secular state this argument is not universally effective. Usually the prohibition of artificial production is based on the notion that the human being ought to remain a „product of chance". His howness ought not to depend upon human intentions. The person should be an end to him or herself (prohibition against instrumentalizing). A general prohibition against intrumentalizing cannot hold with regard to persons. The division of labor includes a mutual instrume n-talizing. Besides, it follows from the biological existence of man that one should effe c-tively guide and improve human reproduction in order to elevate the species *Homo sapiens*. In the abstract, the sentence „man should remain a product of chance" is unethical. It includes an implied prohibition which impedes or prevents the possible warding off of dangers and the possible prevention of injuries during human reprodu c-tion.

Als meine Frau die Einladung zum Symposium „Der künstliche Mensch" las, sagte sie, die wollen dich nur als Beispiel für einen künstlichen Menschen vorführen. Sie meinte damit, daß ich zu wenig Sport treibe, zu wenig Gemüse esse und mein Arbeitszimmer zu wenig lüfte. Tatsächlich sind wir alle kulturell überformt. Mit unserer natürlichen biologischen Ausstattung könnten wir nicht massenhaft überleben. In diesem Sinne sind wir alle „künstliche Menschen". Aber das ist nicht gemeint.

Gemeint ist auch nicht der Mensch als Kommunikationsmedium, als großes oder kleines, hässliches oder schönes Bild, dem wir folgen oder das wir ablehnen sollen. Das für unsere Tradition wahrscheinlich bedeutsamste Urmuster hat uns heute Stefan Lehmann mit den griechischen Kolossalstatuen vorgeführt. Menschenbilder sind selbstverständlich „künstliche Menschen", auch und gerade dann, wenn sie „natürliche Menschen" darstellen sollen. Als Medium, sogar als Objekt der Betrachtung ist Natur immer Kunst im Sinne von Konstruktion.

Hier meint „künstlicher Mensch" den außerhalb der biologisch vorgegebenen Zweigeschlechtlichkeit technisch-naturwissenschaftlich erzeugten wirklichen, natürlichen Menschen. Dieses Wesen sind wir selbst. Und wirklich sind wir, weil wir sterben müssen. Schmerz und Tod sind ziemlich sichere Indizien für Realität. Der Gedanke, solche Menschen wie wir künstlich herzustellen, ist wahrscheinlich so alt wie die Menschheit. Geburt und Tod legen ihn auch nahe. Wirkliche Menschen nicht durch Zauberei oder Beschwörungen, sondern technisch-naturwissenschaftlich zu produzieren, diese Idee ist wohl im 13. Jahrhundert aufgekommen. Noch Goethe lässt Faustens Assistenten Wagner einen *Homunculus* nach einem Rezept des Paracelsus erzeugen. Die Frage nach der Herstellung wirklicher Menschen ist also keine der Kunst, sondern eine von Leben und Tod.

Heute unterscheidet man biologische und physikalische Verfahren, Menschen künstlich herzustellen. Die Herstellung in biologischen Verfahren ist in den Bereich des Möglichen gerückt und grundsätzlich rechtlich verboten. Die Herstellung in physikalischen Verfahren ist noch blanke *science fiction* und deshalb nicht verboten. In nichtbiologischen Verfahren können bisher nur Roboter produziert werden, die aber sofort als Nichtmenschen zu erkennen sind, weil ihnen das Fleisch fehlt. Man darf die Aufsätze von Bill Joy und Ray Kurzweil deshalb nur zur Unterhaltung lesen. Roboter sind so nützlich oder schädlich wie Fernsehapparate oder Maschinengewehre.

Die in biologischen Verfahren künstlich hergestellten Menschen sind Menschen von Fleisch und Blut. Religiös sind sie Gottes Kinder, säkular Träger der Menschenwürde und juristisch Rechtssubjekte. Das ist so unproblematisch, daß man sich fragt, warum ihre Herstellung verboten sein soll, wohlgemerkt: ihre Herstellung, nicht ihre Tötung. In der biopolitischen Debatte geht es fast ausschließlich um die Vernichtung von Embryonen, aus denen einmal Menschen werden könnten, also um die Tötungsperspektive. Das Produzieren und das Töten von Menschen sind aber offensichtlich zwei verschiedene Fälle. Das sagt auch das positive Recht. Der lebende Mensch ist unser Kommunikationspartner, gleichgültig, wie er zustande gekommen ist. Deshalb darf er nicht getötet werden. Der zu produzierende Mensch kann noch keine Geschichte haben.

Genau genommen kann sich bei ihm das Problem der Menschentötung daher nicht stellen.

Aber die biopolitische Debatte ist überhaupt gespenstisch. Man sollte meinen, wer die Vernichtung von Embryonen verurteilt, müsste Gründe angeben, nach denen sich Embryonen zu ausgewachsenen Menschen weiterentwickeln sollten. Solche Gründe erfährt man aber eher von denen, die die Vernichtung von Embryonen aus medizinischen Erwägungen für zulässig halten. Sie können variieren und abwägen. Die Vernichtungsgegner dagegen verabsolutieren den Schutz des Embryonenlebens. Was immer dem Embryo widerfahre, Menschen dürften nicht zu seinem Untergang beitragen. Diese Position ist freilich umstritten, nach geltendem Strafrecht – Stichwort: Abtreibung – sogar unhaltbar. Mindestens fordert sie die Frage heraus, warum der Mensch Embryonen nicht anrühren dürfen soll, wenn sie ohnehin vergehen. Darauf antworten viele von Joschka Fischer bis Jürgen Habermas: Der Mensch muß Zufall bleiben. Um diesen Satz geht es. Da der Zufall blind ist, bedeutet er: Die Entstehung des einzelnen Menschen soll geheim bleiben.

Abwägungsverbot

Nun wissen wir längst, daß es Geheimnisse geben muß. Nicht nur der Staat, jeder Bürger hat das Recht auf informationelle Selbstbestimmung. Friedrich Dürrenmatt hat uns in seinem *Herkules* auch über den Charme von Geheimnissen aufgeklärt. Unter dem Mist im Stalle des Königs Augias wurden wertvolle Mosaiken vermutet. Augias fürchtete aber, es werde sich herausstellen, daß die Mosaiken nicht existierten, wenn Herkules den Stall ausmistete. Also verzichtete Augias auf das Ausmisten und bewahrte sich die Hoffnung. So kann man auch den Zufall der Geburt interpretieren. Als Hoffnung auf alles und Furcht vor allem. Sehr ethisch wirkt das jedoch nicht. Allerdings können wir uns ausmalen, was denkbar würde, wenn der Faktor Zufall wegfiele. Aldous Huxley hat es uns in *Schöne neue Welt* geschildert: Ein Weltstaat, in dem alle Menschen geklont und von vornherein genetisch ihren gesellschaftlichen Aufgaben angepasst würden. „Man wird so genormt, daß man nichts anderes tun kann, als was man tun soll", läßt Huxley den für Westeuropa zuständigen Weltaufsichtsrat sagen; für unglückliche Zufälle erlaube die Droge „Soma" Urlaub von der Wirklichkeit. Der Widerpart des Weltaufsichtsrates, ein natürlich geborener Wilder, protestiert: „Ihr macht euch das zu leicht. [...] Ich will Gott, ich will Poesie, ich will wirkliche Gefahren und Freiheit und Tugend. Ich will Sünde. [...] Ich fordere das Recht auf Unglück". Es ist, als ob er sagte: Ich fordere das Recht auf Zufall.

Vergegenwärtigt man sich Huxleys *Schöne neue Welt*, wundert man sich, warum der Roman in der heutigen biopolitischen Debatte allenfalls in Leserbriefen eine Rolle spielt. Dabei zeigt er, um was es wirklich geht. Nicht um

Erbkrankheiten oder Alzheimer und deren Heilung, sondern um Unglück und Friedlosigkeit auf der einen und den ewigen Frieden auf der anderen Seite. Huxleys *Schöne neue Welt* ist nichts Geringeres als der „Ewige Friede" Kants, ergänzt um einige biologische Voraussetzungen. Ob Planung oder Zufall, in Frage stehen alle Möglichkeiten der menschlichen Existenz, nicht nur einige Kranke hier und einige Tote dort. In Frage steht unser aller Verdruß oder Freude, Angst oder Hoffnung. Der Zufall schließt den ewigen Frieden aus. Er bedeutet: „Soweit nichts dazwischen kommt", und ein solcher Vorbehalt verunmöglicht nach Kants erstem Präliminarartikel jeden dauerhaften Friedensschluß. Er erlaubt nur Waffenstillstände, bis sich die Konfliktparteien wieder erholt haben. Wer den Zufall will, dem kann man nur aus dem Wege gehen. Widersprechen kann man ihm nicht, weil es für oder gegen Zufälle keine Gründe gibt. Widersprechen muß man freilich, wenn sich der Apologet des Zufalls auf eine universale oder universalisierbare Vernunft beruft. Der Zufall setzt nicht nur den Frieden, sondern auch die Vernunft unter Vorbehalt. Dem Waffenstillstand entspricht dann im Falle der Vernunft der gesunde Menschenverstand.

Die Alternative: Zufall oder Friede, führt uns freilich in eine ausweglose Lage. Wir können den Zufall nicht vermeiden und deshalb den Frieden nicht erreichen. Das mußte auch Huxley einsehen. Ohne Zufälle hätte er seine Geschichte nicht erzählen können. Er hat das Problem mit der Droge „Soma" gelöst, die von der Wirklichkeit beurlaubt. Aber das ist eine schwache Konstruktion. Rauschmittel zerstören die Person, weil sie ihre Wiedererkennbarkeit zersetzen. Wiedererkennbarkeit ist jedoch die Bedingung der Möglichkeit von Glück. Deshalb kann man auf Drogen keine „Schöne neue Welt" bauen.

Bei „Zufall" muß man aber auf den Zusammenhang achten, in dem das Wort benutzt wird. „Der Mensch muß Zufall bleiben" erinnert zunächst an das Verbot Gottes im Paradies, vom Baum der Erkenntnis zu essen. Tatsächlich haben beide Sätze eine für unseren Zusammenhang grundlegende Gemeinsamkeit. Man kann sie nicht diskutieren. Gegen Gottes Willen gibt es kein Argument und für oder gegen Zufälle keine Gründe. Der Zufall trennt uns von Geschichte und von guten oder bösen Erfahrungen. Deshalb kennt er keine Abwägung und kein Kosten/Nutzen-Kalkül. Das entspricht dem absoluten Schutz des Lebens. Die Gefahren, die mit der Herstellung künstlicher Menschen tatsächlich verbunden sind, zum Beispiel die Entstehung körperlicher oder geistiger Krüppel, läßt der Zufall nicht zu Wort kommen. Darüber kann man buchstäblich nicht mehr sprechen. Zufall ist überhaupt kein Argument, so wenig übrigens wie die Warnung vor einem Dammbruch. Er ist der Versuch, Beobachten zu unterbinden und Reflexion zu stoppen, er ist ein Hinsehverbot.

Entwicklung

„Der Mensch muß Zufall bleiben", wäre indessen weniger anstößig, wenn der Satz nicht als Verbot, sondern als Beschreibung der Wirklichkeit verstanden werden könnte. Dann könnte man die Aussage relativieren und sagen: Gemessen an unserem Wissen über den Sinn der Menschheit kann jede Planung der menschlichen Entwicklung nur zu zufälligen Ergebnissen führen. Als Teil des Gesamtsystems können wir nie so viel Wissen erwerben, daß wir das Gesamtsystem zentral steuern könnten, weil unser Wissen vom Gesamtsystem abhängt. Oder: Wir wissen zwar, daß sich der Mensch entwickelt hat. Den *Homo sapiens* kennen wir erst seit etwa vierhunderttausend Jahren. Aber wir können uns biologische Entwicklung nur als Versuchsverfahren mit hoher Verschiedenheit der Beteiligten und dem Ziel vorstellen, die Reproduktionschancen jedes Einzelnen zu optimieren. Die Richtung dieses Prozesses steht in keinem Augenblick fest. Sie kann nur im Nachhinein registriert werden. Die Schicksale der einzelnen Beteiligten kann man daher in jedem Augenblick allein als Zufälle verstehen. Lediglich in der Rückschau fügen sich die Zufälle zu einer sinnvollen Entwicklung zusammen, auch wenn man die Regeln nur statistisch ausdrücken kann. Geburt und Tod kann man aber gut mit Reproduktionschancen erklären. So berichtet der Anthropologe Christian Vogel, in der ostfriesischen Krummhörn hätten die Töchter der überdurchschnittlich reichen Bauern im 18. und 19. Jahrhundert mit 5,4 Prozent die geringste Säuglingssterblichkeit gehabt. Das Sterberisiko ihrer Brüder dagegen habe bei 19,4 Prozent gelegen, sei also mehr als drei Mal so hoch gewesen. Erklärung: Aus wirtschaftlichen, familien- und erbrechtlichen Gründen waren die Heiratschancen der Töchter erheblich größer als die der Söhne. Weil die Söhne geringere Reproduktionschancen hatten, wurden sie offenbar einfach vernachlässigt. Es gibt hunderte von entsprechenden Beobachtungen. In der Wirklichkeit scheinen also Reproduktionschancen Geburt und Tod wesentlich zu beeinflussen. Insofern ist „Zufall" eine Standpunktfrage.

Aus der Tatsache, daß Menschen ohne Proteste und Sanktionen auf dem Altar der Evolution geopfert werden, folgt freilich nicht, daß das moralisch gut ist. Man kann noch nicht einmal verlangen, daß Moral und die Entwicklung der Art einander entsprechen. Einmal kennt die Moral die Entwicklung der Art nicht. Zum anderen sind die Regeln der Evolution viel stärker als die stärkste Moral. Wenn einer Entwicklung irgendeine Moral nicht passt, lässt sie die Menschheit einfach eingehen, mag die Moral sagen, was sie will.

Die Eigenständigkeit der Entwicklung der Art *Homo sapiens* erklärt auch, warum es vorteilhaft ist, die Entstehung des Menschen einen Zufall zu nennen, obwohl wir die meisten biologischen Bedingungen und Folgen bis hin zu den Mendelschen Gesetzen gut kennen. Der Zufall ist blind. Deshalb hindert er erstens an der Beobachtung des Zeugungs- und Geburtsvorganges, die bekanntlich zum Intimbereich gehören. Das liegt im Interesse der Reproduktionsoptimierung, weil es Alternativen ausschließt. Zweitens hindert er an der Beobachtung der vielen geplanten Geburten und Tötungen, die der Evolutionsprozess erzwingt, und drittens an der Beobachtung der zahlreichen Normverstöße, deren Bekanntwerden die Geltung der Grundnormen bedrohen würde. Das Hinsehverbot „Zufall" erlaubt es, kausale Verknüpfungen auszublenden und den Menschen als Höchstwert zu verstehen, der absolut zu schützen sei. Man wird den Zufall in diesem Zusammenhang deshalb eine Ideologie, ein falsches Bewußtsein nennen müssen.

Religion

Nachdem der Ideologieverdacht einmal ausgesprochen ist, läßt sich der Satz „Der Mensch muß Zufall bleiben" nur noch religiös begründen im Sinne von: Der Mensch ist ein Geschöpf Gottes, und Gott darf man nicht ins Handwerk pfuschen. Ich bin Christ und glaube an die Gotteskindschaft des Menschen, zumal das Christentum mit der Beseelung das plausibelste Kriterium für den Beginn des Menschseins bietet. Aber objektiv kann das nicht mehr sein als die Bekanntgabe einer Voreingenommenheit. Die Bundesrepublik ist ein säkularer Staat. In ihr gibt es nur zwei Normenkomplexe, die allgemein verbindlich sind: Recht und Mode. Die Religion gehört nicht dazu. Daß Außenminister Fischer meint, Eingriffe in menschliches Erbgut seien „nichts Geringeres als das Infragestellen der Schöpfung als eines nichtmenschlichen, göttlichen Willensaktes", ist daher erstaunlich. Ein Atheist kann dazu nur gähnen. Außerdem stellt das neue „Gesetz zur Beendigung der Diskriminierung gleichgeschlechtlicher Lebensgemeinschaften" die traditionelle europäische Leibes- und Lebensordnung viel radikaler auf den Kopf als die gesamte Gentechnik. Wenn sich die Politik in einem säkularen Staat auf die Unberührbarkeit des göttlichen Ratschlusses, also auf das Verbot beruft, genauer hinzusehen, kann das nur bedeuten, daß es keine säkularen Argumente mehr gibt. Höchstens mit der kulturellen Tradition läßt sich noch argumentieren. Aber seit dem Kruzifix-Beschluß des Bundesverfassungsgerichtes können wir uns auf die Anerkennung kultureller Traditionen nicht mehr verlassen.

Auslese

Wenn es keine absoluten Gründe gegen die Herstellung künstlicher Menschen gibt, taucht die Frage auf, die die gesamte Diskussion leitet, obwohl sie nicht immer deutlich ausgesprochen wird: Darf man Menschen im Hinblick auf bestimmte gesellschaftliche Leistungen oder Funktionen herstellen, wie in

Huxleys *Schöne neue Welt*? Darf man beispielsweise versuchen, besonders leistungsstarke Sportler zu produzieren? Diese Frage wird in der Regel mit dem Instrumentalisierungsverbot beantwortet. Der Mensch müsse immer als Selbstzweck und dürfe nie als Mittel zum Zweck betrachtet werden. Aber Kant, der die Regel formuliert hat, hat sie auch relativiert. Das Subjekt sei „niemals bloß als Mittel, sondern zugleich selbst als Zweck zu gebrauchen". Das heißt, wir alle müssen einander stets zugleich Mittel und Zweck sein. Sonst wäre beispielsweise Erziehung nicht möglich. Die Zöglinge benutzen den Lehrer als Mittel, etwas zu lernen. Das ist aber unschädlich, solange die Zöglinge den Lehrer als Person, als Zweck an sich selbst anerkennen. In diesem Sinne kann es nicht unsittlich sein, Nachwuchs für den Leistungssport zu produzieren. Der künstliche Spitzensportler hat auch Menschenwürde und Grundrechte. Sklaven gibt es in unserer Gesellschaftsordnung nicht. Seine Herkunft spielt für das Recht keine Rolle, wie man dem Diskriminierungsverbot des Grundgesetzes entnehmen kann. Wenn ihm der Leistungssport nicht mehr gefällt, kann er sich von ihm trennen, notfalls mit Hilfe der Gerichte. Außerdem: Sollten Steffi Graf und Andre Agassi bei der Zeugung ihres Sohnes wider alle Vernunft an Spitzentennis gedacht haben und meldet man dagegen keine Bedenken an, ist nicht einzusehen, warum für die Produktion eines künstlichen Spitzensportlers nicht das Gleiche gelten soll.

Recht

Aber natürlich muß sich die Produktion leistungsfähiger Spezialisten an das gesetzte Recht halten. Deshalb ist zu prüfen, ob das positive Gesetz die Herstellung von Menschen regeln kann, ja muß. Das ist weder eine Frage der Verfassung noch eine der Ethik. Auch wenn beide eine gesetzliche Regelung weder gebieten noch verbieten, kann der Gesetzgeber aktiv werden. Daß er handeln sollte, dafür gibt es im Bereich der Reproduktion der Gesellschaft gute Gründe.

In diesem Bereich können wir uns zwar auf die Natur so wenig verlassen wie auf Tradition. Aber immerhin wissen wir, daß der Geschlechtstrieb des Menschen außerordentlich variabel und nicht ausschließlich auf die Fortpflanzung fixiert ist. Multifunktionalität kennzeichnet alles Leben. Sonst könnte es sich nicht entwickeln. Die Plastizität des Geschlechtstriebes verlangt jedoch nach institutionellen Stützen, also nach positivem Recht und nach Tradition. Außerdem benötigt die Familie für die Zeit der Schwangerschaft, der Geburt und der sehr langen Aufzucht der Kinder Schutz und Fürsorge. Schließlich gibt es einen relativ starken Trieb des Menschen, die eigenen Gene, genau genommen also sich selbst zu reproduzieren. Das Reproduktionsbedürfnis hat für Kinder erhebliche Folgen. So haben Anthropologen herausgefunden, daß die Sterblichkeitsrate bei Stiefkindern signifikant höher ist als bei genetisch eigenen Kindern. An den Bedingungen der menschlichen Reproduktion kann der Gesetzgeber natürlich fast nichts ändern. Aber wenn eine gesetzliche Regelung nur einigen Kindern in einigen Fällen hülfe, hätte sie sich schon gelohnt. Hilfe kann indessen nur gelingen, wenn sich der Gesetzgeber an den anthropologischen Vorgaben orientiert und zum Beispiel das evolutionsbedingte Bestreben der Menschen berücksichtigt, die eigenen Gene weiterzugeben. Der Gesetzgeber sollte also versuchen, Kindern bei den Eltern, von denen sie genetisch abstammen, ein möglichst warmes Nest zu bereiten und Stiefkindschaften zu reduzieren. Das könnte bedeuten, die Herstellung künstlicher Menschen zu verbieten, weil bei ihnen das Integrationsrisiko zu hoch ist. Das ist freilich eine politische Entscheidung, keine rechtliche. Prinzipiell kann das Recht aber auch im Reproduktionsbereich Unsicherheiten vermindern.

Ethik

Für Moral und Ethik fällt die Antwort weit weniger positiv aus. Wie gesagt, kann Moral gegen Evolution nicht viel ausrichten. Im Familienrecht kennt die Politik nur ein moralisches Gebot: Schutz der Schwachen. Schwach sind Kinder und Frauen, stark sind die Männer. Aber das ist die Allerweltsmoral des öffentlichen Zusammenlebens, die als solche nicht zu beanstanden ist, die auf die Familie aber nicht ohne weiteres übertragen werden kann. In der Familie sollte die Liebe regieren, und sie tut es in den meisten Fällen, wenn auch die Turtelei der Anfangszeit nie lange durchzuhalten ist. Überdies ist die Familie von der Reproduktionsaufgabe geprägt, die Konflikte eigener Art schafft. Dem Nachwuchs muß – manchmal unter großen Opfern – Platz eingeräumt werden, und ein paar Jahre später entzieht er sich den Eltern. Für die Eltern sind das schmerzliche Erfahrungen. Soweit ich sehe, hat sich von den Großen nur Hegel ausführlicher dazu geäußert. Die Allerweltsmoral nimmt von diesen Erfahrungen keine Notiz. Sie gehorcht dem Hinsehverbot, das die Reproduktion des Menschen der öffentlichen Diskussion entzieht. Aber deshalb kann sie auch weder der Herstellung künstlicher Menschen fundiert widersprechen, noch gar die Reproduktion ordnen. „Das darf man nicht", ist ihr letztes Wort.

(Literatur beim Verfasser)

Herausgeber- und Autorenverzeichnis

Prof. Dr. Manfred **Lämmer** (Hg.)
Deutsche Sporthochschule Köln –
Institut für Sportgeschichte
Carl-Diem-Weg 6
50933 Köln

Prof. Dr. Barbara **Ränsch-Trill** (Hg.)
Deutsche Sporthochschule Köln –
Philosophisches Seminar
Carl-Diem-Weg 6
50933 Köln

Prof. Dr. Jürgen **Court**
Universität Erfurt –
Fachgebiet Sport- und Bewegungswissenschaften
Nordhäuser Str. 83
99089 Erfurt

Prof. Dr. Henning **Eichberg**
Institut for Forskning i
Idræt og Folkelig Oplysning
Gerlev Idraetshojskole
Skaelskor Landevej 28
DK 4200 Slagelse

Prof. Dr. Gunter **Gebauer**
Freie Universität Berlin –
Institut für Sportwissenschaft
Schwendener Str. 8
14195 Berlin

Prof. Dr. Helmut **Korte**
Georg-August-Universität –
ZIM – Zentrum für interdisziplinäre Medienwissenschaft
Humboldtallee 32
37073 Göttingen

Prof. Dr. Arnd **Krüger**
Georg-August-Universität –
Institut für Sportwissenschaften
Spranger Weg 2
37075 Göttingen

Prof. Dr. Theodore **Kwasman**
Universität zu Köln –
Martin-Buber-Institut für Judaistik
Kerpener Str. 4
50923 Köln

PD Dr. Stefan **LEHMANN**
Martin-Luther-Universität
Halle-Wittenberg –
Institut für Klassische Altertumswissenschaften
Universitätsplatz 12
06108 Halle (Saale)

PD Dr. Rita **MORRIEN**
Albert-Ludwigs-Universität
Freiburg i.Br. ds II –
Institut für neuere deutsche Literatur
Heinrich-von-Stephan-Str. 25
79085 Freiburg

Prof. Dr. Gerd **ROELLECKE**
Kreuzackerstr. 8
76228 Karlsruhe

Prof. Dr. Dr. Claus-Artur **SCHEIER**
Technische Universität Braunschweig –
Seminar für Philosophie
Geysostr. 7
38106 Braunschweig

Leipziger Sportwissenschaftliche Beiträge

herausgegeben vom
Dekan der Sportwissenschaftlichen Fakultät der Universität Leipzig

Die Reihe ist das Publikationsorgan der Fakultät für Sportwissenschaften der Universität Leipzig, zur Veröffentlichung und Verbreitung wissenschaftlicher Arbeitsergebnisse aus Lehre, Forschung und Wissenschaftsentwicklung. Mit zwei Heften im Jahr und einer Beiheftreihe, die unter dem Titel *Sport und Wissenschaft* erscheint, trägt die Fakultät mit dazu bei, geistes- und sozialwissenschaftliche, naturwissenschaftliche, sportmedizinische und sportmethodische Fragestellungen im Bereich des Sports aufzuwerfen, zu diskutieren und einer dem Erkenntnisstand der jeweiligen Disziplin entsprechenden Lösung zuzuführen.

Die zahlreichen wissenschaftlichen Einzelbeiträge – Monografien, Literaturübersichten, Auszüge aus Dissertationen und Forschungsberichten, Rezensionen u.a. –, spiegeln die Breite und Vielfalt der vertretenen Wissenschaftsdisziplinen sowie deren interdisziplinäre Verflechtung wider. Herausgeber und Verlag hoffen, dass die Zeitschrift auch künftig ihren festen, weltweiten Leserkreis haben wird. Ein besonderes Anliegen ist es ihnen, ein Forum für den wissenschaftlichen Nachwuchs zu sein.

Jahrgang XLIV (2003/1). Inhalt: *10 Jahre Sportwissenschaftliche Fakultät* – Traditionen, Entwicklungsstand, Perspektiven – 1. Historischer Rückblick – 2. Von der Deutschen Hochschule für Körperkultur (DHfK) zur Sportwissenschaftlichen Fakultät der Universität Leipzig – 3. Die Sportwissenschaftliche Fakultät – 4. Forschungstätigkeit an der Fakultät – 5. Entwicklungskonzept der Sportwissenschaftlichen Fakultät – *Institut für Allgemeine Trainings- und Bewegungswissenschaft – Institut für Trainings- und Bewegungswissenschaft der Sportarten – Institut für Sportmedizin – Institut Sportpsychologie und Sportpädagogik – Institut für Rehabilitationssport, Sporttherapie und Behindertensport – Geschäftsbereich Internationale Beziehungen – Internationaler Trainerkurs (ITK) – Universitätsbibliothek Leipzig – Zweigstelle Sportwissenschaft.*

Jahrgang XLIII (2002/2). Inhalt: *Albrecht Hummel:* PISA-Studie und ihre Konsequenzen für den Schulsport – *Christina Müller/Arno Zeuner:* Schulsport in Sachsen – Kontinuität und neue Herausforderung – *Jürgen Innenmoser:* Motorisches Lernen in der Rehabilitation (I) – *Gerd Thienes/Claudia Kauert:* Beratung als Aufgabe der Trainingswissenschaft und Beitrag zur Verknüpfung von Theorie und Praxis – *Sven Michel:* Ideomotorisches Training – Optimierung des Lernprozesses am Beispiel des Diskuswerfens – *Josef Wiemeyer:* Dehnen reduziert auch die Weitsprungleistung – *Günter Schnabel:* Konzept und Forschungen zu den koordinativen Fähigkeiten – unter besonderer Berücksichtigung der Leipziger Schule – *Peter Hirtz:* Acht Thesen zu den koordinativen Fähigkeiten zwischen Tradition und Perspektive – *Jürgen Krug:* Würdigung der wissenschaftlichen Leistungen von Professor Dr. Günter Schnabel und Professor Dr. Peter Hirtz anlässlich ihres 75. bzw. 65. Geburtstages – *Peter Pausch/Claudia Schilde:* Vorstellung eines Programms für Sport im Kindergarten 5- bis 6-jähriger Kinder am Beispiel des Sportkindergartens Riesa.

Die Zeitschrift erscheint zweimal jährlich mit einem Umfang von je ca. 160 Seiten.
Jahresabonnement 29,75 €, für Studenten 22,50 €,
Einzelheft 17,50 €, alle Preise zzgl. Versandkosten, ISSN 0941-5270.

Academia Verlag Bahnstr. 7 · D-53757 Sankt Augustin   Internet: www.academia-verlag.de
Tel. 0 22 41/34 52 1–0 · Fax 34 53 16   E-Mail: kontakt@academia-verlag.de

Academia · Sportwissenschaft

Brennpunkte der Sportwissenschaft
Hrsg. von der Deutschen Sporthochschule Köln
Redaktion: Dr. Birna Bjarnason Wehrens,
Prof. Dr. Barbara Ränsch-Trill,
Dr. Norbert Schulz

ISHPES-Studies
Publications of the International Society for the History of
Physical Education and Sport

Leipziger Sportwissenschaftliche Beiträge
Hrsg. von einem Redaktionskollegium
Chefredakteur: Prof. Dr. Richard Riecken

Sport und Wissenschaft
Beihefte zu *Leipziger Sportwissenschaftliche Beiträge*

Schriften der Deutschen Sporthochschule Köln
Hrsg. Deutsche Sporthochschule Köln

Sport · Spiele · Kämpfe
Studien zur Historischen Anthropologie und
zur Philosophie des Sports
Hrsg. Prof. Dr. Gunter Gebauer, Prof. Dr. Elk Franke

STADION
Internationale Zeitschrift für Geschichte des Sports
Hrsg. Prof. Dr. Manfred Lämmer

Studien zur Sportgeschichte
Hrsg. Prof. Dr. Manfred Lämmer

Einzeltitel aus dem Bereich Sportwissenschaft

Weitere Informationen über unser Sportprogramm auf unserer homepage.

Academia Verlag ▲ Sankt Augustin
Bahnstr. 7 · D-53757 Sankt Augustin · Tel.: 0 22 41/34 52 1-0 · Fax: 34 53 16
E-Mail: kontakt@academia-verlag.de · Internet: www.academia-verlag.de